"中高职贯通"职业院校机械类专业创新教材

普通机械加工技术

主　编　黄　伟
副主编　汤勇杲
参　编　黄凯平　高之滨　王　震　杨　凤
主　审　刘慧娟　沈晓琳

机械工业出版社

本书主要内容包括车削加工基础，车削轴、套类零件，铣削加工基础，铣削压板，刨削加工，磨削加工六个项目，共19个任务，每个任务按“任务引入”“任务目标”“知识准备”“任务实施”“任务评价”“实践经验”等环节展开，阐述了车工、铣工、刨工、磨工各项基本技能和职业素养要求。本书各任务均配有操作视频，并以二维码的形式嵌入书中，实用性强，注重培养学生边做边学、先做后学的习惯，使学生具备自主学习、合作交流的能力，引导学生在实践中获得知识，进而提高学生分析问题、解决问题的能力，增加与职业岗位的对接度。

本书可作为职业院校机械类及相关专业的教材，也可供有关工程技术人员参考。

为便于教学，本书配套有电子课件、操作视频等教学资源，凡选用本书作为授课教材的教师可登录 www. cmpedu. com 注册后免费下载。

图书在版编目（CIP）数据

普通机械加工技术/黄伟主编. —北京：机械工业出版社，2023. 2（2024. 7 重印）
“中高职贯通”职业院校机械类专业创新教材
ISBN 978-7-111-72286-1

Ⅰ. ①普…　Ⅱ. ①黄…　Ⅲ. ①金属切削-高等职业教育-教材
Ⅳ. ①TG506

中国版本图书馆 CIP 数据核字（2022）第 252733 号

机械工业出版社（北京市百万庄大街 22 号　邮政编码 100037）
策划编辑：赵文婕　　责任编辑：王莉娜　赵文婕
责任校对：樊钟英　贾立萍　　封面设计：王　旭
责任印制：郜　敏
中煤（北京）印务有限公司印刷
2024 年 7 月第 1 版第 3 次印刷
210mm×285mm · 14. 5 印张 · 312 千字
标准书号：ISBN 978-7-111-72286-1
定价：49. 00 元

电话服务
客服电话：010-88361066
010-88379833
010-68326294

网络服务
机　工　官　网：www. cmpbook. com
机　工　官　博：weibo. com/cmp1952
金　书　网：www. golden-book. com
机工教育服务网：www. cmpedu. com

前　言

本书是根据教育部办公厅关于印发《“十四五”职业教育规划教材建设实施方案》的通知（教职成厅〔2021〕3号）和《教育部关于进一步深化中等职业教育教学改革的若干意见》中提出的“加强职业教育教材建设，保证教学资源基本质量”的意见和党的二十大报告，参考专业培养目标和现阶段的教学实际编写而成的。

本书以职业能力培养为本位，以职业实践为主线，以培养学生综合素质为出发点和落脚点，以提高学生综合职业能力为核心，以机械加工典型工作任务为载体，详细讲述车削、铣削、刨削、磨削加工的基础知识和基本操作技能，促进学生活跃思维、敢于创新，尽可能地将新思路在实践中进行创造性的转化。

本书主要体现了以下特点。

1）结构合理，内容精炼，体现行业发展的新理念、新技术、新方法，语言通俗易懂，图文并茂，适合学生自主学习。

2）全书以实际工作过程为导向，注重安全操作与文明生产，以培养学生的安全意识及规范操作的职业习惯。

3）每个任务与生产实际紧密联系，每个任务都有“任务引入”“任务目标”“知识准备”“任务实施”“任务评价”“实践经验”等环节，同时将操作要领写入“实践经验”环节，传承了工匠精神，旨在提升学生的质量控制能力和解决实际问题的能力。

4）力求打造立体化、多元化、数字化教学资源，书中每个任务均配有操作视频，涉及的机床等设备配置均是企业和职业院校普遍使用的通用设备，适应性、实用性、可操作性强。

本书主要教学内容及参考学时安排如下：

项目	任　务	参考学时数
项目一　车削加工基础	任务一　认识车床	2
	任务二　认知车工安全文明生产	2
	任务三　操作与保养车床	2
	任务四　认识车工常用工具与量具	2
项目二　车削轴、套类零件	任务一　车削光轴	18
	任务二　车削传动轴	6
	任务三　车削螺纹轴	12
	任务四　车削衬套	6

（续）

项目	任　　务	参考学时数
项目三　铣削加工基础	任务一　认识铣床	2
	任务二　认知铣工安全文明生产	2
	任务三　操作与保养铣床	2
项目四　铣削压板	任务一　铣削压板六面	12
	任务二　铣削压板斜面	12
项目五　刨削加工	任务一　认识刨床	2
	任务二　认知刨工安全文明生产	2
	任务三　刨削六面体工件	8
项目六　磨削加工	任务一　认识磨床	2
	任务二　认知磨工安全文明生产	2
	任务三　磨削光轴	8
合计		104

本书由上海市工程技术管理学校黄伟任主编，上海市工程技术管理学校汤勇杲任副主编，黄凯平、高之滨、王震、杨凤参加编写。具体编写分工如下：项目一、项目二由黄伟编写，项目三由汤勇杲编写，项目四由黄凯平编写，项目五由高之滨编写，项目六由王震、杨凤编写。本书由黄伟统稿，刘慧娟、沈晓琳主审。

在本书编写过程中，编者参考了大量文献资料，咨询了企业专家和职教名师，在此向他们表示衷心的感谢！

由于编者水平有限，书中疏漏和不妥之处在所难免，敬请读者批评指正。

编　者

目 录

CONTENTS

项目一　车削加工基础

项目描述

普通车削加工是金属切削加工中重要的加工方法之一，用途很广泛。熟悉车床的结构和性能；熟练操作车床，做好车床的日常维护与保养；熟悉车工常用工具与量具的作用和使用方法，对保证零件加工质量和提高生产率有着十分重要的意义。本项目分为认识车床、认知车工安全文明生产、操作与保养车床、认识车工常用工具与量具四个任务，学习内容包括车床的结构和主要部件的功能、车工安全文明生产规范、车床的基本操作与日常保养、车工常用工具与量具的作用和使用方法等。

项目目标

1. 能解释车床型号的含义。
2. 能说出卧式车床（CA6140 型等）主要部件的名称和功能。
3. 能规范执行车工安全操作规程和文明生产规范。
4. 能规范、熟练地操作 CA6140 型卧式车床。
5. 能定期对车床进行润滑与保养。
6. 能正确识别与使用车工常用工具与量具。
7. 能适应车工工作环境，踏实肯干、善做善成。
8. 能做好车削加工前的各项准备工作。

素养目标

通过认识车床、熟悉车床、操作车床，培养学生的动手能力和安全意识，激发学生的求知欲。

任务一　认识车床

任务引入

在装备制造企业中，经车削加工生产的零件在机械加工中占有很高的比例。通过本任务的学习，学生将对车削加工的特点和基本内容、机床型号的编制方法、车床的基本结构和主要部件的功能、车床的传动系统和主要技术参数等有一个初步的认识，为后续任务的学习打下基础。

任务目标

1. 了解车削加工的特点和范围。
2. 了解机床型号的编制方法。
3. 掌握 CA6140 型卧式车床的组成和主要部件的功能。
4. 了解 CA6140 型卧式车床的传动形式。
5. 了解车削加工的基本概念。

知识准备

一、车削加工简介

车削加工是指在车床上利用工件的旋转运动和车刀的直线运动或曲线运动改变毛坯的尺寸和形状，使之符合图样要求的金属切削方法。车削加工的特点包括以下几个方面。

1）工件做旋转运动，刀具做直线（或曲线）运动。

2）适应性强、应用范围广，适合加工不同材料、不同精度要求的工件。

3）所用刀具结构简单，制造、刃磨和装夹都比较方便。

4）车削过程平稳、冲击力小、切削力变化小，生产率高。

5）可以加工尺寸精度和表面质量要求较高的工件。

车削加工的范围很广泛，基本的车削内容包括车端面、车外圆、切断和车槽、钻中心孔、钻孔、车孔、铰孔、车螺纹、车圆锥面、车成形面、滚花和攻螺纹等，具体内容见表 1-1。

表 1-1　车削加工的基本内容

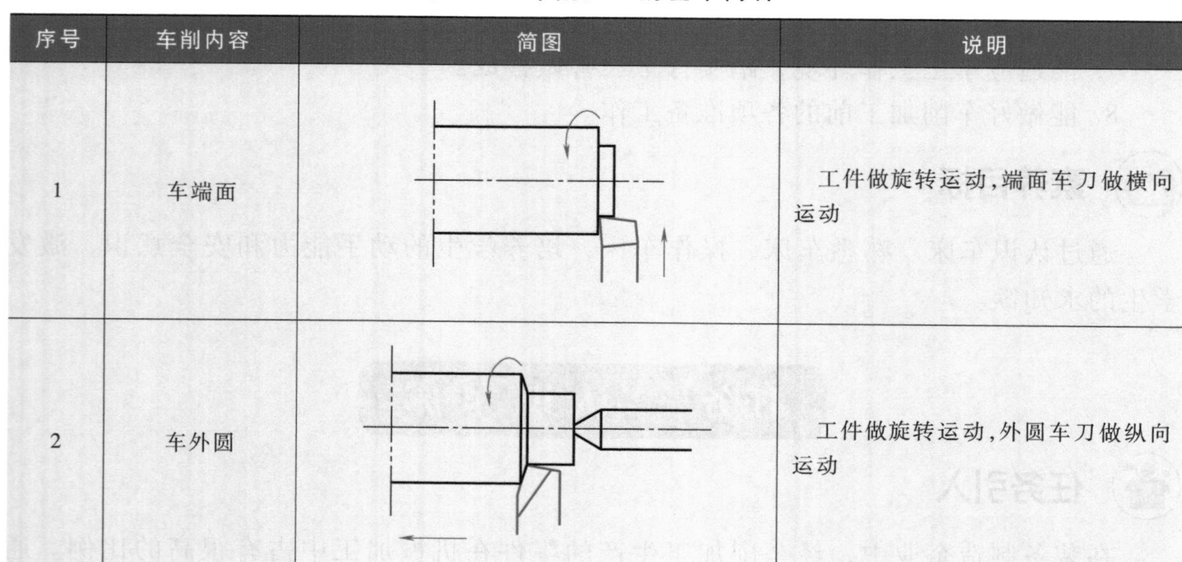

序号	车削内容	简图	说明
1	车端面		工件做旋转运动，端面车刀做横向运动
2	车外圆		工件做旋转运动，外圆车刀做纵向运动

（续）

序号	车削内容	简图	说明
3	切断和车槽		工件做旋转运动，外槽车刀做横向运动
4	钻中心孔		工件做旋转运动，中心钻做纵向运动
5	钻孔		工件做旋转运动，麻花钻做纵向运动
6	车孔		工件做旋转运动，内孔车刀做纵向运动
7	铰孔		工件做旋转运动，铰刀做纵向运动
8	车螺纹		工件做旋转运动，螺纹车刀做纵向运动
9	车圆锥面		工件做旋转运动，外圆车刀做与工件轴线成一定夹角的直线运动
10	车成形面		工件做旋转运动，成形车刀做曲线运动

（续）

序号	车削内容	简图	说明
11	滚花		工件做旋转运动，滚花刀做纵向运动
12	攻螺纹		工件做旋转运动，丝锥做纵向运动

二、机床的型号

机床的型号

机床型号是机床产品的代号，用来表示机床的类别、结构等特性。我国的机床型号是根据国家标准 GB/T 15375—2008《金属切削机床 型号编制方法》编制而成的。机床型号由基本部分和辅助部分组成，中间用“/”隔开，前者须统一管理，后者由企业自定。机床型号的表示方法如图 1-1 所示。

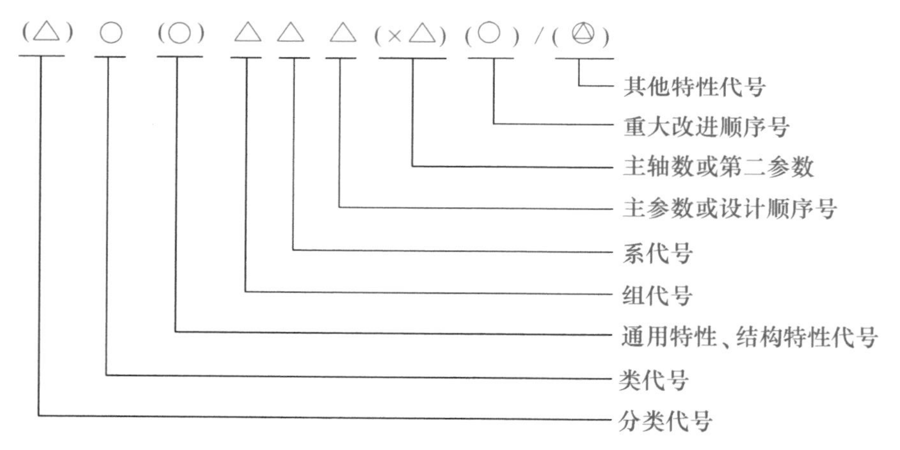

图 1-1 机床型号的表示方法

图 1-1 所示的机床型号的表示方法中符号的含义如下。

1）有“( )”的代号或数字，若无内容，则不用表示；若有内容，则不带括号。

2）有“○”符号者，为大写的汉语拼音字母。

3）有“△”符号者，为阿拉伯数字。

4）有“◎”符号者，为大写的汉语拼音字母或阿拉伯数字，或两者兼有之。

1. 机床类代号

机床按其工作原理可划分为车床、钻床、镗床、磨床、齿轮加工机床、螺纹加工机床、铣床、刨插床、拉床、锯床和其他机床共 11 类。机床的类代号用大写的汉语拼音字母表示。必要时，每类可分为若干分类，分类代号在类代号之前，作为型号的首位，并用阿拉伯数字表示，第一分类代号的“1”可以省略。机床的类和类代号见表 1-2。

表 1-2　机床的类和类代号

类别	车床	钻床	镗床	磨床			齿轮加工机床	螺纹加工机床	铣床	刨插床	拉床	锯床	其他机床
代号	C	Z	T	M	2M	3M	Y	S	X	B	L	G	Q
读音	车	钻	镗	磨	二磨	三磨	牙	丝	铣	刨	拉	割	其

2. 机床特性代号

机床的特性代号包括通用特性代号和结构特性代号，均用大写的汉语拼音字母表示，位于类代号之后。

（1）通用特性代号　通用特性代号有统一的固定含义，它在各类机床的型号中表示的意义相同。当某类型机床除有普通型外，还有表 1-3 所列某种通用特性时，则在类代号之后加通用特性代号予以区分。

表 1-3　机床的通用特性代号

通用特性	高精度	精密	自动	半自动	数控	加工中心（自动换刀）	仿形	轻型	加重型	柔性加工单元	数显	高速
代号	G	M	Z	B	K	H	F	Q	C	R	X	S
读音	高	密	自	半	控	换	仿	轻	重	柔	显	速

（2）结构特性代号　对主参数相同而结构、性能不同的机床，在型号中加结构特性代号予以区别。根据各类机床的具体情况，对某些结构特性代号可以赋予一定的含义。但结构特性代号与通用特性代号不同，它在型号中没有统一的含义，只在同类机床中起区分机床结构、性能的作用。当型号中有通用特性代号时，结构特性代号应排在通用特性代号之后。结构特性代号用大写汉语拼音字母 A、B、C、D、E、L、N、P、T、Y 表示；通用特性代号已用的字母和“I”“O”两个字母均不能用作结构特性代号；当单个字母不够用时，可将两个字母组合起来使用，如 AD、AE、DA、EA 等。

3. 机床组、系代号

将每类机床划分为 10 个组，每个组又划分为 10 个系（系别），机床的组用一位阿拉伯数字表示，位于类代号或通用特性代号、结构特性代号之后。机床的系用一位阿拉伯数字表示，位于组代号之后。

4. 机床主参数

机床的主参数是机床的重要技术参数，用折算值（主参数乘以折算系数）表示，位于系代号之后。常用车床主参数及折算系数见表 1-4。

5. 机床重大改进顺序号

当机床的结构、性能有更高的要求，并需按新产品重新设计、试制和鉴定时，才按改进的先后顺序选用 A、B、C 等大写汉语拼音字母（不得选用“I”“O”两个字母）加在型号基本部分的尾部，以区别原机床型号。

表 1-4　常用车床主参数及折算系数

车床名称	主参数	
	参数名称	折算系数
单柱或双柱立式车床	最大车削直径	1/100
落地车床	最大工件回转直径	1/100
卧式车床	床身上最大回转直径	1/10

三、车床型号的识读

根据国家标准 GB/T 15375—2008《金属切削机床　型号编制方法》对机床的分类，车床分为仪表小型车床，单轴自动车床，多轴自动、半自动车床，回转、转塔车床，曲轴及凸轮轴车床，立式车床，落地及卧式车床，仿形及多刀车床，轮、轴、辊、锭及铲齿车床和其他车床。CA6140A 型卧式车床是生产中应用较为普遍的车床，适用于单件、小批量生产轴类、盘类零件。CA6140A 型卧式车床型号的含义如图 1-2 所示。

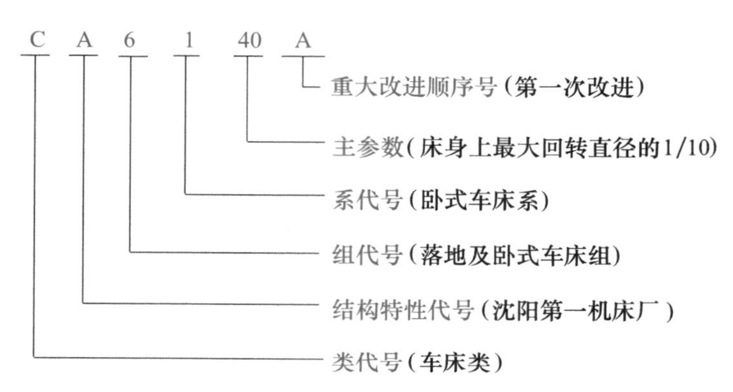

图 1-2　CA6140A 型卧式车床型号的含义

车床主要部件及功用

四、CA6140 型卧式车床的结构

CA6140 型卧式车床的外形如图 1-3 所示，主要部件的名称及用途见表 1-5。

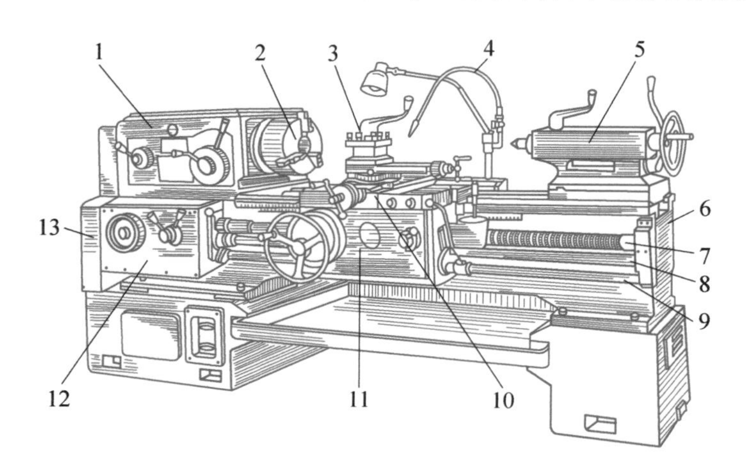

图 1-3　CA6140 型卧式车床的外形

1—主轴箱　2—卡盘　3—刀架　4—切削液管　5—尾座　6—床身　7—长丝杠
8—光杠　9—操纵杆　10—溜板　11—溜板箱　12—进给箱　13—交换齿轮箱

表 1-5　CA6140 型卧式车床的主要部件及用途

部件名称	主要用途
主轴箱	支承主轴并带动工件做回转运动,变换箱外的手柄位置,可以使主轴得到各种不同的转速
卡盘	夹持工件，并带动工件一起转动
交换齿轮箱	把主轴的运动传递给进给箱,通过更换箱内齿轮,配合进给箱内的变速机构,可以车削不同螺距的螺纹,并满足不同进给量的纵、横向进给
进给箱	利用内部的齿轮机构，可以把主轴的旋转运动传递给长丝杠或光杠。变换箱体外面的手柄位置,可以使长丝杠或光杠得到各种不同的转速
长丝杠	车削螺纹,通过溜板使车刀按要求的传动比做精确的直线移动
光杠	把进给箱的运动传递给溜板箱,使车刀按要求的速度做直线进给运动
溜板箱	接受光杠或长丝杠传递的运动，以驱动床鞍和中、小滑板及刀架实现车刀的纵、横向进给
溜板	包括床鞍、中滑板和小滑板等。床鞍用于纵向车削工件;中滑板用于横向车削工件和控制背吃刀量;小滑板用于纵向车削较短的工件或圆锥面
刀架	装夹刀具
尾座	安装后顶尖,以支承较长工件,也可以安装钻头、中心钻、铰刀等进行孔加工
床身	车床上精度要求很高的带有导轨的一个大型基础部件,用于支承和安装车床的其他部件,是床鞍和尾座的移动导向部分
操纵杆	改变主轴的旋转方向
切削液管	浇注切削液

五、卧式车床的传动系统

把电动机的旋转运动转化为工件和刀具的运动所经过的一系列复杂的传递运动的机构，称为车床的传动系统。下面以 CA6140 型卧式车床为例，简要介绍卧式车床的传动系统。CA6140 型卧式车床的传动系统及传动路线如图 1-4 所示。

1. 主运动

电动机 1 经过传动带 2 把运动传递到主轴箱 4，通过变速机构变速后，使主轴 5 得到多种转速，再经过卡盘 6（或夹具）带动工件转动。

2. 进给运动

主轴 5 的旋转运动通过交换齿轮箱 3 传至进给箱 13，经过进给箱 13 变速后由丝杠 11 或光杠 12 驱动溜板箱 9、床鞍 10、中滑板 8 和刀架 7，从而控制车刀的运动轨迹，实现车削各种表面的工作。

六、车削的基本概念

1. 切削运动

在车床上进行金属切削加工时，工件和刀具之间的相对运动称为切削运动。切削运动可分为主运动和进给运动，如图 1-5 所示。

（1）主运动　切削时形成切削速度的运动称为主运动，车削时的主运动是工件的旋转运动。通常主运动的速度较高，消耗的功率较大。

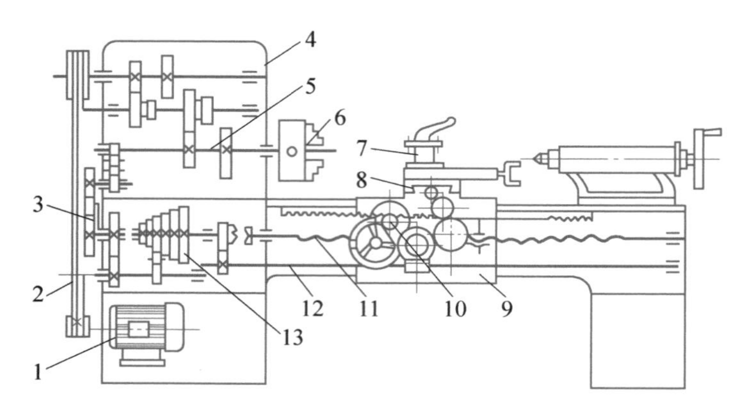

a) CA6140型卧式车床传动系统

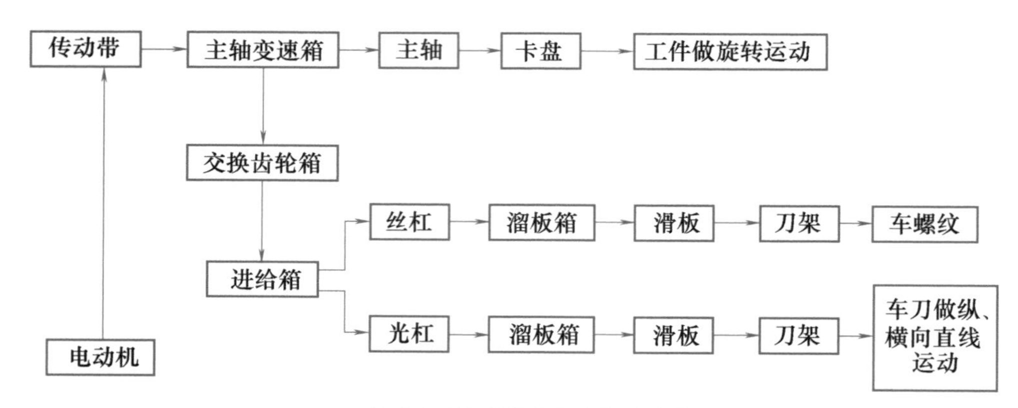

b) CA6140型卧式车床传动路线

图 1-4　CA6140 型卧式车床的传动系统及传动路线

1—电动机　2—传动带　3—交换齿轮箱　4—主轴箱　5—主轴　6—卡盘　7—刀架　8—中滑板　9—溜板箱　10—床鞍　11—丝杠　12—光杠　13—进给箱

（2）进给运动　使工件的多余材料不断被投入切削，从而加工出完整表面所需的运动称为进给运动。进给运动一般分为纵向进给运动和横向进给运动。车削外圆时，车刀做纵向进给运动，车削端面、外沟槽和切断时，车刀做横向进给运动。

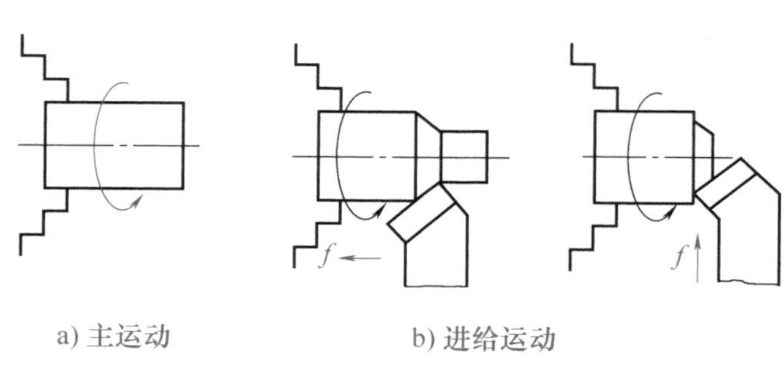

a) 主运动　　b) 进给运动

图 1-5　切削运动

2. 车削时工件上形成的表面

车刀在切削工件时，会在工件上形成三个不断变化的表面，如图 1-6 所示。

（1）已加工表面　工件上多余金属层被切除后形成的新表面称为已加工表面。

（2）加工表面　车刀切削刃正在切削的表面。它是连接已加工表面和待加工表面的过渡表面。

（3）待加工表面　工件上将要被切除多余金属层的表面。

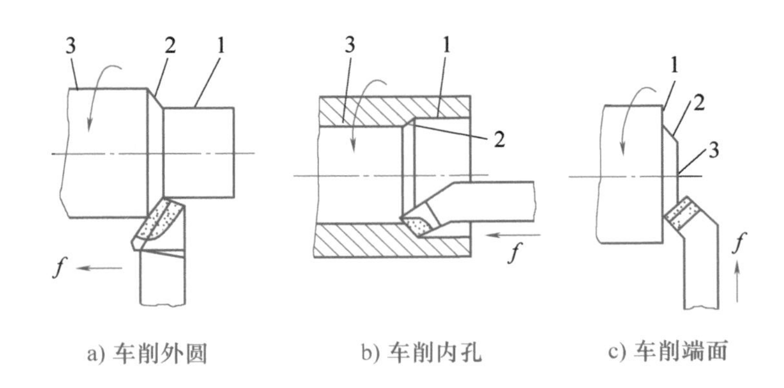

a) 车削外圆　　b) 车削内孔　　c) 车削端面

图 1-6 车削时工件上形成的三个表面

1—已加工表面 2—加工表面 3—待加工表面

3. 切削用量

切削用量是切削时各运动参数的总称，包括背吃刀量、进给量和切削速度，又称切削三要素。合理选择切削用量与保证产品质量、提高生产率和延长刀具寿命等有着十分密切的联系。

（1）背吃刀量（a_p） 工件上已加工表面和待加工表面之间的垂直距离称为背吃刀量，如图 1-7 中的 a_p，也就是每次进给时车刀切入工件的深度。车削外圆时背吃刀量的计算公式为

$$a_p = \frac{d_w - d_m}{2}$$

式中 a_p——背吃刀量（mm）；

d_w——工件待加工表面的直径（mm）；

d_m——工件已加工表面的直径（mm）。

（2）进给量（f） 工件每转一圈，车刀沿进给方向移动的距离称为进给量。它是表示进给运动快慢的参数，单位是 mm/r，如图 1-7 中的 f。根据进给方向的不同，可将进给量分为纵向进给量和横向进给量，如图 1-8 所示。纵向进给量是指沿床身导轨方向的进给量；横向进给量是指垂直于床身导轨方向的进给量。

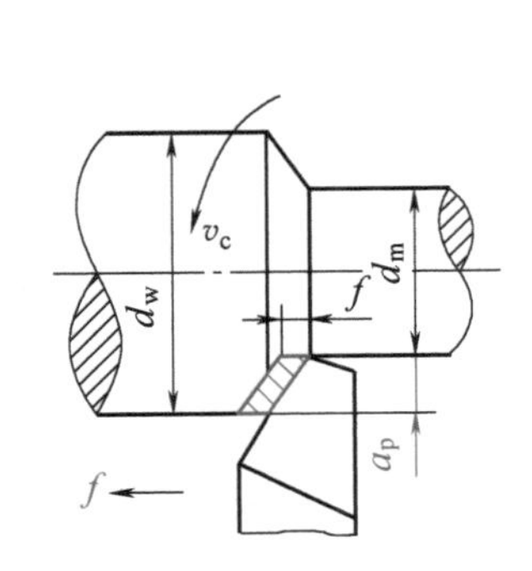

图 1-7 车削外圆时的背吃刀量和进给量

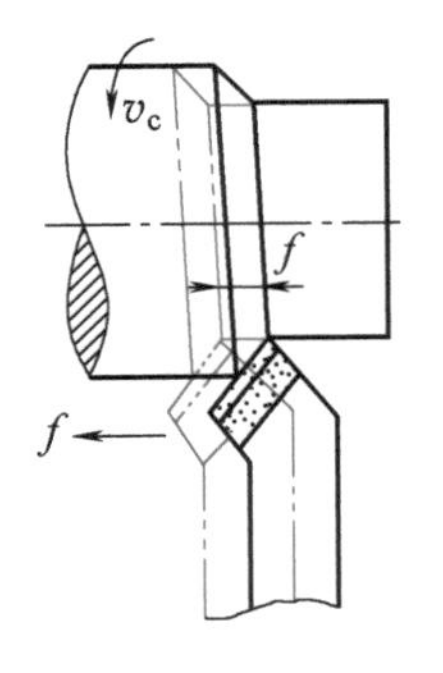

a) 纵向进给量

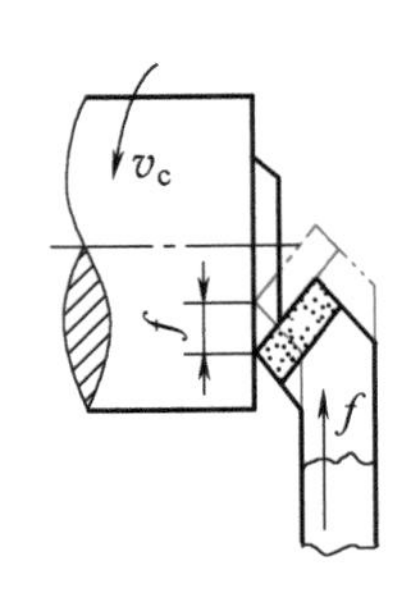

b) 横向进给量

图 1-8 纵向进给量和横向进给量

（3）切削速度（v_c） 主运动的线速度称为切削速度。它是表示主运动快慢的参数，单位是 m/min。车削外圆时，可以将切削速度看成车刀 1min 内车削工件表面的

展开直线理论长度（假定切屑没有变形或收缩），如图 1-9 所示。

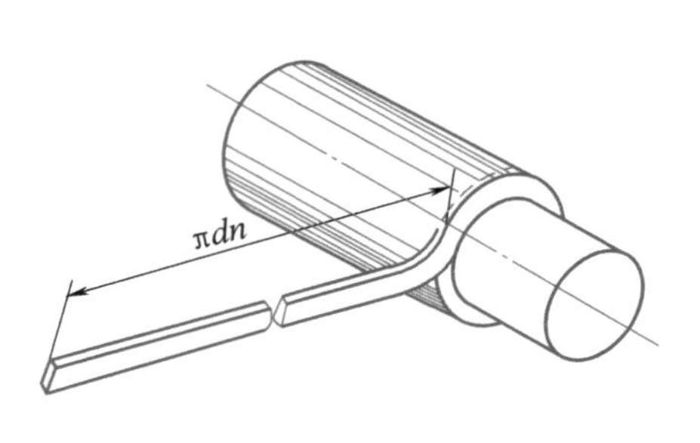

图 1-9　车削外圆时的切削速度

车削加工（主运动为旋转运动）时切削速度的计算公式为

$$v_c = \frac{\pi d n}{1000}$$

式中　v_c——切削速度（m/min）；

n——主轴转速（r/min）；

d——工件的直径（mm）。

【例 1-1】　在 CA6140A 型车床上精车直径为 ϕ20mm 的外圆，切削速度为 75m/min，试求车床主轴转速。

解：由切削速度（v_c）计算公式得出

$$n = \frac{1000 v_c}{\pi d} = \frac{1000 \times 75}{3.14 \times 20} \text{r/min} \approx 1194 \text{r/min}$$

在实际生产中，由于车床主轴的转速是通过理论计算得出的，但该数值往往与车床铭牌上的数值转速不能正好对应，所以须取与铭牌上相接近的转速数值作为加工工件的转速，故本例的车床主轴转速取 1250r/min。

任务实施

一、任务分析

要正确使用车床，必须对车床的技术参数、结构和各部件的用途有一定的认识。本任务通过观察车床外形特征，结合车床型号含义解释方法，学会识读普通车床型号；通过了解车床常用部件的基本功能，在实训现场说出其名称及用途，为正确操作车床打下扎实的基础。

二、任务准备

CA6140A、CD6140A、CA6150 型等卧式车床及使用说明书。

三、认识车床的型号，说明车床的传动形式、主参数、主要部件及用途

1）进入实习车间车工实训区域，观察不同类别的车床，通过识读车床铭牌了解车床的分类，并解释其型号含义。

2）根据统计的车床型号，查阅使用说明书等资料，说出车床的主参数，现场叙述车床的传动形式和主要部件的名称及用途。

任务评价

根据表 1-6 所列内容对任务完成情况进行评价。

表 1-6　认识车床评分标准

序号	实训名称	实训内容及要求	配分	评分标准	实施状况	自评	师评
1	车床型号识读	说明 CA6140A、CD6140A、CA6150 型等卧式车床型号的含义	30	错误不得分			
2	车床主参数说明	简要说出 CA6140A、CD6140A、CA6150 型等卧式车床的主参数	15	按叙述情况酌情扣分			
3	车床传动形式说明	描述卧式车床的传动形式	5	按叙述情况酌情扣分			
4	车床主要部件名称及用途说明	说出卧式车床的主要部件名称及用途	30	按叙述情况酌情扣分			
5	安全文明生产	安全装备齐全	10	违反不得分			
6		爱护设备	10	违反不得分			
合计配分			100	合计得分			

实践经验

1）根据加工工件的工艺特征选择车床型号，应根据加工精度要求的高低与数量的多少、是粗加工还是精加工、加工余量的大小、是否为断续切削、是否具有冲击性等因素进行考量。对于加工精度要求较高的工件，要先了解车床技术参数是否能满足零件的加工精度要求，然后选择与之匹配的车床；对于大尺寸工件，要根据车床的主参数选择车床型号，以满足工件的装夹等要求；对于加工余量较大的工件，应选用刚性较好的车床进行粗加工，以提高生产率，降低车床和刀具经济损耗；对断续切削、具有冲击性的工件，其粗加工也应选用刚性较好的车床。

2）根据加工最大损耗功率选择车床型号。通过查阅切削手册计算并确定切削用量、切削力及切削功率，正确选用机床额定功率，符合功率损耗的条件，否则可能出现所选车床动力不足或动力过大，造成浪费。

任务二　认知车工安全文明生产

任务引入

车工安全文明生产是车削加工的首要条件。在工件的车削加工过程中，为了保证安全生产和杜绝各类事故的发生，操作者必须遵守车工安全操作规程和文明生产规范。通过本任务的学习，学生可掌握车工安全文明生产的相关规定，并能在实践中做到安全文明生产。

任务目标

1. 了解安全文明生产的重要性。

2. 牢记车工安全操作规程和文明生产规范。

3. 树立正确、规范的车床安全操作意识。

知识准备

一、安全文明生产的重要性

坚持安全文明生产是保障生产工人和机床设备安全，防止工伤和设备事故的根本保证，也是企业经营管理的重要内容之一，它直接影响人身安全、产品质量和经济效益，影响机床设备、工具和量具的寿命。在学习和掌握专业知识与操作技能的同时，必须养成良好的安全文明生产习惯。

车工安全操作规程

二、车工安全操作规程

车工安全操作规程见表 1-7。

表 1-7　车工安全操作规程

序号	安全操作规程	图示
1	应穿工作服，扎紧袖口，女生应戴工作帽，将长发塞入工作帽内；禁止穿背心、裙子和短裤，禁止戴围巾、穿拖鞋或穿高跟鞋进入实训场地	 
2	操作前，应检查车床各部分机构是否完好；手柄位置是否正确；主轴及进给系统是否正常	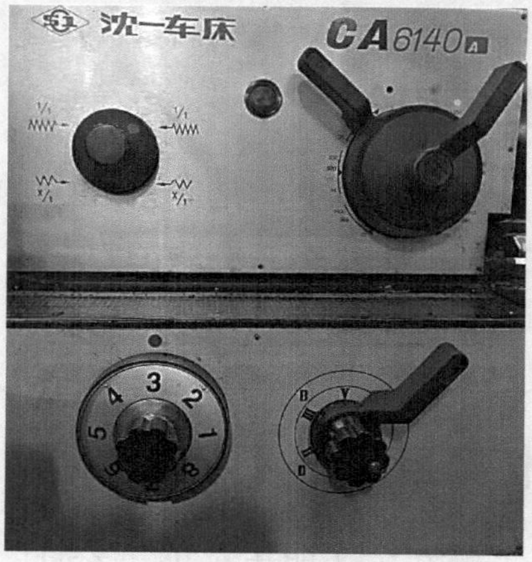

（续）

序号	安全操作规程	图示
3	工件和车刀必须装夹牢固，以防飞出伤人；卡盘必须装有保险装置；工件装夹完毕后，必须及时将卡盘扳手从卡盘上取下	
4	凡装卸工件、更换刀具、变换转速、测量工件时，必须先停车	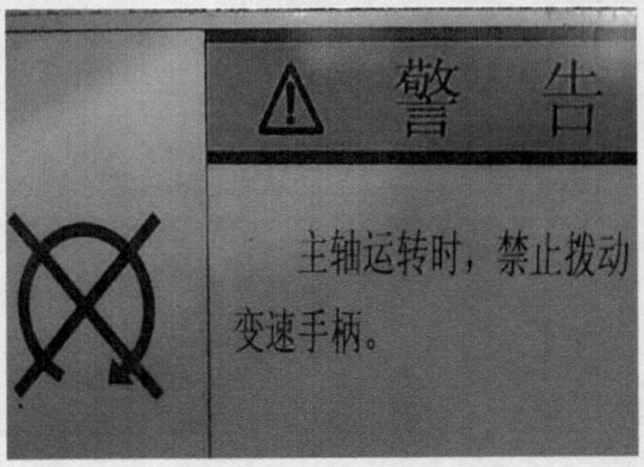 警　告 主轴运转时，禁止拨动变速手柄。
5	车削工件时，应戴好防护眼镜，禁止戴手套；操作车床时，应集中精力，手、身体和衣服不能靠近回转中的机件（如工件、带轮、齿轮、丝杠等），头不能离工件太近；车床运转时，禁止用手触摸工件表面；严禁用棉纱擦抹回转中的工件；操作车床时，严禁离开工作岗位，禁止做与操作内容无关的事情	
6	清除铁屑时，应使用专用铁屑钩，不允许用手直接清理	
7	不要随意拆装电气设备，以免发生触电事故；工作中若发现车床、电气设备有故障，应及时申报，由专业人员检修，未经修复不得使用	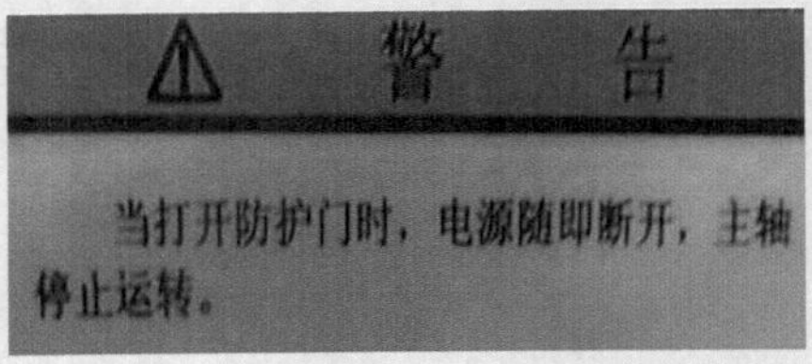 警　告 当打开防护门时，电源随即断开，主轴停止运转。

车工文明
生产规范

三、车工文明生产规范

车工文明生产规范见表 1-8。

表 1-8　车工文明生产规范

序号	文明生产规范	图示
1	爱护工具、量具和刀具并正确使用，其放置稳妥、整齐、合理，有固定的位置，便于操作时取用，用后应放回原处	
2	工具箱内的物件应分类摆放，要求整齐	
3	正确使用和爱护量具，保持清洁，用后应擦净并涂油，定期校验，保证精度	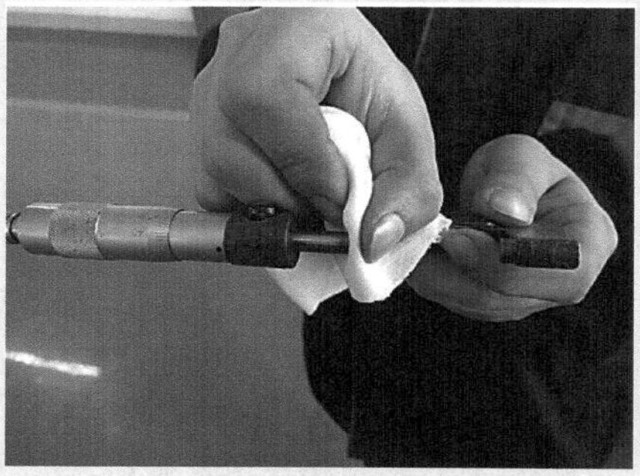
4	爱护车床，不允许在卡盘及床身导轨上敲击或找正工件；不允许在床面上放置工具或工件	

（续）

序号	文明生产规范	图示
5	车刀刀尖磨损后，应及时刃磨或更换刀片，不允许用钝刀继续切削	
6	毛坯、半成品和成品应分开放置。半成品、成品应堆放整齐，轻拿轻放，以防碰伤已加工表面	
7	图样、工艺卡片应放在便于阅读的位置，并注意保持清洁和完整	
8	实训场地应保持清洁、整齐；工作结束后，应认真擦拭车床、工具、量具和其他附件；按规定加注润滑油；将床鞍摇到床尾一端，各手柄应调至空档位置；清扫实训场地，切断电源	

任务实施

一、任务分析

车工安全文明生产是在车床上加工工件的重要前提。安全文明生产存在于车削加工的各个环节，操作者必须熟知安全文明生产各项规定并严格遵守，以消除安全隐患，避免事故的发生。

二、任务准备

车工安全文明生产规章制度手册、安全防护装备、卧式车床（CA6140A、CD6140A、CA6150 型等）、工具、量具、刀具以及辅助工具等。

三、车工安全文明生产实施过程

在操作过程的每个环节都要严格遵守车工安全文明生产规范，具体内容见表 1-9。

表 1-9　车工安全文明生产实施过程

序号	内容	图示
1	着装规范，扎紧袖口，扣好领口并戴好防护眼镜	
2	女生必须戴工作帽，并将长发塞入工作帽中	
3	检查车床各部分机构是否完好；手柄位置是否正确；主轴及进给系统是否正常	

（续）

序号	内容	图示
4	停车变速和测量工件	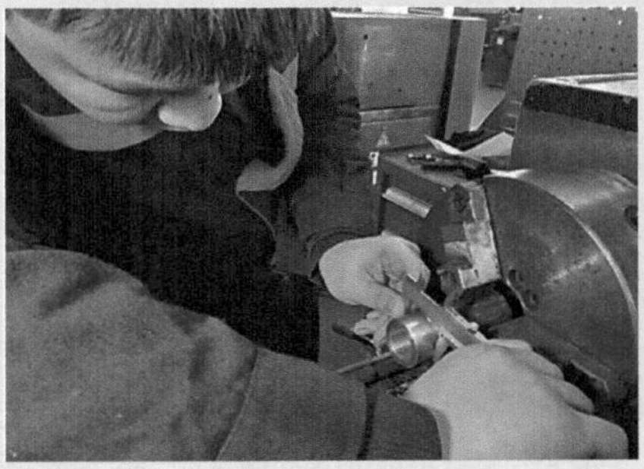
5	不得随意打开电气设备安全盖和拆装电气设备，以防发生触电事故	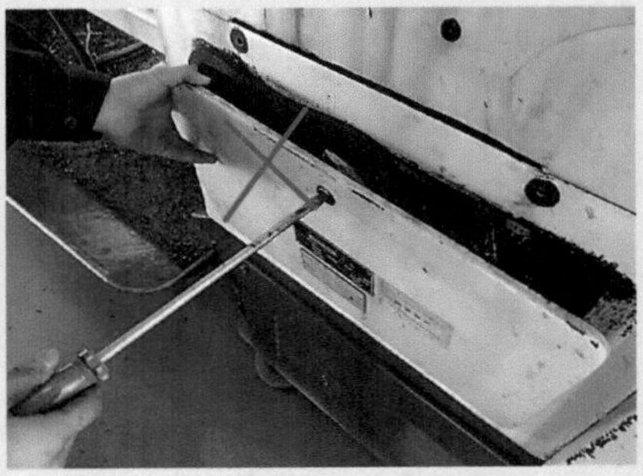
6	急停按钮用于紧急状况或发生安全事故时车床的急停，正常车削过程中严禁按下急停按钮	
7	工具、量具和刀具的摆放应稳妥、整齐、合理	
8	实训结束后清理车床，清扫场地	

（续）

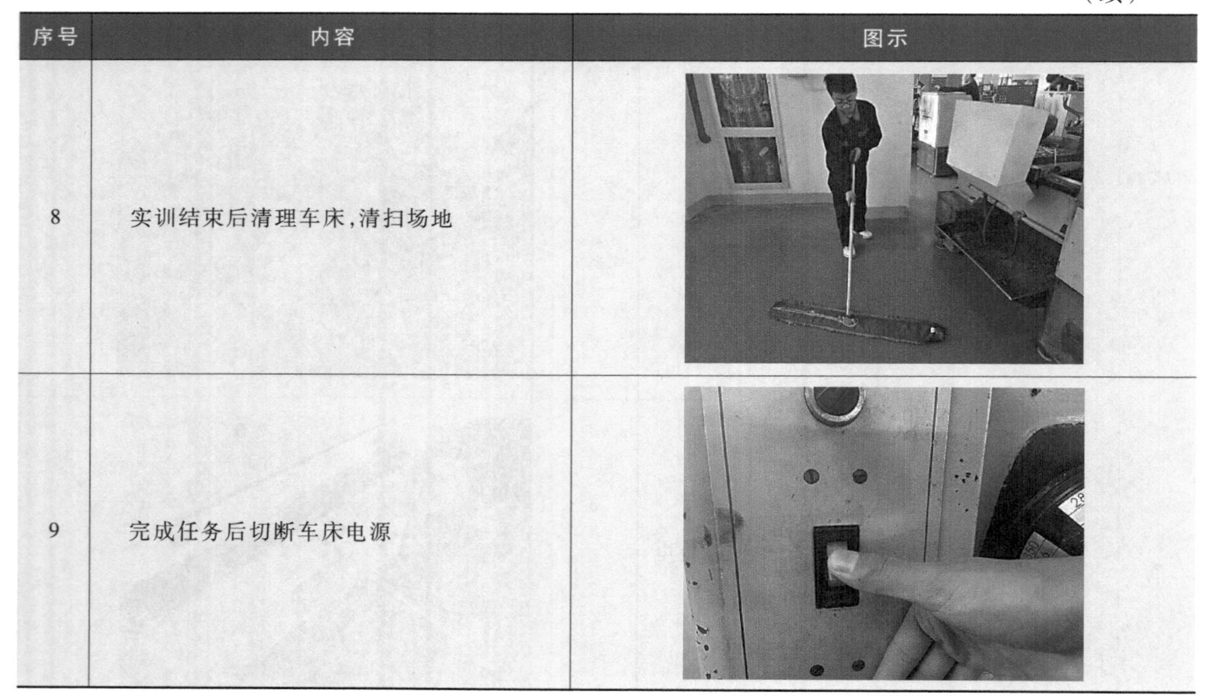

序号	内容	图示
8	实训结束后清理车床，清扫场地	
9	完成任务后切断车床电源	

任务评价

根据表 1-10 所列内容对任务完成情况进行评价。

表 1-10　认知车工安全文明生产评分标准

序号	实训名称	实训内容及要求	配分	评分标准	实施状况	自评	师评
1	车工安全文明生产规范实施过程	着装规范并戴防护眼镜、女生戴工作帽	20	着装不规范，安全防护措施没有做好不得分			
2		检查设备是否完好，手柄位置是否正确	5	按检查情况酌情扣分			
3		停车变速	20	违反不得分			
4		停车测量工件	15	违反不得分			
5		不得随意打开电气设备安全盖	5	违反不得分			
6		正确使用急停按钮	5	错误不得分			
7		正确摆放工具、量具和刀具	15	错误不得分			
8		清洁车床	5	按清洁情况酌情扣分			
9		清扫工作场地	5	按清扫情况酌情扣分			
10		切断车床电源	5	不及时关闭电源不得分			
合计配分			100	合计得分			

实践经验

根据现代企业发展的管理标准化、生产标准化、产品标准化要求进行现场管理，严格遵守企业管理制度，在实践中做到安全文明生产，把企业的管理、生产以及产品的标准化理念渗透到每个学习环节，养成安全文明生产习惯和吃苦耐劳、精益求精的职业素养。

任务三　操作与保养车床

任务引入

熟练操作车床和坚持车床的日常保养是完成工件加工的前提。本任务包括车床的安全起动顺序、主轴转速的调整方法、进给量和螺距的调整方法、溜板手动操作方法、刻度盘识读方法、自动进给操作方法、刀架转位和锁紧方法、尾座操作方法、小滑板转动操作方法、车床的润滑和日常保养等内容，要求学生做到安全、正确地操作车床，定期保养车床，养成良好的工作习惯。

任务目标

1. 能进行车床主轴正转、反转和停止操作。
2. 能进行主轴变速和进给量、螺距的调整。
3. 能进行大、中、小滑板手动操作。
4. 能进行刻度盘的识读及精度换算。
5. 能进行刀架的纵向和横向自动进给及转位和紧固操作。
6. 能进行尾座的移动和固定操作。
7. 能进行小滑板的转动操作。
8. 能进行车床的日常保养。

知识准备

一、车床的基本操作

CA6140A型卧式车床的操作

CA6140A 型卧式车床操作项目及操作说明见表 1-11。

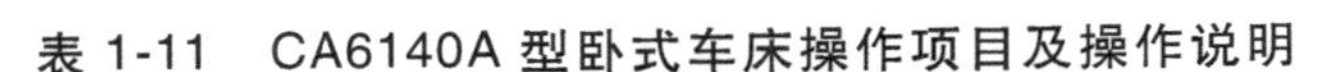

表 1-11　CA6140A 型卧式车床操作项目及操作说明

操作项目	图示	操作说明
车床起动操作		1. 起动前，检查车床各变速手柄是否处于低速档位、操纵杆是否处于停止状态，确认后，接通电源

（续）

操作项目	图示	操作说明
车床起动操作		2. 旋出急停按钮
		3. 按下起动按钮
		4. 提起操纵杆手柄，主轴沿逆时针方向旋转（正转）
		5. 将操纵杆手柄下压至中间位置，主轴停止转动
		6. 将操纵杆手柄从中间位置压至最下端，主轴反转

（续）

操作项目	图示	操作说明
车床起动操作		7. 按下床鞍上的急停按钮，电动机停止工作。需要注意的是，主轴正反转的转换要在主轴停止转动后进行，避免因连续的转换操作使瞬时电流过大而引发故障，同时也可避免在交换过程中对机械部件的冲击
主轴变速操作	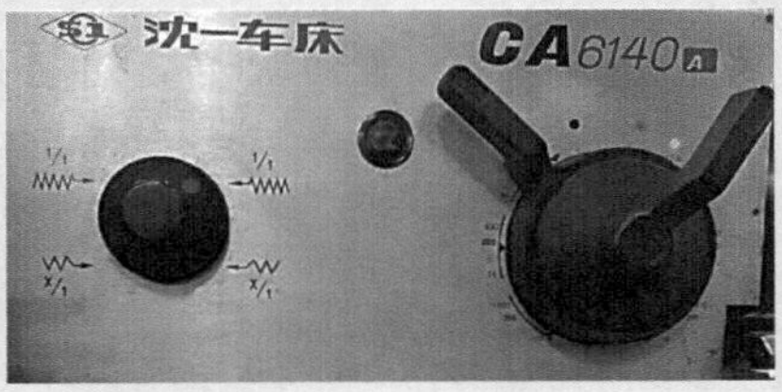	1. 通过改变主轴箱正面右侧两个叠套手柄的位置实现主轴的变速，后面的手柄有 6 个档位，每个档位上有 4 级转速，由前面的手柄控制，因此主轴共有 24 级转速
		2. 调整主轴转速至 45r/min、560r/min、1000r/min，需要注意的是，每次调整主轴转速前必须停车，以避免发生机械故障
进给箱调整操作		1. 进给箱正面左侧有一个手轮，右侧有前后叠装的两个手柄，前面的手柄有 A、B、C、D 4 个档位，是丝杠、光杠变换手柄，后面的手柄有 Ⅰ、Ⅱ、Ⅲ、Ⅳ 4 个档位，与有 8 个档位的手轮相配合，用以调整螺距和进给量。在实际操作中应根据要求，查找螺纹和进给量调配表，以调整手轮和手柄的位置。当后手柄处于Ⅴ档位置时，齿轮箱的运动不经过进给箱变速，而是与丝杠直接相连
	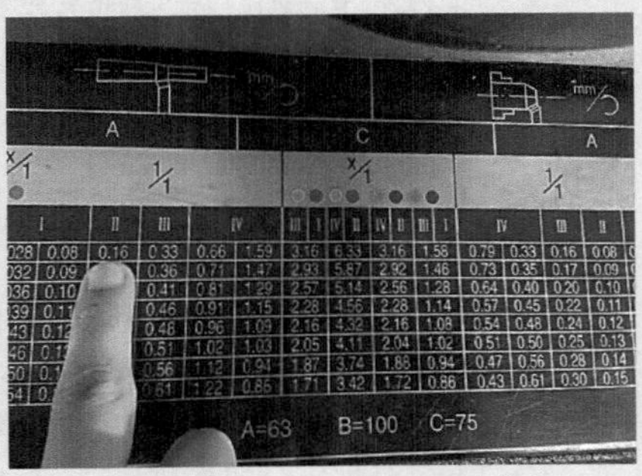	2. 调整纵向进给量为 0.16mm、横向进给量为 0.17mm

（续）

操作项目	图示	操作说明
进给箱调整操作	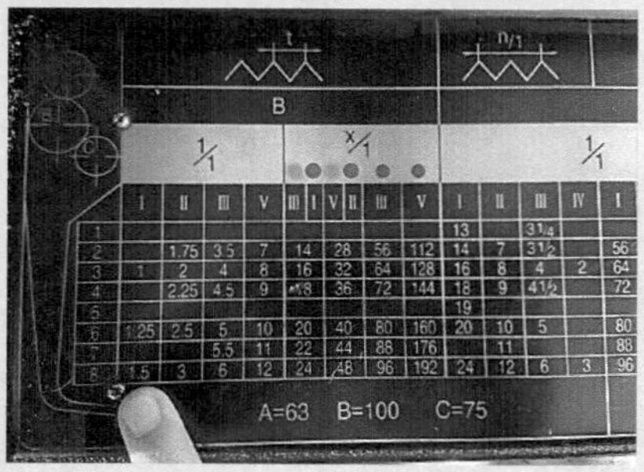	3. 调整螺距至 1.5mm、2mm、3mm(普通螺纹)
溜板手动操作		1. 床鞍的纵向移动由溜板箱正面左侧的大手轮控制。当沿顺时针方向转动手轮时，床鞍向右移动；当沿逆时针方向转动手轮时，床鞍向左移动
		2. 中滑板的横向移动由中滑板手柄控制。当沿顺时针方向转动手柄时，中滑板向远离操作者的方向移动；当沿逆时针方向转动中滑板手柄时，中滑板向靠近操作者的方向移动
		3. 小滑板可做短距离的纵向移动。当沿顺时针方向转动手柄时，小滑板向左移动；当沿逆时针方向转动手柄时，小滑板向右移动
刻度盘的识读	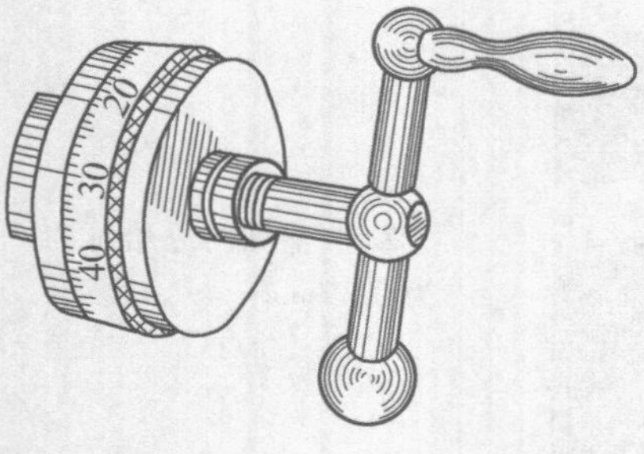	1. 中滑板上的刻度盘安装在中滑板丝杠上。当刻度盘随着中滑板手柄转动一周时，中滑板丝杠也转动一周，这时与丝杠配合的螺母移动一个螺距。由于螺母固定在中滑板上，所以刀架也移动了一个螺距。如果中滑板丝杠螺距为 5mm，刻度盘被等分为 100 格，当手柄转动一周时，中滑板就移动了 5mm。当刻度盘转动 1 格时，中滑板移动了 5mm/100 = 0.05mm，因此中、小滑板刻度盘每格移动距离可按下式计算：$a=P/n$ 计算，其中 a 为刻度盘转过 1 格时车刀移动的距离；P 为滑板丝杠的螺距；n 为刻度盘被等分的格数

（续）

操作项目	图示	操作说明
刻度盘的识读		2. 转动中滑板丝杠时，由于丝杠与螺母之间的配合存在间隙，会产生空行程（即刻度盘转动而中滑板并未移动），所以使用转动刻度盘时必须先反向转动适当角度，消除配合间隙，然后缓慢地转动刻度盘需要的格数，如果多转了几格，不能简单地退回，必须退回全部空行程，再转至需要的刻度 3. 使用中滑板刻度盘时，当测得工件余量后，中滑板刻度盘的切入量（背吃刀量）是余量的1/2
	 	4. 大、小滑板的刻度盘用于控制工件长度，其刻度值表示车刀沿工件轴向移动的距离
		5. 溜板箱大手轮的刻度盘被等分为300格，每转过1格，表示床鞍纵向移动1mm

（续）

操作项目	图示	操作说明
刻度盘的识读		6. 中滑板手轮刻度盘被等分为 100 格，每转过 1 格，表示刀架横向移动 0.05mm
		7. 小滑板手轮刻度盘被等分为 100 格，每转过 1 格，表示刀架纵向移动 0.05mm
自动进给手柄操作	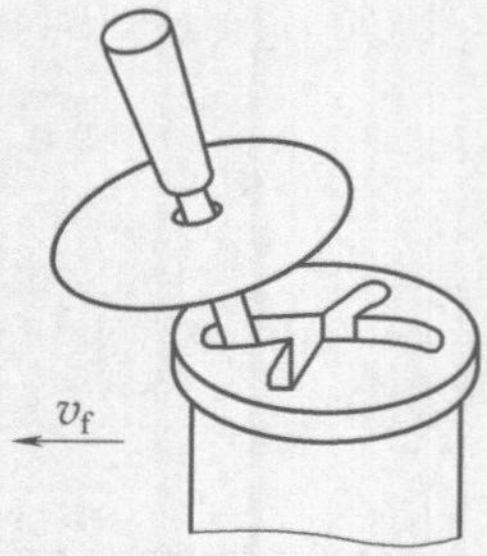 v_f	进给手柄控制 4 个方向的移动，分别表示刀架的纵、横向机动进给和快速移动
刀架操作		四方刀架上的固定手柄用于四方刀架的转位和紧固。沿逆时针方向转动固定手柄，可松开四方刀架，继续转动固定手柄至所需位置后，沿顺时针方向转动固定手柄，直至将刀架锁紧

（续）

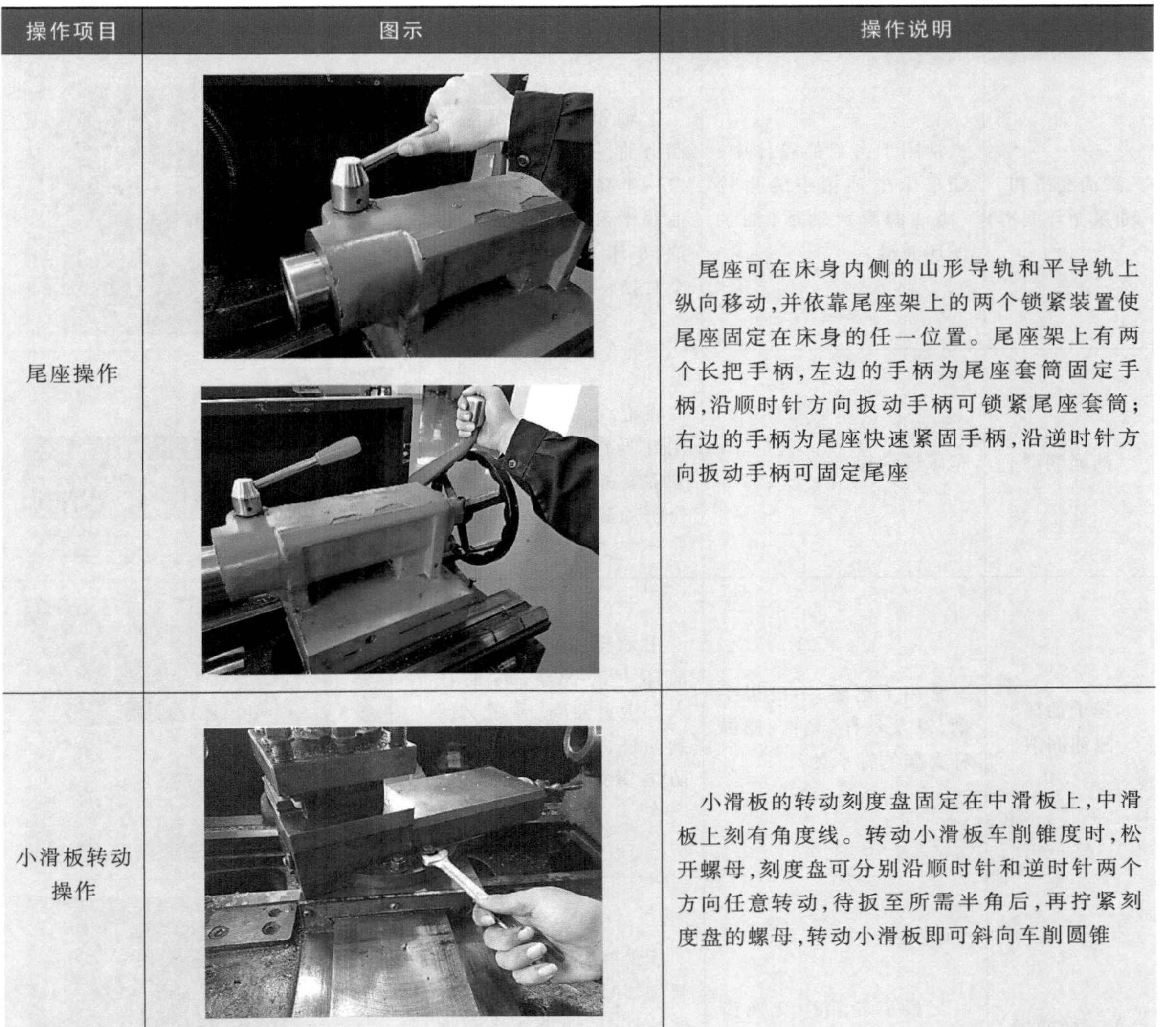

操作项目	图示	操作说明
尾座操作		尾座可在床身内侧的山形导轨和平导轨上纵向移动，并依靠尾座架上的两个锁紧装置使尾座固定在床身的任一位置。尾座架上有两个长把手柄，左边的手柄为尾座套筒固定手柄，沿顺时针方向扳动手柄可锁紧尾座套筒；右边的手柄为尾座快速紧固手柄，沿逆时针方向扳动手柄可固定尾座
小滑板转动操作		小滑板的转动刻度盘固定在中滑板上，中滑板上刻有角度线。转动小滑板车削锥度时，松开螺母，刻度盘可分别沿顺时针和逆时针两个方向任意转动，待扳至所需半角后，再拧紧刻度盘的螺母，转动小滑板即可斜向车削圆锥

二、车床的润滑

按照车床的润滑要求进行润滑，能保证车床的正常使用，保持良好的使用精度。CA6140A 型卧式车床常用的润滑方式见表 1-12。

表 1-12　CA6140A 型卧式车床常用的润滑方式

润滑方式	润滑部位	润滑要求	图示
浇油润滑	车床外露的滑动表面，如床身导轨面，中、小滑板导轨面等	擦干净后用油壶浇油润滑，每班注油一次	

（续）

润滑方式	润滑部位	润滑要求	图示
溅油润滑和油泵循环润滑	常用于密封的箱体中，如车床主轴箱中的齿轮（溅油润滑），轴承（油泵循环润滑）	主轴箱内要有足够的润滑油，一般加到油标窗口一半高度，保证齿轮溅油润滑和往复式油泵用油，车床主轴箱一般每3个月换一次油	
油绳润滑	车床进给箱	将毛线浸在油槽内，利用虹吸作用把润滑油引到需要的润滑部位，油槽每班加油一次	
弹子油杯注油润滑	常用于尾座、中滑板手柄，以及丝杠、光杠、操纵杆支架的轴承处	用油枪上的油嘴按下油杯上的弹子，将油注入。撤去油嘴，弹子又回到原位，封住注油口，以防尘屑进入，每班加油一次	
黄油杯润滑	交换齿轮箱中交换齿轮架的中间轴	润滑时，先将黄油杯中装满2号钙基润滑脂，旋转油杯盖，润滑油脂会被挤入轴承套内，每5天加油脂一次	

CA6140A型卧式车床的日常保养

三、车床的日常保养

车工除了要熟练地操作普通车床外，还必须会进行车床的日常保养。车床的日常保养要求如下。

1）每天工作结束后，切断电源，擦净车床各部位；各部件归位，清扫切屑，做到无油污、无切屑；车床外表清洁，场地整洁。

2）按照润滑要求，对车床导轨面及转动部位进行润滑保养，保持油眼畅通、油标清晰，清洗油绳和护床油毛毡。

四、车床日常清理

使用车床后要认真做好卫生工作，将切屑、切削液等清理干净，并进行润滑保养，保持设备、场地干净和整洁，保证设备的使用性能，创建安全、舒适的工作环境，养成良好的工作习惯。车床日常清理内容见表 1-13。

表 1-13　车床日常清理内容

清理步骤及内容	图示	说明
1. 整理工具、量具和刀具		加工工件中使用的工具、量具和刀具,应及时按照工具、量具和刀具的摆放规定合理放置,使工作区域整洁、美观
2. 清除刀架切屑		在车削加工过程中,切屑四处飞溅,刀架上很容易存有细小的切屑,须使用专用毛刷将切屑清除干净
3. 清理刀架螺钉		将车刀紧固螺钉松开,使螺钉与刀架上表面空隙增大,用揩布擦拭螺钉和空隙部分 擦拭完毕后,将螺钉复位,用油枪给手柄处的弹子油杯注入润滑油,使刀架能正常使用
4. 清理中滑板导轨		切屑、粉尘等会造成导轨面的磨损,应拆下挡板和防尘盖,清理导轨面、丝杠和凹槽处的切屑,并把导轨表面擦拭干净,浇油润滑
5. 清理光杠和丝杠		在长期使用光杠和丝杠后,其表面容易粘上细小的切屑和油污,应及时擦拭清理,并对相应部位进行润滑

（续）

清理步骤及内容	图示	说明
6. 擦拭卡盘		卡盘主要用于装夹工件，加工过程中常有切屑进入卡盘，而毛坯上的铁锈、加工中产生的碎片状切屑也会污染卡盘，影响卡爪的移动，因此要及时用揩布擦拭卡爪和难清理部位
7. 擦拭车床床身和各箱体表面		车床床身一般为整体铸造，床身和各箱体表面时常有切屑等残留，应每天擦拭清理，保持车床外观整洁
8. 清除盛液盘切屑		每次加工工件后应将废渣、废液分类处理，把盛液盘中的切屑、切削液等废弃物按要求倒入存放地点
9. 润滑保养		将车床各部位擦拭干净后，按照车床润滑要求，采用不同的润滑方式对车床进行润滑，保证车床的使用性能

任务实施

一、任务分析

车床的操作内容有车床的起动；转速、进给量和螺距的调整；溜板箱手动操作；

刻度盘的识读及操作；自动进给操作；刀架操作；尾座操作；小滑板转动操作等。在操作过程中，要结合操作说明和要求进行各项任务的训练，做到安全、文明、熟练地操作车床。

车床的日常保养包括车床各部位的清理；切屑的清扫；工作场地的清理；车床各部位的润滑；各部件的归位；整理与整顿现场物品等。在保养过程中，要结合车床日常保养要求完成各项操作。

二、任务准备

CA6140A 型卧式车床、车床日常保养项目表、车工常用工具、量具和刀具。

三、操作车床

CA6140A 型卧式车床的具体操作项目、内容及要求见表 1-14。

表 1-14　车床操作项目、内容及要求

操作项目	操作内容及要求
车床起动操作	1. 合上车床电源开关 2. 旋出急停按钮 3. 按下起动按钮 4. 使主轴正转、停止和反转 5. 停止电动机
主轴变速操作	调整主轴转速至 28r/min、220r/min 和 800r/min
进给箱调整操作	1. 调整纵向进给量至 0.26mm/r，调整横向进给量至 0.20mm/r 2. 调整螺距至 2.5mm、5mm 和 6mm（普通螺纹）
溜板手动操作	1. 双手操作大、中滑板进行进刀和退刀练习 2. 双手交替摇动小滑板手柄，做纵向短距离的左右移动
刻度盘识读及操作	1. 摇动大滑板手轮，使刀架向右移动 200mm，向左移动 200mm 2. 摇动中滑板手轮，使刀架横向进刀 2.5mm 3. 摇动小滑板手轮，使刀架纵向进刀 1.5mm
自动进给操作	1. 做床鞍左、右两个方向的纵向自动进给，注意当床鞍离开卡盘或尾座一定距离时，立即停止进给，避免发生撞击 2. 做中滑板前、后两个方向的横向自动进给，注意移动中滑板时不应超过其行程极限，否则会顶弯丝杠，影响运动精度
刀架操作	刀架的转位和锁紧操作
尾座操作	1. 做尾座套筒的进、退动作及固定操作 2. 做尾座沿床身导轨纵向左右移动及固定操作
小滑板转动操作	松开刻度盘的锁紧螺母，分别沿顺时针和逆时针两个方向转动小滑板，沿逆时针方向转动时，把角度扳至 30°

四、车床日常保养

车床的日常保养过程见表 1-15。

表 1-15 车床日常保养过程

步骤	保养内容和要求	图示
1	观察油标 检查输油孔是否有油输出，如无油输出，应及时提出报修申请，为下一班次的实训做好准备工作	
2	关闭车床电源 切断控制箱总电源、主电动机电源、车床起动电源，按下急停按钮，确保在安全的工作环境中完成车床的日常保养	
3	清理工作现场 将车床上的切屑用毛刷和专用铁屑钩清除干净，清理车床盛液盘，打扫工作场地卫生，保持场地干净和整齐	
4	各部位的润滑 按照车床需要润滑的部位和要求，采用不同的润滑方式对各导轨面、进给箱和溜板箱、刀架、尾座、中滑板和小滑板手柄、丝杠、光杠、操纵杆支架的轴承等部位进行润滑	
5	各部件归位 将床鞍摇至尾座一端，中、小滑板归位（把中、小滑板的移动部分的端面与导轨端面摇至平齐），变速手柄、进给量调整手柄、螺距调整手柄调至空档位置，操纵手柄调至停车位置，刀架转至0°位置	

（续）

步骤	保养内容和要求	图示
6	整理、整顿现场物品（工具、量具和刀具等） 对车床上和工具箱中的物品进行清理和归类，将用不到的物品清出现场，对工作现场需要的物品按照摆放要求进行分类摆放，养成良好的物品摆放习惯，提高工作效率	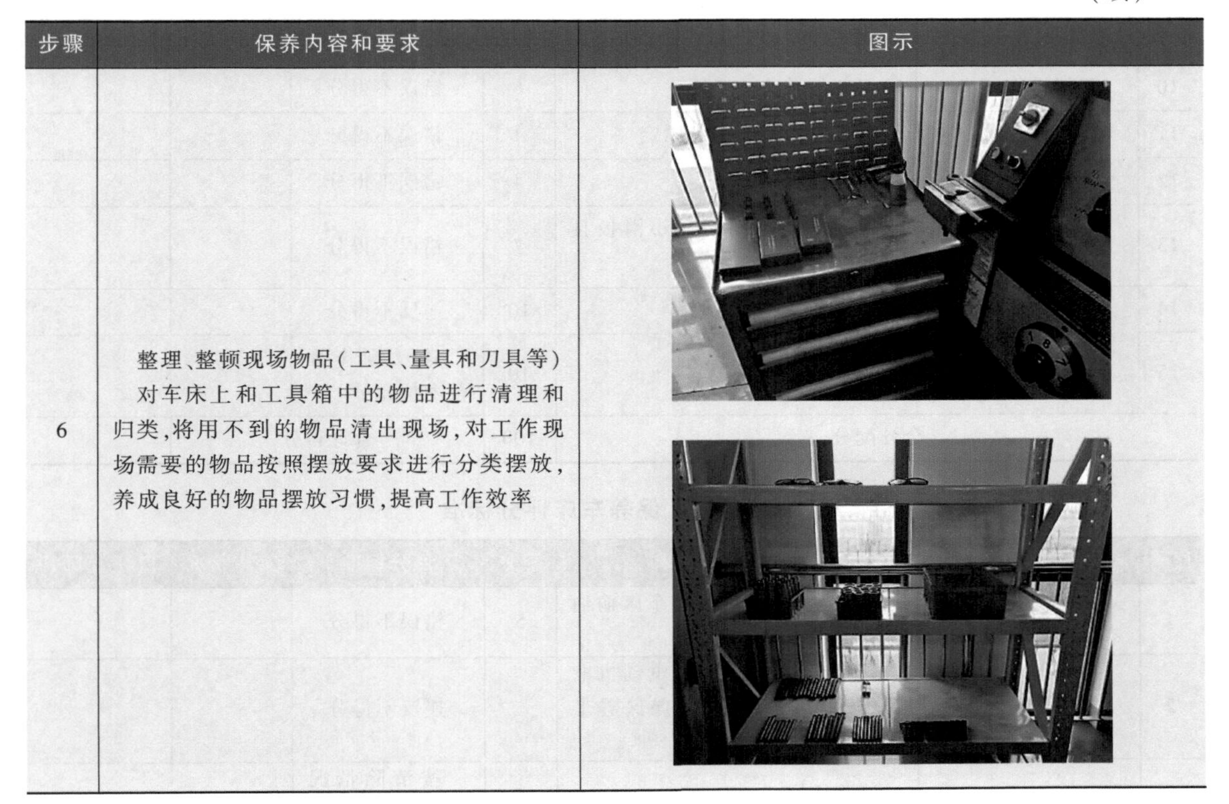

 任务评价

根据表 1-16 和表 1-17 所列内容对车床的操作任务完成情况进行评价。

表 1-16　操作车床评分标准

序号	实训名称	实训内容及要求	配分	评分标准	实施状况	自评	师评
1	车床起动操作	按顺序起动和停止车床	5	错误不得分			
2	主轴变速操作	调整主轴转速至 28r/min、220r/min 和 800r/min	9	错误不得分			
3	进给箱调整操作	调整纵向进给量至 0.26mm/r，调整横向进给量至 0.20mm/r	6	错误不得分			
4		调整螺距至 2.5mm、5mm 和 6mm（普通螺纹）	9	错误不得分			
5	溜板箱手动操作	双手操作大、中滑板进行进刀和退刀	6	错误不得分			
6		双手交替摇动小滑板手柄，做纵向短距离的左右移动溜板箱操作	5	错误不得分			
7	刻度盘识读及操作	按照要求进行刻度盘操作	7	按操作情况酌情扣分			
8	自动进给操作	床鞍纵向自动进给	6	错误不得分			
9		中滑板横向自动进给	6	错误不得分			

（续）

序号	实训名称	实训内容及要求	配分	评分标准	实施状况	自评	师评
10	刀架操作	刀架的转位和紧固	6	错误不得分			
11	尾座操作	尾座套筒的移动及固定	4	错误不得分			
12		尾座的移动及固定	4	错误不得分			
13	小滑板转动操作	沿逆时针方向转动小滑板且把角度扳至30°	7	错误不得分			
14	安全文明生产	安全装备齐全	10	违反不得分			
15		规范操作	10	违反操作规范酌情扣分			
合计配分			100	合计得分			

表 1-17　保养车床评分标准

序号	实训名称	实训内容及要求	配分	评分标准	实施状况	自评	师评
1	观察油标	观察车床油标，判断车床输油工作是否正常	5	错误不得分			
2	关闭车床电源	切断车床总电源、主电动机电源，按下急停按钮，确保保养工作安全	5	违反不得分			
3	清理工作现场	清除切屑	5	按清除情况酌情扣分			
4		清理车床、盛液托盘	5	按清理情况酌情扣分			
5		打扫工作场地卫生，保持场地干净和整齐	5	按打扫情况酌情扣分			
6	各部位的润滑	导轨面润滑	5	按润滑情况酌情扣分			
7		进给箱和溜板箱润滑	5	按润滑情况酌情扣分			
8		刀架润滑	5	按润滑情况酌情扣分			
9		尾座润滑	5	按润滑情况酌情扣分			
10		中、小滑板手柄润滑	5	按润滑情况酌情扣分			
11		丝杠、光杠、操纵杆支架润滑	5	按润滑情况酌情扣分			
12	各部件归位	将床鞍、中滑板、小滑板归位，要求将床鞍摇至尾座一端，中、小滑板的移动部分端面与导轨端面摇至平齐	5	错误不得分			
13		变速手柄、进给量调整手柄、螺距调整手柄归位，要求调至空档位置	6	错误不得分			

（续）

序号	实训名称	实训内容及要求	配分	评分标准	实施状况	自评	师评
14	各部件归位	操纵手柄归位，要求调至停车位置	3	错误不得分			
15		刀架归位，要求刀架转至0°位置	2	错误不得分			
16	整理、整顿现场物品	清理物品	4	按清理情况酌情扣分			
17		合理摆放物品	5	按摆放情况酌情扣分			
18	安全文明生产	安全装备齐全	10	违反不得分			
19		规范操作	10	违反操作规范酌情扣分			
合计配分			100	合计得分			

操作与保养车床任务总成绩见表1-18。

表1-18　操作与保养车床总成绩

序号	任务名称	配分	得分	备注
1	操作车床	50		
2	保养车床	50		
合计		100		

实践经验

1）开车前检查车床各部分机构以及防护设备是否完好，各手柄是否灵活、位置是否正确；起动车床后，观察主轴箱油标，确定油泵有油输出；使主轴低速空运转1~3min，确认各部分运转正常后再开始工作。

2）变速时，若齿轮的啮合位置不正确，手柄难以扳到位，可一边用手转动车床卡盘一边扳动手柄，直到将手柄扳到正确的位置。

3）调整进给量或螺距时，确认各手柄是否扳到位，可观察光杠或丝杠是否旋转。

4）主轴箱油标显示油量不足，说明车床的油泵输油系统出现故障，主轴箱中的齿轮等转动件得不到正常润滑，必须立即查找原因，维修后才能恢复工作。

任务四　认识车工常用工具与量具

任务引入

在车床上加工工件，必须熟悉车工常用的工具和量具的功能，便于在加工中正确使用工具和量具，保证工件的质量。在车削加工中，常用的工具有卡盘扳手、刀架扳手、活扳手、钻夹头和顶尖等；常用的量具有游标卡尺、千分尺等。通过本任务的学习，学生能正确识别和使用车工常用的工具与量具，并能做到定期维护与保养。

任务目标

1. 熟悉车工常用工具和量具的结构与适用场合。
2. 掌握游标卡尺和外径千分尺的读数方法与使用方法。
3. 了解游标卡尺和外径千分尺的维护与保养方法。

知识准备

车工常用工具和量具

一、车工常用工具

车削加工的内容很广泛，为了能加工出各种形状和结构的工件，在加工过程中要用到相应的工具配合完成加工。车工常用的工具见表 1-19。

表 1-19　车工常用工具

序号	名称	图示	应用场合
1	自定心卡盘扳手		夹紧和松开工件
2	刀架扳手		夹紧和松开刀具
3	活扳手		拧紧或旋松有角螺钉或螺母
4	内六角扳手		拧紧或旋松内六角螺钉

（续）

序号	名称	图示	应用场合
5	螺钉旋具		紧固或拆卸螺钉
6	钻夹头		夹持中心钻和直柄麻花钻
7	回转顶尖		承受工件的质量和切削力
8	莫氏变径套		连接麻花钻等带有锥柄的刀具，与车床尾座锥孔配合
9	铜棒		找正工件
10	板牙套		固定板牙

二、车工常用量具

加工和检验时为了能保证工件的质量，必须使用量具进行测量。量具是测量工件的尺寸、角度、几何精度等所用的测量工具。量具的种类很多，根据用途和特点可分为以下三种类型。

1. 万能量具

这类量具一般都有刻度，在测量范围内可以测量工件形状及尺寸的具体数值，如游标卡尺、千分尺、内径指示表和游标万能角度尺等。

2. 专用量具

这类量具不能测量出实际尺寸，只能测量工件的形状及尺寸是否合格，如卡规、塞规等。

3. 标准量具

这类量具只能制成某一固定尺寸，通常用来校验和调整其他量具，也可以作为标准与被测量件进行比较，如量块。

车工常用量具见表 1-20。

表 1-20 车工常用量具

序号	名称	图示	应用场合
1	游标卡尺	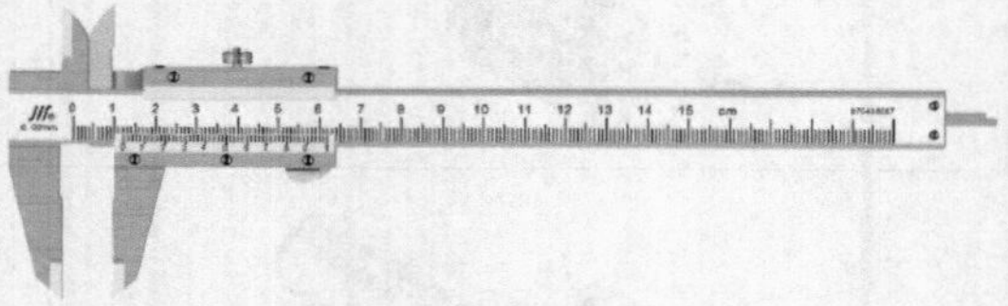	测量工件的外径、内径、长度、宽度、深度和孔距等尺寸
2	外径千分尺	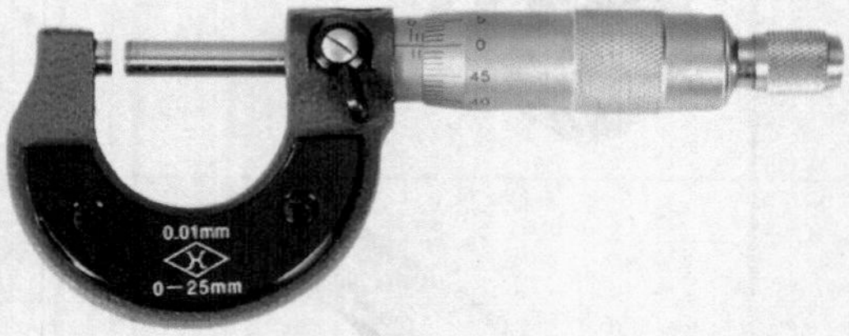	测量工件的外径
3	圆柱光滑塞规		测量孔径
4	内径指示表	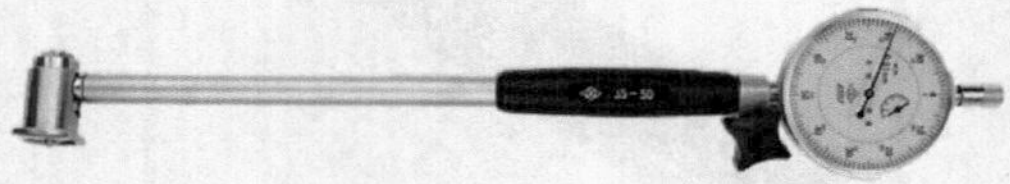	测量孔径
5	圆锥塞规和套规		测量内、外圆锥角度
6	游标万能角度尺	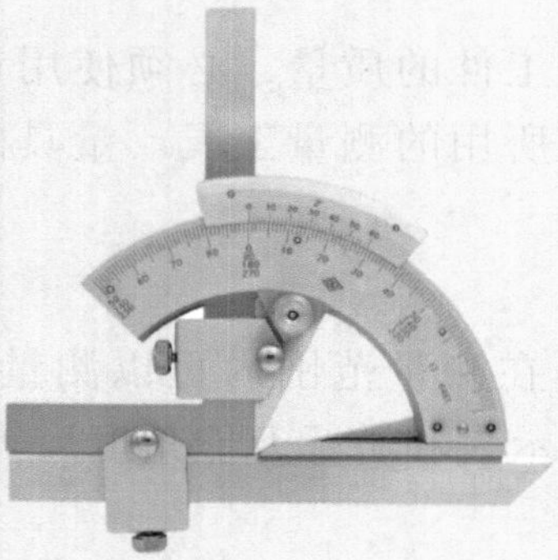	测量工件角度

（续）

序号	名称	图示	应用场合
7	螺纹塞规和环规	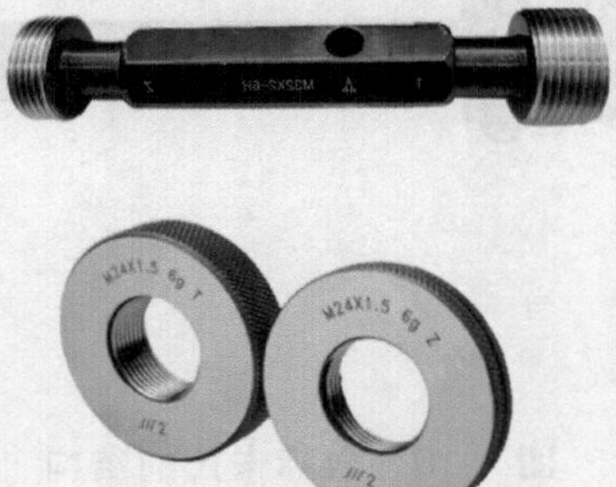	综合测量内、外螺纹
8	螺纹千分尺	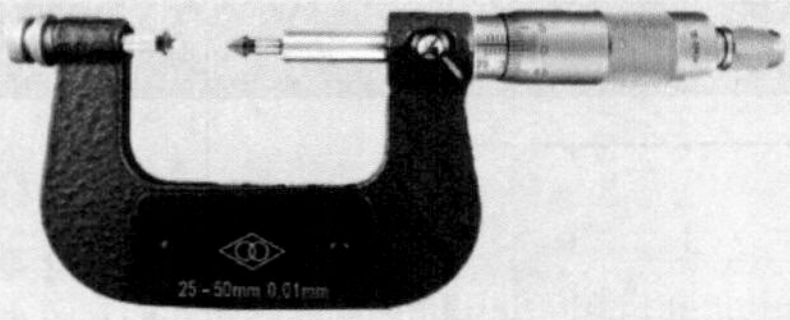	测量普通外螺纹中径
9	公法线千分尺	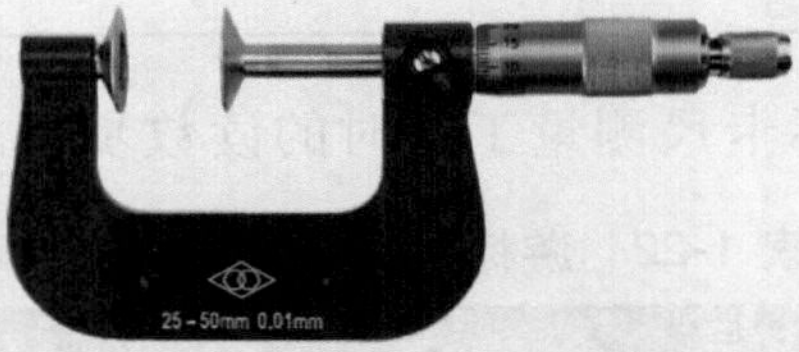	配合三针测量外螺纹中径
10	半径样板	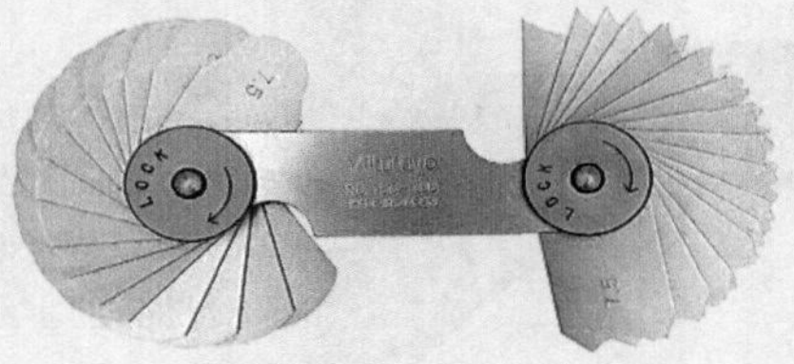	测量圆弧半径

三、游标卡尺

1. 游标卡尺的结构形式

游标卡尺由尺身、游标尺、内测量爪、外测量爪、制动螺钉、深度尺等组成。内测量爪用于测量内尺寸；外测量爪带平面和刀口形的测量面，用于测量外尺寸；尺身背面带有深度尺，用于测量深度和高度，如图 1-10 所示。

2. 游标卡尺的读数原理和方法

（1）读数原理　常用游标卡尺的分度值为 0.02mm、0.05mm 和 0.1mm，读数精度是利用尺身和游标尺标尺间距之差来确定的，0.02mm 分度值游标卡尺的读数原理见表 1-21。

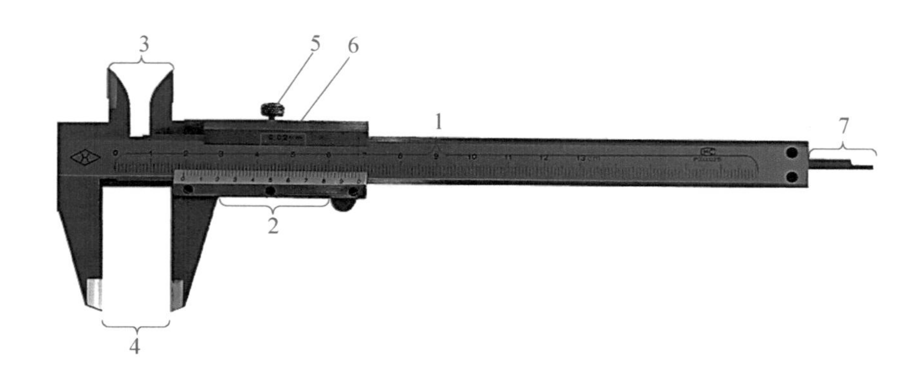

图 1-10 游标卡尺的结构

1—尺身 2—游标尺 3—内测量爪 4—外测量爪 5—制动螺钉 6—分度值 7—深度尺

表 1-21 0.02mm 分度值游标卡尺的读数原理

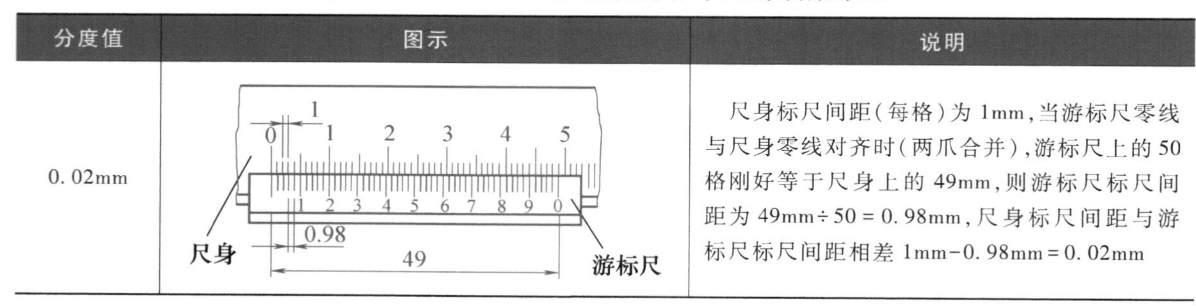

分度值	图示	说明
0.02mm		尺身标尺间距(每格)为 1mm,当游标尺零线与尺身零线对齐时(两爪合并),游标尺上的 50 格刚好等于尺身上的 49mm,则游标尺标尺间距为 49mm÷50 = 0.98mm,尺身标尺间距与游标尺标尺间距相差 1mm-0.98mm = 0.02mm

(2)读数方法 用游标卡尺测量工件时的读数步骤及说明见表 1-22。

表 1-22 游标卡尺读数步骤及说明

步骤	图示	说明
校对零位		测量前应把卡尺擦拭干净;检查卡尺的两个测量面和测量刃口是否平直无损;两个测量爪紧密贴合时,应无明显的间隙,同时游标尺和尺身的零线要对齐
测量工件		移动尺框时要活动自如,不应过松或过紧,更不能有晃动。用制动螺钉固定尺框时,卡尺的读数不应改变。当测量工件的外尺寸时,卡尺两测量面的连线应垂直于被测量表面,不能歪斜。测量时,可以轻轻摇动卡尺,摆正垂直位置

（续）

步骤	图示	说明
读数	2 3 4 5 6 7 8 9 0 1 2 3 4 5 6 7 8 9 0 读数结果：31mm+49×0.02mm=31.98mm	1. 读出游标尺上零线左侧尺身上刻线的整毫米数 2. 辨识游标尺上从零线开始第几条刻线与尺身上某一条刻线对齐，其游标尺刻线数与游标卡尺分度值的乘积即是读数的小数部分（游标尺读数） 3. 将两部分读数相加，即为测得的实际尺寸

3. 游标卡尺的维护与保养方法

1）不允许把游标卡尺的两个测量爪当作扳手用，或把测量爪的尖端用作划线工具、圆规等。

2）不准用游标卡尺代替卡钳、卡板等在被测件上来回推拉。

3）移动游标卡尺的尺框和微动装置时，不要忘记松开制动螺钉，但也不要松得过量，以免螺钉脱落丢失。

4）测量结束要把游标卡尺平放，尤其是大尺寸的游标卡尺更应注意，否则易使尺身弯曲变形。

5）使用带深度尺的游标卡尺后，要把测量爪合拢，否则深度尺露在外面，容易变形甚至折断。

6）游标卡尺使用完毕后，要擦净上油，放入盒内，存放在干燥无酸、无振动、无强磁力的地方。

四、千分尺

千分尺又称螺旋测微器，种类有很多，按用途分有外径千分尺、内径千分尺、深度千分尺、螺纹千分尺、公法线千分尺等。由于测微螺杆的精度受到制造上的限制，移动量通常为25mm，所以常用千分尺的测量范围有0~25mm、25~50mm、50~75mm、75~100mm、100~125mm等，每隔25mm一档。千分尺的分度值为0.01mm。

1. 外径千分尺的结构形式

外径千分尺属于测微螺旋量具，其结构如图1-11所示。

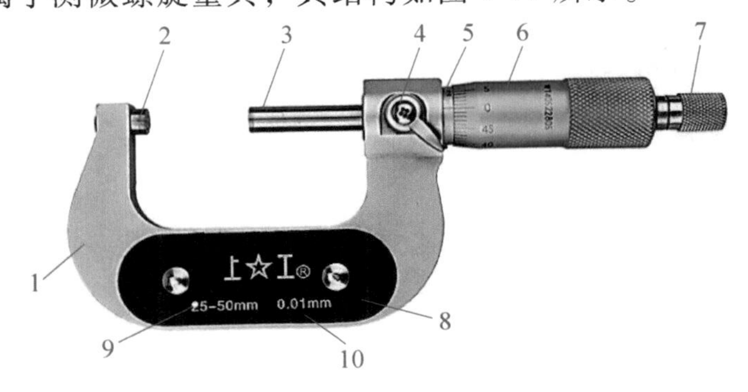

图1-11　外径千分尺的结构

1—尺架　2—测砧　3—测微螺杆　4—锁紧装置　5—固定套管
6—微分筒　7—测力装置　8—隔热装置　9—量程　10—分度值

2. 外径千分尺的读数原理和方法

（1）读数原理　通过螺旋传动，将被测尺寸转换为外径千分尺测微螺杆的轴向位移和微分筒的圆周位移，从固定套管刻度和微分筒刻度上读取测砧和测微螺杆测量面间的距离。外径千分尺的读数原理见表1-23。

表 1-23　外径千分尺的读数原理

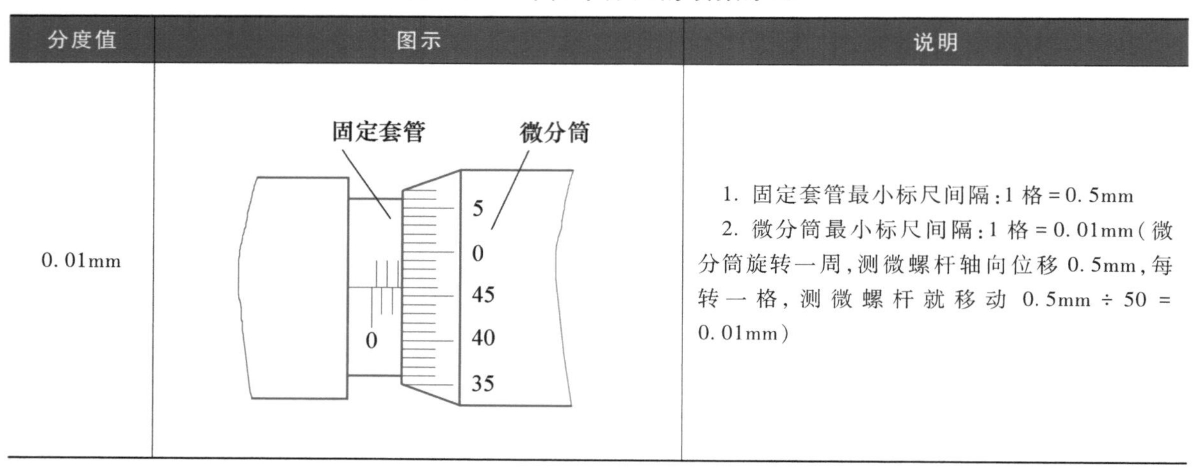

分度值	图示	说明
0.01mm	（见上图）	1. 固定套管最小标尺间隔：1 格 = 0.5mm 2. 微分筒最小标尺间隔：1 格 = 0.01mm（微分筒旋转一周，测微螺杆轴向位移 0.5mm，每转一格，测微螺杆就移动 0.5mm ÷ 50 = 0.01mm）

（2）读数方法　用外径千分尺测量工件时，读数的步骤及说明见表1-24。

表 1-24　外径千分尺读数步骤及说明

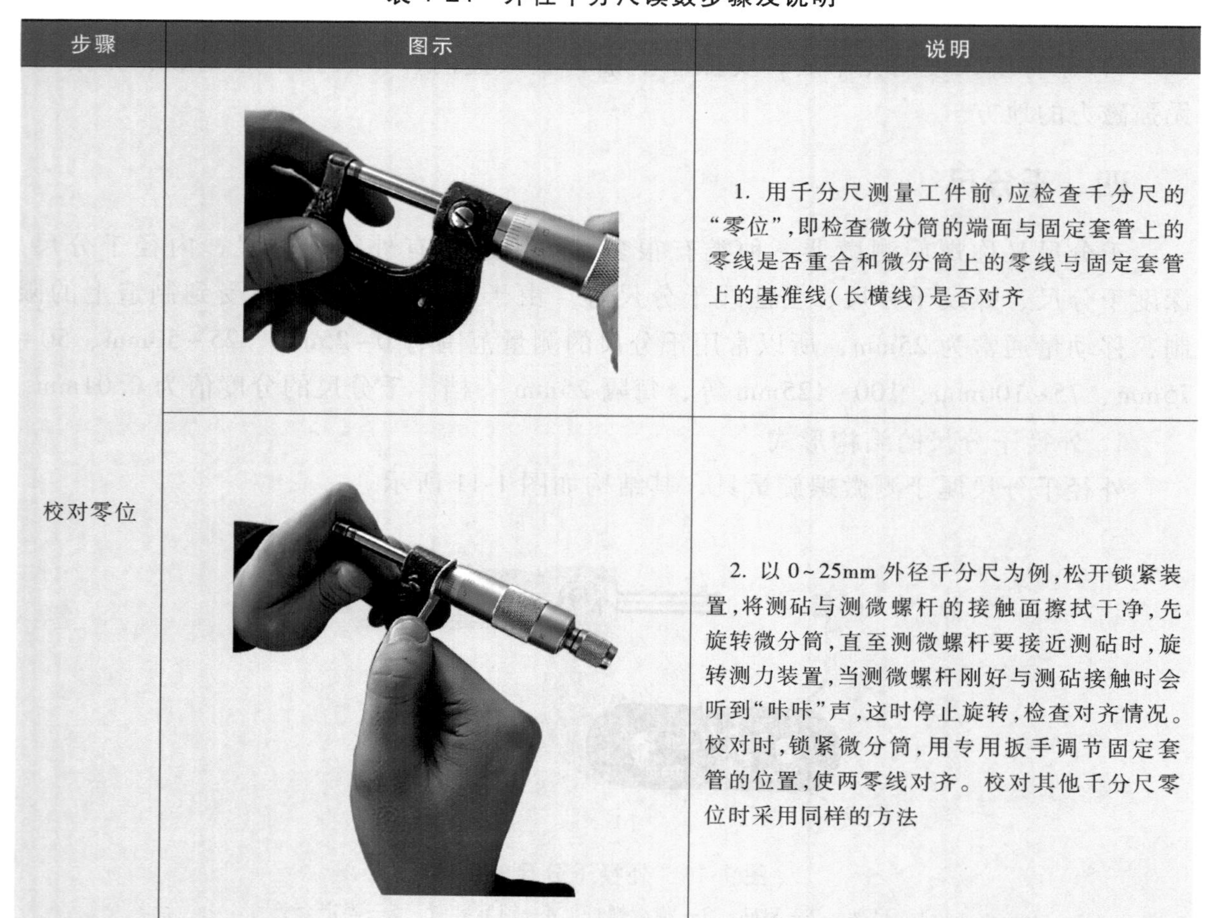

步骤	图示	说明
校对零位	（见上图）	1. 用千分尺测量工件前，应检查千分尺的“零位”，即检查微分筒的端面与固定套管上的零线是否重合和微分筒上的零线与固定套管上的基准线（长横线）是否对齐
	（见上图）	2. 以 0~25mm 外径千分尺为例，松开锁紧装置，将测砧与测微螺杆的接触面擦拭干净，先旋转微分筒，直至测微螺杆要接近测砧时，旋转测力装置，当测微螺杆刚好与测砧接触时会听到“咔咔”声，这时停止旋转，检查对齐情况。校对时，锁紧微分筒，用专用扳手调节固定套管的位置，使两零线对齐。校对其他千分尺零位时采用同样的方法

（续）

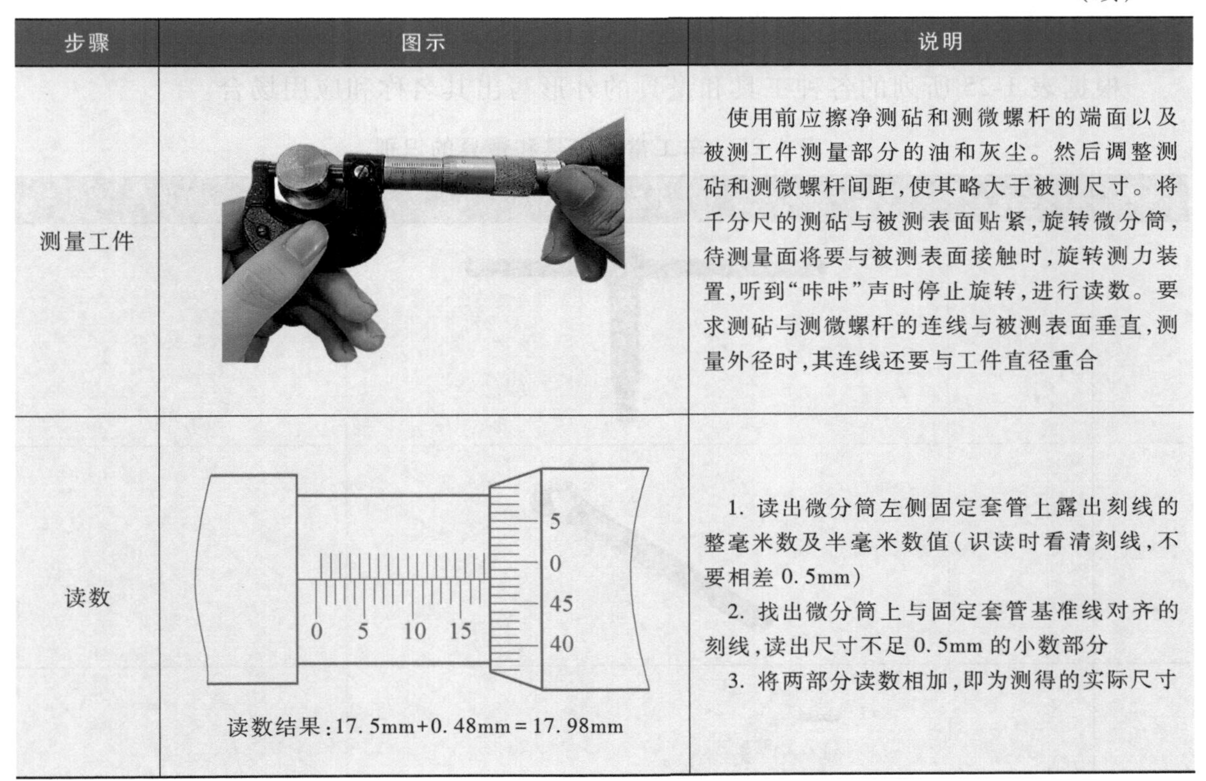

步骤	图示	说明
测量工件		使用前应擦净测砧和测微螺杆的端面以及被测工件测量部分的油和灰尘。然后调整测砧和测微螺杆间距，使其略大于被测尺寸。将千分尺的测砧与被测表面贴紧，旋转微分筒，待测量面将要与被测表面接触时，旋转测力装置，听到“咔咔”声时停止旋转，进行读数。要求测砧与测微螺杆的连线与被测表面垂直，测量外径时，其连线还要与工件直径重合
读数	0 5 10 15；5 0 45 40 读数结果：17.5mm+0.48mm=17.98mm	1. 读出微分筒左侧固定套管上露出刻线的整毫米数及半毫米数值（识读时看清刻线，不要相差0.5mm） 2. 找出微分筒上与固定套管基准线对齐的刻线，读出尺寸不足0.5mm的小数部分 3. 将两部分读数相加，即为测得的实际尺寸

3. 千分尺的维护与保养方法

1）使用千分尺时要轻拿轻放，如有损坏应及时让专业人员维修，不得自行拆卸。

2）不准用油石、砂布等硬物刮擦千分尺的测量面、测微螺杆等部位。

3）不能手握千分尺的微分筒任意摇动，以防丝杠过快磨损和损伤。

4）千分尺使用完毕后，应该用干净棉布擦净并涂上防锈油，并将两测量面保持0.5~2mm的间隙，然后放入盒内固定位置，存放在干燥、无酸、无振动、无强磁力的地方。

任务实施

一、任务分析

车削加工中，由于零件图样的结构形状和尺寸精度有差异，所以需要操作者准备合适的工具和量具作为完成加工的配套用具，如果选择的工具和量具不合适或使用方法不正确，则会延误加工时间，影响加工质量，因此作为操作者必须学会工具和量具的合理选择和正确使用方法。

二、任务准备

车工常用的工具和量具，用于测量用的工件，保养用的专用扳手、棉布和防锈油等。

三、工具和量具的识别

根据表 1-25 所列的各种工具和量具的外形写出其名称和应用场合。

表 1-25　车工常用工具和量具的识别

序号	名称	外形	应用场合
1		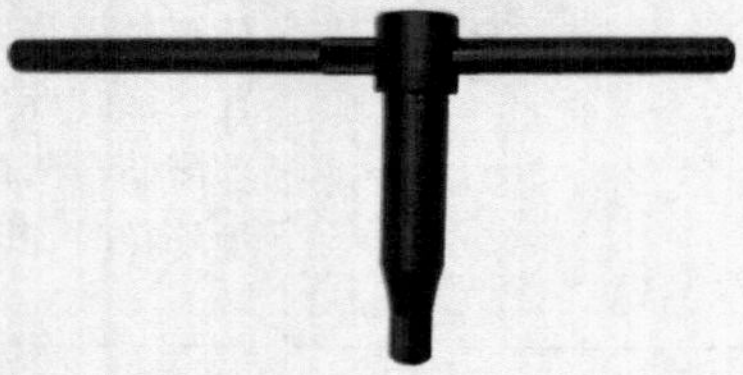	
2		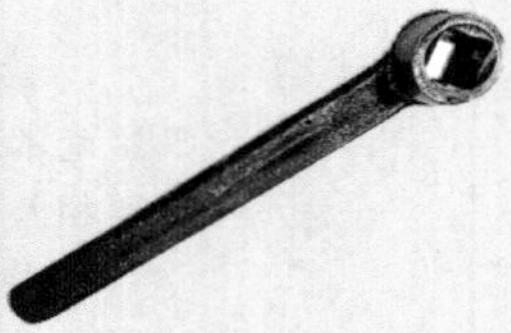	
3		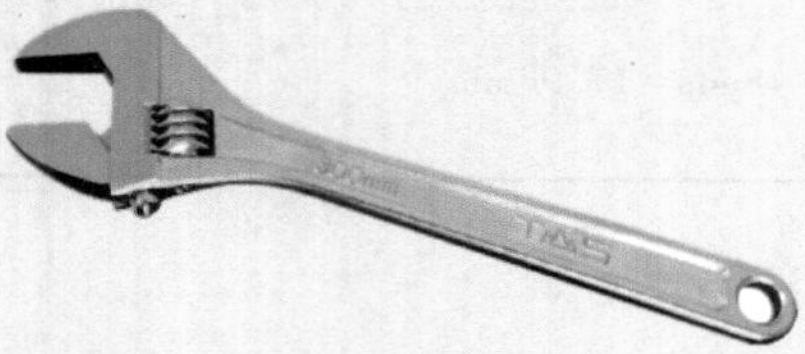	
4			
5			
6		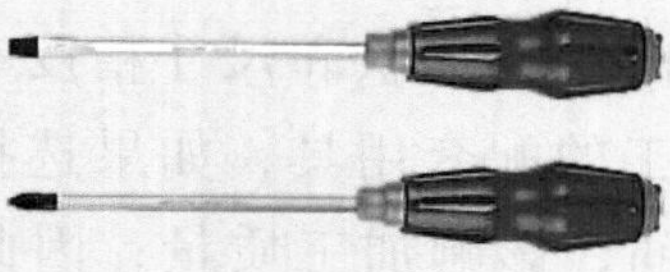	
7		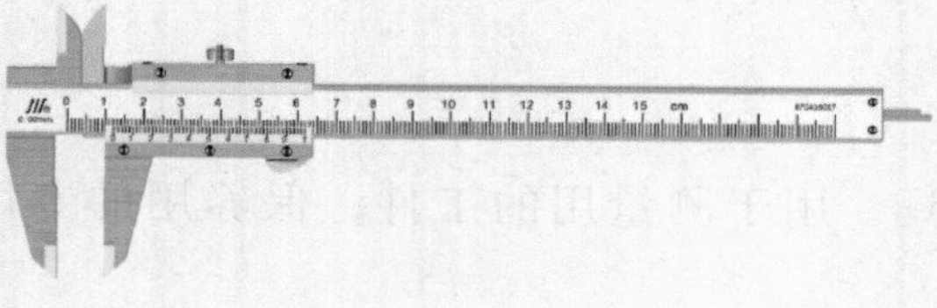	

（续）

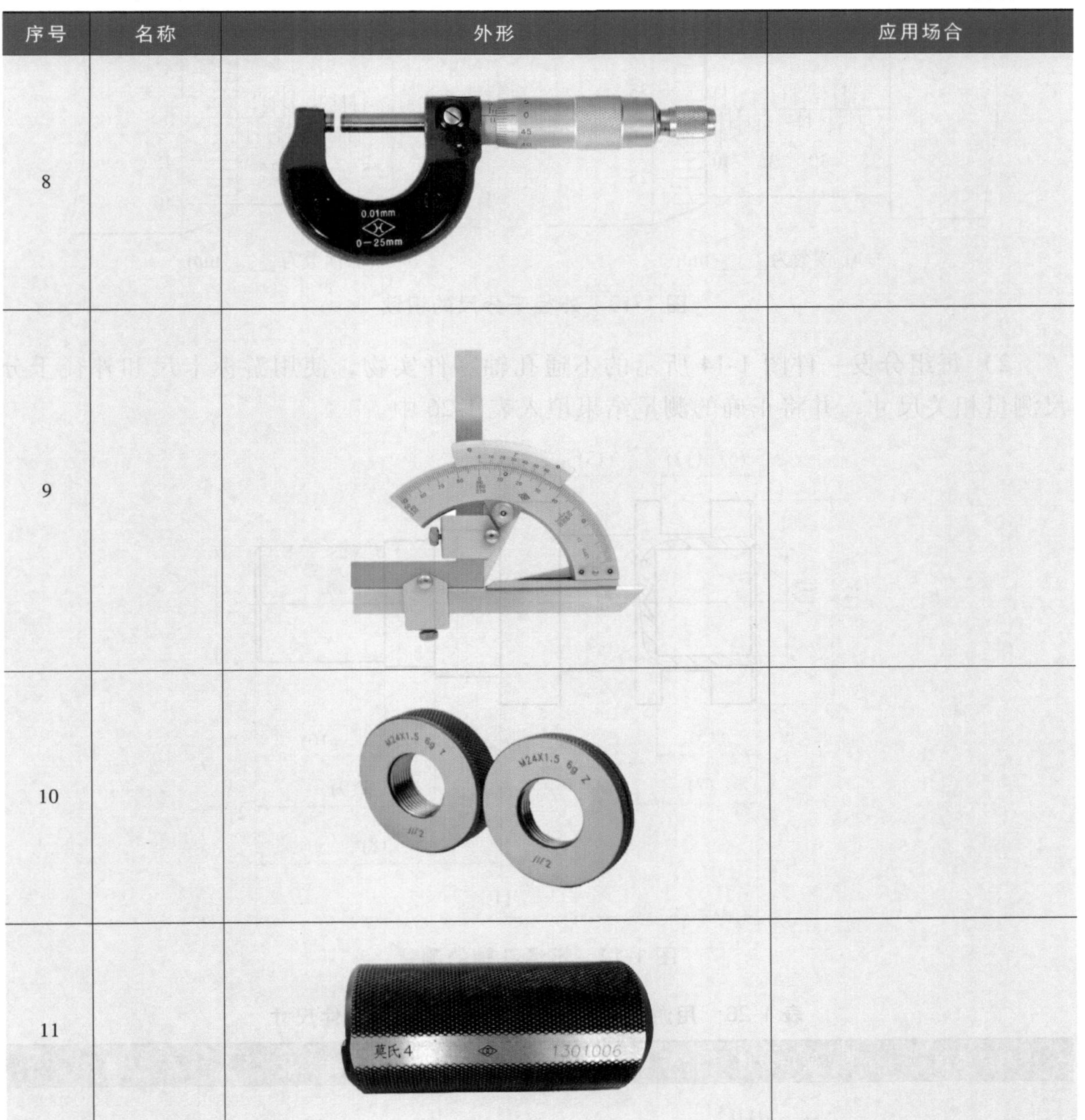

序号	名称	外形	应用场合
8			
9			
10			
11			

四、游标卡尺和外径千分尺的识读与使用

1）如图 1-12 和图 1-13 所示，将正确的读数结果填入横线中。

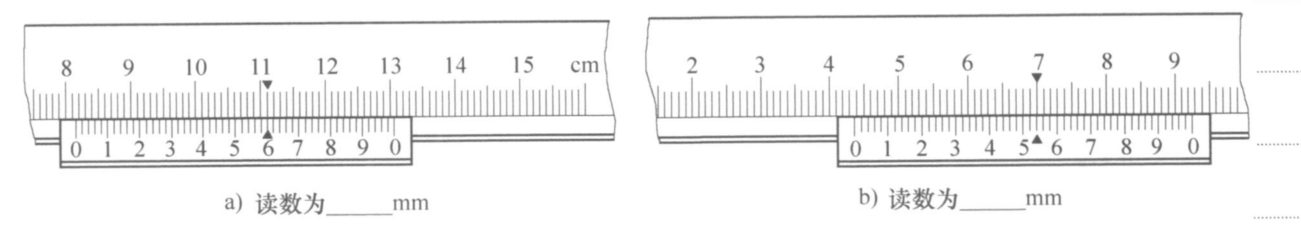

a）读数为______mm　　　　b）读数为______mm

图 1-12　游标卡尺的识读

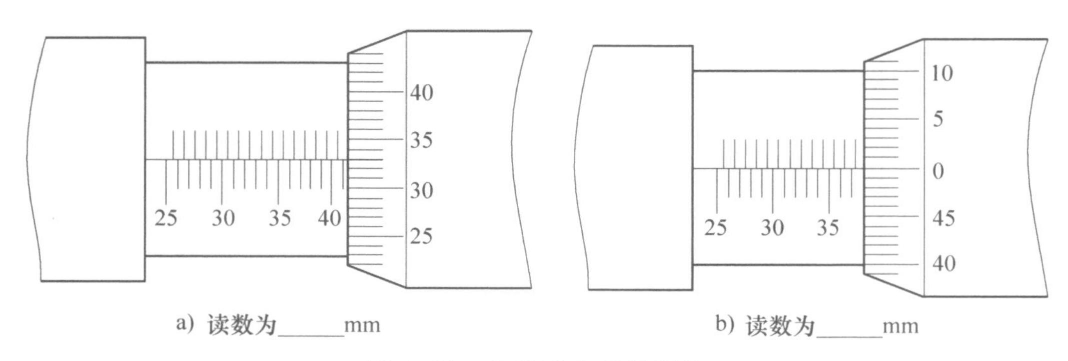

图 1-13　外径千分尺的识读

2）每组分发一件图 1-14 所示的不通孔轴零件实物，使用游标卡尺和外径千分尺测量相关尺寸，并将正确的测量结果填入表 1-26 中。

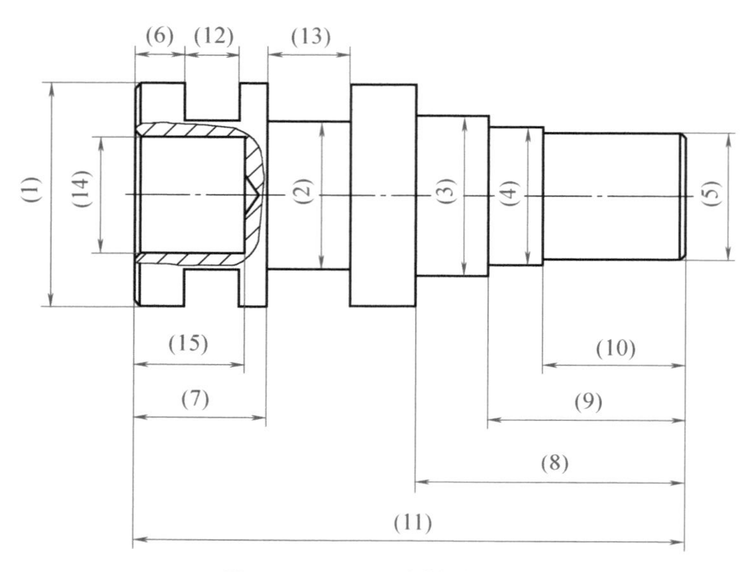

图 1-14　不通孔轴的测量

表 1-26　用游标卡尺和外径千分尺测量零件尺寸

测量项目	使用量具	测量代号及测量值	同组对比	备注
外径	游标卡尺			
	外径千分尺			
长度	游标卡尺			
槽宽	游标卡尺			
孔径	游标卡尺			
孔深	游标卡尺			

五、量具的保养

根据量具的保养方法，对游标卡尺、外径千分尺等量具进行日常保养。

任务评价

根据表 1-27 所列内容对任务完成情况进行评价。

表 1-27　认识车工常用工具与量具评分标准

序号	实训名称	实训内容及要求	配分	评分标准	实施状况	自评	师评
1	工具和量具识别	说出车工常用工具、量具的名称和应用场合	2×11	错误不得分			
2	常用量具识读与使用	游标卡尺识读	3×2	错误不得分			
3		外径千分尺识读	3×2	错误不得分			
4		测量外径(1)~(5)	3×5	错误不得分			
5		测量长度(6)~(11)	3×6	错误不得分			
6		测量槽宽(12)~(13)	3×2	错误不得分			
7		测量孔径(14)	4	错误不得分			
8		测量孔深(15)	3	错误不得分			
9	安全文明生产	安全装备齐全	10	违反不得分			
10		规范使用量具，用后擦净，放置正确	10	违反操作规范酌情扣分			
合计配分			100	合计得分			

实践经验

1）我国法定的长度计量单位是米（m），但在机械工程图样上所标注的尺寸均以毫米（mm）为单位；在工厂中习惯用 1/100mm（忽米）作单位，称为“丝”，即 1 丝 = 0.01mm。

2）测量中游标卡尺的测力主要靠测量者的手感来控制，如果用力过大，会使尺框倾斜而产生测量误差。

3）为了获得正确的测量结果，可以使用量具多测量几次，对于较长的零件，应当在全长的各个部位进行测量，以保证测量的准确性。

项目二　车削轴、套类零件

项目描述

轴、套类零件是车削加工中常见的零件。轴类零件主要用来支承带轮和齿轮等零部件，起到传递转矩和承受载荷的作用；套类零件（带轮、齿轮和轴承座等）由于配合和支承的需要，所以加工成为带有圆柱孔的结构。根据轴、套类零件的加工特点，本项目分为车削光轴、车削传动轴、车削螺纹轴和车削衬套四个任务，主要学习以端面、外圆、外沟槽、三角形外螺纹和通孔为特征的零件的加工工艺，并进行加工和检测。

项目目标

1. 能正确安装轴、套类零件。
2. 能正确选择并安装轴、孔加工刀具。
3. 能识读光轴、传动轴、螺纹轴和衬套的加工工序卡片。
4. 能在车床上进行光轴、传动轴、螺纹轴和衬套的加工。
5. 能对加工的轴、套类零件进行质量检测和分析。
6. 能在教师的指导下调整车床。
7. 能形成规范操作车床的习惯，培养与人合作、沟通的能力。
8. 能树立质量意识与节能环保意识，增强岗位责任感。

素养目标

通过探索性的实践内容，激发学生的创新能力，增强学生的自信心。

任务一　车削光轴

任务引入

在机械传动机构中，光轴能起到连接和导向等作用，如车床主轴箱中的滑块与拨叉之间的连接。光轴由端面、外圆和倒角等要素组成，如图 2-1 所示。本任务要求掌握以上三个要素的加工方法，通过正确安装工件与刀具，识读光轴加工工序卡片，进行车削与检测光轴等实践环节，掌握光轴的车削加工技术。

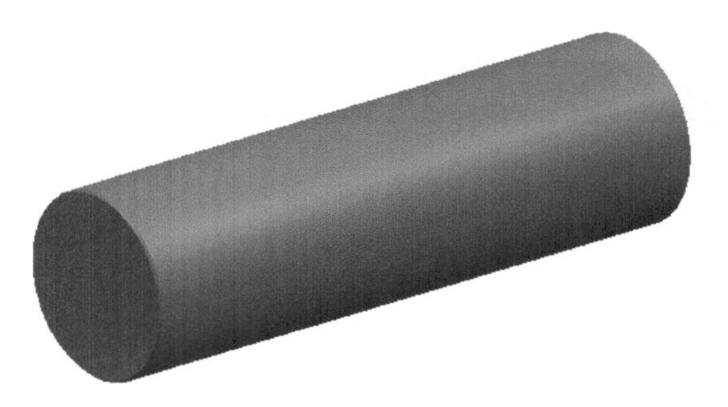

图 2-1　光轴

任务目标

1. 了解常用车刀的种类、用途和材料。
2. 了解外圆车刀的组成。
3. 能安装可转位 95°外圆车刀硬质合金涂层刀片。
4. 能根据加工要求选择与安装外圆车刀、端面车刀。
5. 能拆装自定心卡盘卡爪。
6. 能在自定心卡盘上安装工件。
7. 能按照图样要求独立完成端面、外圆和倒角的车削加工。
8. 了解车削外圆和端面时切削用量的选择方法。
9. 熟悉光轴的加工工序，明确加工步骤及加工需要的刀具、切削用量等。
10. 能使用游标卡尺检测光轴，判断零件是否合格，并简单分析光轴的加工质量。

知识准备

一、车刀的种类和用途

在车床上加工工件时，根据不同的车削内容和要求，应选用不同种类的车刀。常用车刀的种类和用途见表 2-1。

表 2-1　常用车刀的种类和用途

车刀种类	图示	用途
可转位 95°涂层硬质合金外圆车刀		车削工件的外圆、台阶和端面
可转位 45°涂层硬质合金端面车刀		车削工件的端面、长度较短的外圆和倒角
可转位 4mm 涂层硬质合金外槽车刀		切断工件或车削外沟槽

（续）

车刀种类	图示	用途
可转位95°涂层硬质合金内孔车刀		车削内孔
可转位60°涂层硬质合金普通外螺纹车刀		高速车削普通外螺纹
整体式60°高速钢普通外螺纹车刀		低速车削普通外螺纹

二、车刀的组成

车刀由刀头（或刀片）和刀柄两部分组成。刀头部分担负切削工作，所以又称切削部分。刀柄用于把车刀装夹在刀架上。下面以典型车刀（90°外圆车刀）为例来说明车刀的组成，见表2-2。

表2-2　90°外圆车刀的组成

90°外圆车刀结构图	组成部分	主要作用
	1—前刀面 A_γ	直接作用于被切削的金属层，并控制切屑沿其排出的刀面
	2—后刀面 A_α	与工件上加工表面互相作用和相对着的刀面
	3—副后刀面 A'_α	与工件上已加工表面互相作用和相对着的刀面
	4—主切削刃 S	前刀面和后刀面的相交部位，担负着主要的切削任务
	5—副切削刃 S'	前刀面和副后刀面的相交部位，担负着次要的切削任务
	6—刀尖	主切削刃和副切削刃的连接部位
	7—刀头	刀具的切削部分
	8—刀柄	装夹在刀架上

三、可转位95°外圆车刀硬质合金涂层刀片的安装

1. 可转位95°外圆车刀的结构

可转位95°外圆车刀由刀杆、刀垫、刀垫螺钉、刀片、压板和压板螺栓组成，如

图 2-2 所示。

2. 刀片的安装

1）安装刀垫。将刀垫孔的大端向上并放入刀杆对应位置，手动将刀垫螺钉旋入刀体，用内六角扳手沿顺时针方向转动刀垫螺钉，使刀垫定位，保证刀垫螺钉台阶面沉入刀垫。

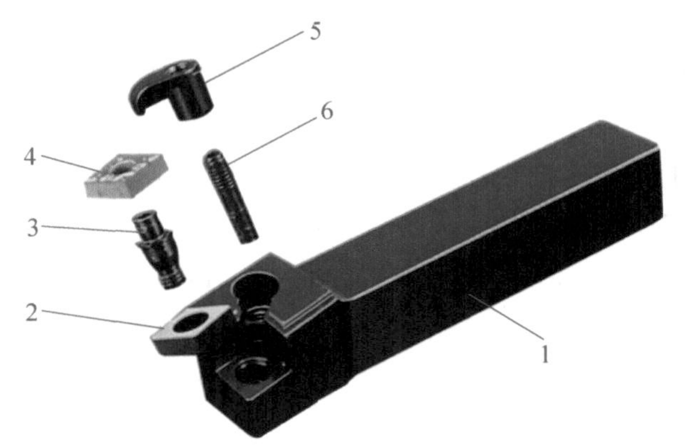

图 2-2　可转位 95°外圆车刀的结构

1—刀杆　2—刀垫　3—刀垫螺钉　4—刀片　5—压板　6—压板螺栓

可转位95° 外圆车刀硬质合金涂层刀片的安装

2）安装刀片。将刀片放在刀垫上，保证刀片与刀垫之间无间隙，用内六角扳手预紧刀片。

3）安装压板。沿逆时针方向旋转压板螺栓，将压板旋在压板螺栓上，使压板螺栓端部与压板上平面基本平齐。

4）安装压板螺栓。用内六角扳手沿顺时针方向旋转压板螺栓，将压板螺栓和压板装入刀杆，并将压板头部转至一定角度，只要不影响锁紧刀片即可。

5）锁紧刀片。将压板头部转至刀片处，用内六角扳手沿顺时针方向旋转压板螺栓，预紧刀片，利用压板螺栓的左右旋结构，从刀杆背面再次锁紧刀片。

四、常用车刀材料

车刀的切削部分在车削加工过程中承受着很大的切削力和冲击，并且在很高的切削温度下工作，连续地经受着强烈的摩擦，因此车刀切削部分的材料必须具有较高的硬度、较好的耐磨性、足够的强度和韧性，较好的耐热性、导热性以及良好的工艺性和经济性。

目前，车刀切削部分常用的材料有高速钢和硬质合金两大类。

1. 高速钢

高速钢是一种含有钨（W）、钼（Mo）、铬（Cr）、钒（V）等合金元素较多的合金钢。高速钢刀具制造简单，刃磨方便，容易通过刃磨得到锋利的切削刃，而且其韧性较好，能承受较大的冲击力，常用于加工一些冲击性较大、形状不规则的工件。高速钢适用于制造各种结构复杂的孔加工刀具和成形刀具，例如麻花钻、铰刀、成形车刀、螺纹刀具等。但是高速钢的耐热性较差，因此不能用于高速切削。常用的高速钢牌号是 W18Cr4V、W6Mo5Cr4V2 、W9Mo3Cr4V 等，每个化学元素后面的数字，指材料中含该元素的平均质量分数。

2. 硬质合金

硬质合金是目前被广泛应用的一种车刀材料。硬质合金是用钨（W）和钛（Ti）的碳化物粉末加钴（Co）作为黏结剂，经高压压制后再高温烧结而成的。硬质合金能耐高温，即使在 1000℃左右仍能保持良好的切削性能，耐磨性也很好，常温下硬度很高，而且具有一定的使用强度。其缺点是韧性较差，不能承受较大的冲击力。

根据硬质相的不同，硬质合金分为 WC（碳化钨）基硬质合金和 TiC（碳化钛）

基硬质合金（YN）。WC（碳化钨）基硬质合金又分为K类（钨钴类）、P类（钨钛钴类）和M类［钨钛钽（铌）钴类］三大类。

（1）K类（钨钴类） 对应的旧牌号是YG。这类硬质合金的韧性较好，适合加工铸铁、非铁金属等脆性材料或用于冲击性较大的场合。钨钴类硬质合金分为K01（YG3）、K20（YG6）、K30（YG8）等多种牌号。K01（YG3）适合精加工，K20（YG6）适合半精加工，K30（YG8）适合粗加工。

（2）P类（钨钛钴类） 对应的旧牌号是YT。这类硬质合金的耐磨性较好，能承受较高的切削温度，因此适合加工钢或其他韧性较好的塑性金属，不适合加工脆性金属。钨钛钴类硬质合金分为P01（YT30）、P10（YT15）和P30（YT5）等多种牌号。P01（YT30）适合精加工，P10（YT15）适合半精加工，P30（YT5）适合粗加工。

（3）M类［钨钛钽（铌）钴类］ 对应的旧牌号是YW。这类硬质合金具有较好的冲击韧度、高温硬度和耐磨性，适合加工钢、铸铁和有色金属，故又称通用合金。钨钛钽（铌）钴类硬质合金分为M10（YW1）、M20（YW2）等多种牌号。M10（YW1）适合精加工、半精加工，M20（YW2）适合半精加工、粗加工。

五、常用外圆车刀、端面车刀及安装

1. 90°偏刀

90°外圆车刀简称偏刀，其主偏角为90°，按切削时进给方向的不同分为右偏刀和左偏刀，如图2-3所示。

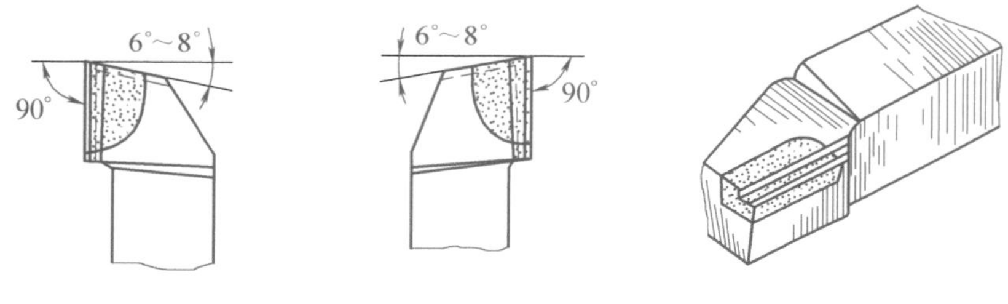

6°～8°　90°

a) 右偏刀　b) 左偏刀　c) 右偏刀外形

图2-3 偏刀

90°偏刀的用途如图2-4所示。右偏刀的主切削刃在刀体左侧，一般用来切削工

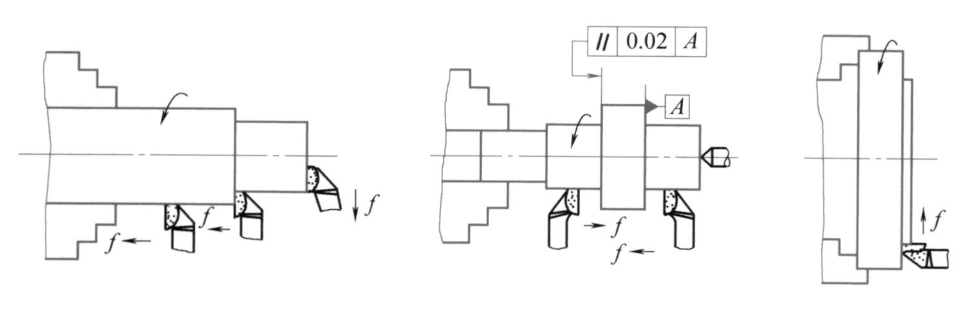

a) 右偏刀切削外圆、端面和右向台阶　b) 左、右偏刀切削外圆、台阶　c) 左偏刀切削端面

图2-4 90°偏刀的用途

件的外圆、端面和右向台阶。左偏刀的主切削在刀体右侧，一般用来切削工件的外圆和左向台阶，也适用于切削直径较大而长度较短的工件的端面。

2. 45°弯头车刀

45°弯头车刀的主偏角等于45°，也分为左、右两种，其刀尖角等于90°，如图2-5所示。45°弯头车刀刀体强度和散热条件好，常用于切削工件的端面和加工45°倒角，也可以用来切削长度较短的外圆，如图2-6所示。

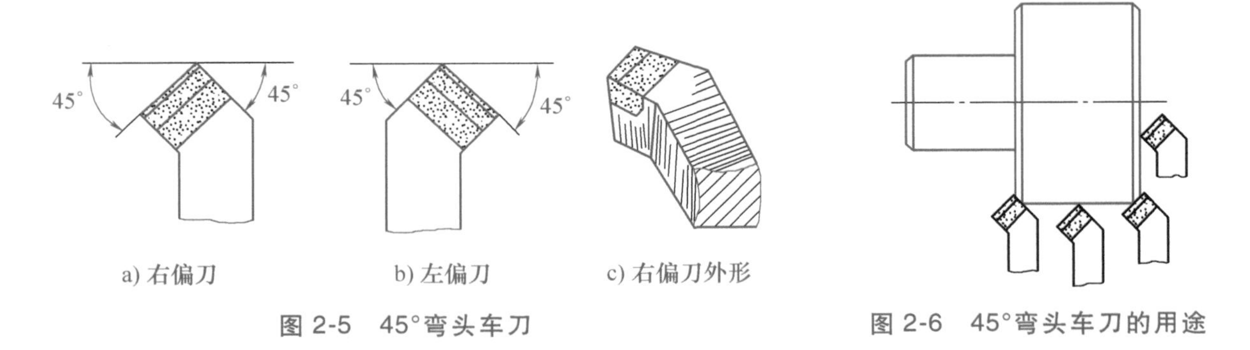

a) 右偏刀　b) 左偏刀　c) 右偏刀外形

图2-5　45°弯头车刀

图2-6　45°弯头车刀的用途

3. 车刀的安装

将车刀安装在四方刀架上，车刀在刀架上的伸出长度为刀柄厚度的1～1.5倍，车刀下面垫片的数量要尽量少，一般为1～2片，并与刀架边缘对齐，且至少用两个螺钉逐个轮流压紧车刀和垫片，以防止振动，如图2-7所示。

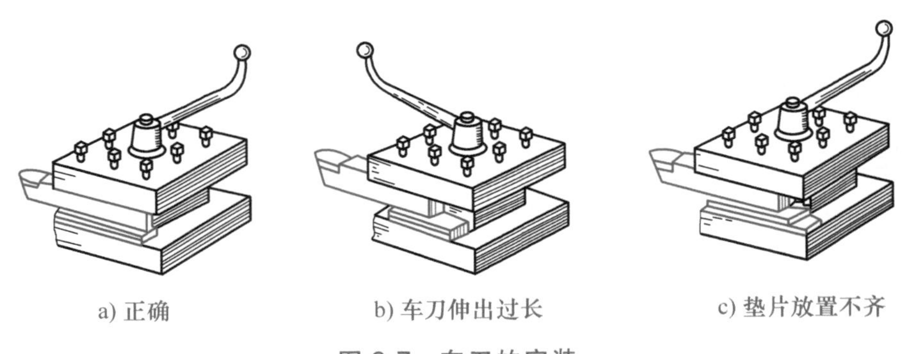

a) 正确　b) 车刀伸出过长　c) 垫片放置不齐

图2-7　车刀的安装

通过增减车刀下面的垫片，使车刀刀尖与工件中心等高，如图2-8a所示。若车刀刀尖不对准工件轴线，车刀车至端面中心处会留有凸头，如图2-8b、c所示，使用硬质合金车刀车削端面时，若车刀刀尖不对准工件轴线，在车削至中心时会使刀尖崩碎。

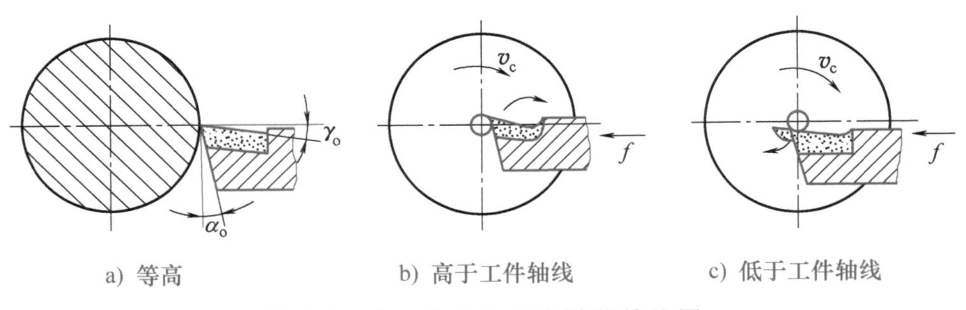

a) 等高　b) 高于工件轴线　c) 低于工件轴线

图2-8　车刀刀尖与工件轴线的位置

车刀对准工件中心的方法如下：

1）测量刀具厚度法。在刀具底面增加若干垫片后，测量总厚度，以 CA6140A 型卧式车床刀架支承面与主轴轴线的距离为 26mm 作为标准，逐渐调整垫片厚度直至准确，如图 2-9 所示。

图 2-9　测量刀具厚度法对刀

2）根据车床尾座顶尖的高低装刀。根据后顶尖的高度调整车刀的高度，使车刀刀尖与尾座顶尖等高，如图 2-10 所示。

3）使车刀靠近工件端面，目测车刀的位置。夹紧车刀后，试车端面，逐步调整车刀高低，直至将端面车平，如图 2-11 所示。

图 2-10　根据车床尾座顶尖的高低装刀

图 2-11　试切端面装刀

自定心卡盘的装卸

六、在自定心卡盘上安装工件

1. 自定心卡盘的结构

常用自定心卡盘的规格有 150mm、200mm、250mm 等，其结构如图 2-12 所示。卡盘是用连接盘装在车床主轴上的，当卡盘扳手插入小锥齿轮 2 端部的方孔 1 中并转动时，小锥齿轮 2 带动大锥齿轮 3 回转。大锥齿轮 3 的背面上有平面螺纹 4，三个卡爪 5 背面的螺纹与平面螺纹啮合，大锥齿轮回转时，通过平面螺纹带动与其啮合的三个卡爪同时做向心或离心移动。

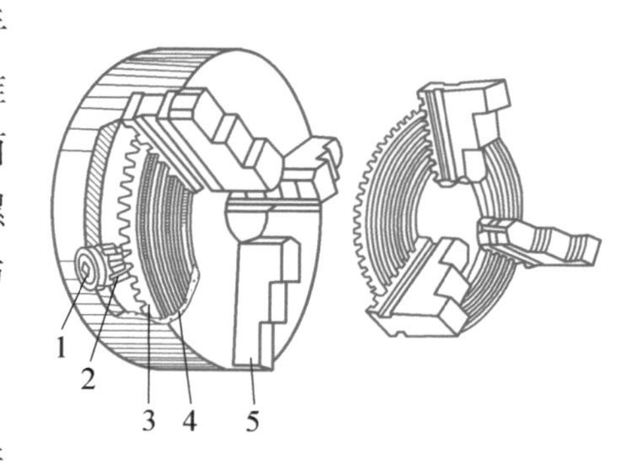

图 2-12　自定心卡盘的结构原理

1—方孔　2—小锥齿轮　3—大锥齿轮　4—平面螺纹　5—卡爪

2. 自定心卡盘的特点

自定心卡盘三个卡爪能自动定心，装夹工件一般不需要找正，卡爪的夹紧力小，适用于装夹中、小型的圆柱形、正三角形或正六边形工件，如图 2-13 所示。

自定心卡盘卡爪的装卸

3. 卡爪的装卸

（1）卡爪的类别　自定心卡盘有正、反两副卡爪，有的只有一副，可以装成正爪或反爪。图 2-14 所示为装配式卡爪，只要拆下卡爪上的螺钉，就可以进行调向或调换软爪。

a) 装夹圆柱形工件

b) 装夹正六边形工件

图 2-13 自定心卡盘装夹工件

正卡爪用于装夹外圆直径较小和内孔直径较大的工件，反卡爪用于装夹外圆直径较大的工件。每副卡爪分别标有编号 1、2、3，安装卡爪时必须按顺序装配。如果卡爪的编号不清晰，可将卡爪并列在一起，比较卡爪背面螺纹牙型的位置，螺纹牙型最靠近卡爪夹持面的为 1 号卡爪，螺纹牙型最远离卡爪夹持面的为 3 号卡爪，如图 2-15 所示。

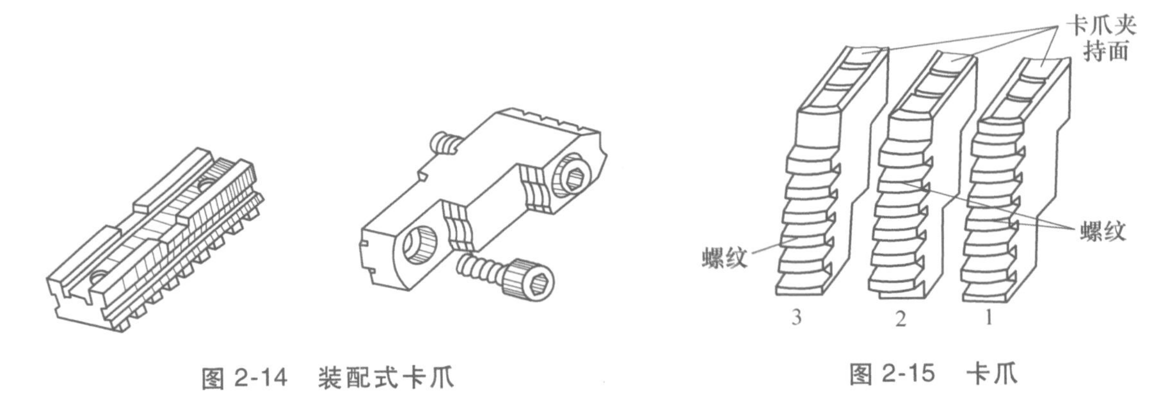

图 2-14 装配式卡爪

图 2-15 卡爪

（2）卡爪的安装与拆卸 自定心卡盘卡爪的安装与拆卸步骤见表 2-3。

表 2-3 卡爪的安装与拆卸步骤

步骤	图示	说明
1. 关闭电源		关闭车床电源，将变速手柄切换到空档位置

（续）

步骤	图示	说明
2. 识别卡爪		识别自定心卡盘卡爪的编号或比较卡爪背面螺纹牙型的位置并排序，放在方便取用的地方
3. 清洁卡爪和卡槽	 	将卡爪和卡槽用棉布、毛刷等清理干净
4. 找出螺扣		将卡盘扳手的方榫插入卡盘壳体圆柱上的方孔中，并沿顺时针方向旋转，驱动大锥齿轮回转，将其背面平面螺纹的螺扣转到1槽
5. 安装1号卡爪		将转速档位调至低速档，将1号卡爪插入壳体的1槽内，使1号卡爪上的端面螺纹与大锥齿轮背面的平面螺纹旋合后，沿顺时针方向旋转卡盘扳手，卡爪也随之向卡盘中心方向移动

（续）

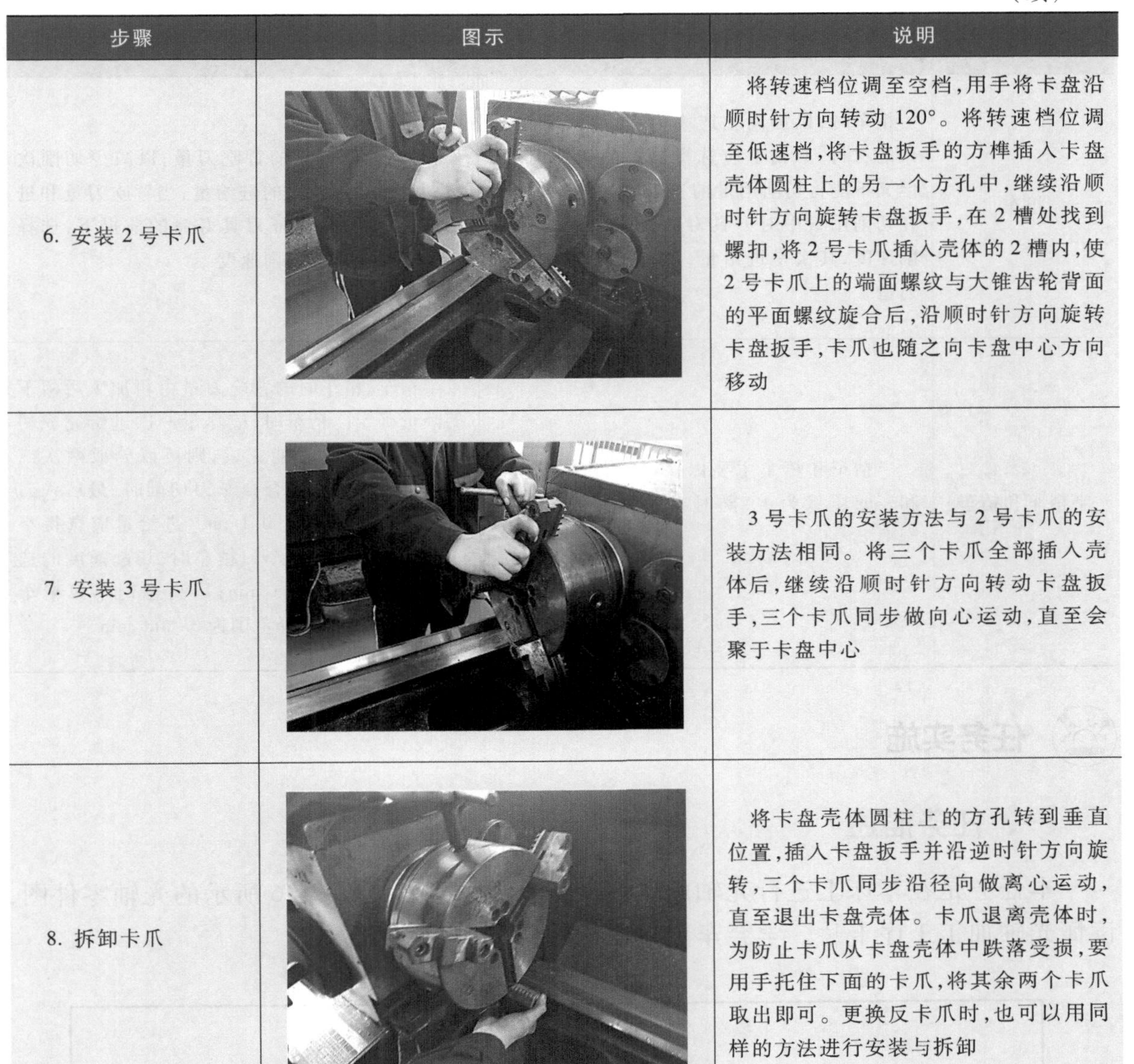

步骤	图示	说明
6. 安装 2 号卡爪		将转速档位调至空档，用手将卡盘沿顺时针方向转动 120°。将转速档位调至低速档，将卡盘扳手的方榫插入卡盘壳体圆柱上的另一个方孔中，继续沿顺时针方向旋转卡盘扳手，在 2 槽处找到螺扣，将 2 号卡爪插入壳体的 2 槽内，使 2 号卡爪上的端面螺纹与大锥齿轮背面的平面螺纹旋合后，沿顺时针方向旋转卡盘扳手，卡爪也随之向卡盘中心方向移动
7. 安装 3 号卡爪		3 号卡爪的安装方法与 2 号卡爪的安装方法相同。将三个卡爪全部插入壳体后，继续沿顺时针方向转动卡盘扳手，三个卡爪同步做向心运动，直至会聚于卡盘中心
8. 拆卸卡爪		将卡盘壳体圆柱上的方孔转到垂直位置，插入卡盘扳手并沿逆时针方向旋转，三个卡爪同步沿径向做离心运动，直至退出卡盘壳体。卡爪退离壳体时，为防止卡爪从卡盘壳体中跌落受损，要用手托住下面的卡爪，将其余两个卡爪取出即可。更换反卡爪时，也可以用同样的方法进行安装与拆卸

4. 用自定心卡盘装夹工件的方法

1）工件的伸出长度要适中，应根据工艺要求考虑夹持部分的长度。

2）夹紧工件时，依次在卡盘方孔中逐一夹紧。

3）工件夹紧后应观察卡爪与工件的接触情况，防止只有两个卡爪夹持工件，造成转动时工件甩出。

4）用手转动卡盘或开车低速运转，检查工件有无晃动。

5）安装大型毛坯时，应在床身导轨上垫木板。

七、切削用量的选择

在实际生产中，选择不同的切削用量会产生完全不同的切削效果。切削用量选得过小，会降低生产率；反之，则加快刀具磨损，增加生产成本。因此，在加工中必须合理选择切削用量。切削用量的选择原则见表 2-4。

表 2-4 切削用量的选择原则

加工阶段	切削特点	选择原则
粗车	粗车时，以提高生产率为主，尽快切除多余的材料，原则上应选择较大的切削用量，但又不能将切削用量的三个要素同时增大。在切削用量中对刀具寿命影响最大的是切削速度，其次是进给量，影响最小的是背吃刀量	首先，选择较大的背吃刀量，以减少切削次数；其次，选择较大的进给量；当背吃刀量和进给量确定后，在保证刀具寿命的前提下，选择一个相对合理的切削速度
半精车和精车	半精车和精车主要以保证工件加工精度和表面质量为主，同时兼顾刀具寿命和生产率	半精车、精车时的背吃刀量由粗加工后留下的余量确定。精车时，应尽量一次进给完成切削，若一次进给不能完成，则可以分成两次或三次切削。用硬质合金车刀切削时，最后一刀的背吃刀量应大于 0.1mm。进给量应选得小一些。用硬质合金车刀精车时，切削速度的选择范围为 80～120m/min；用高速钢车刀精车时，切削速度的选择范围为 3～8m/min

任务实施

一、任务描述

本任务是在车床上进行光轴的车削加工。要求会识读图 2-16 所示的光轴零件图，读懂光轴加工工序卡片，学会车削端面、外圆和倒角。

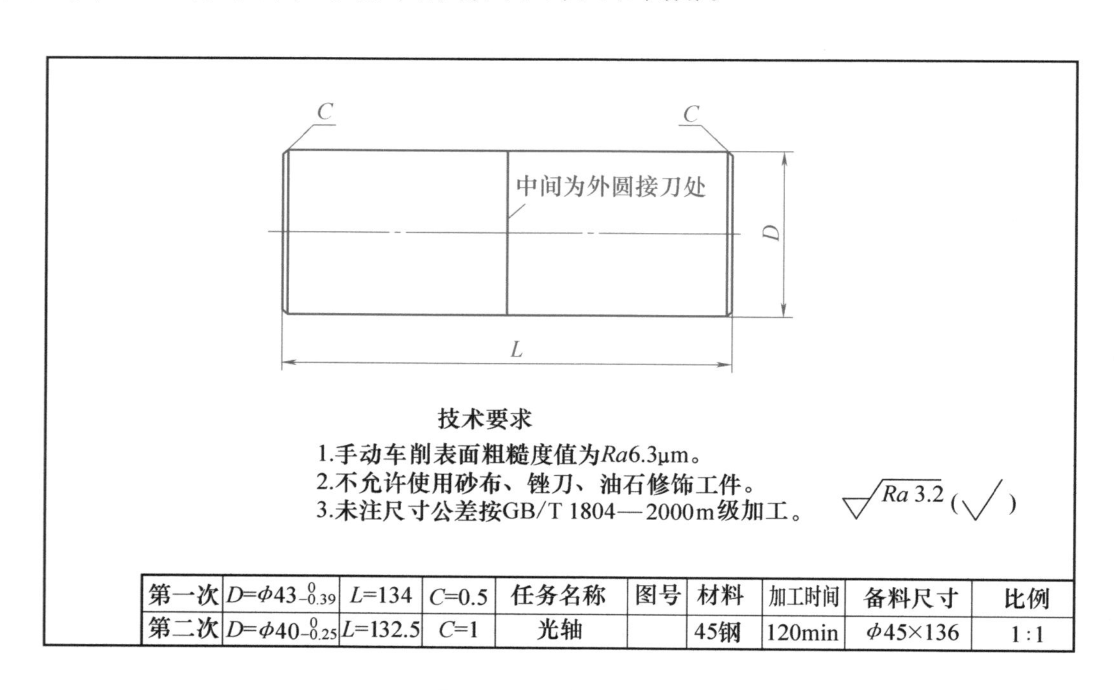

第一次	$D=\phi 43_{-0.39}^{0}$	L=134	C=0.5	任务名称	图号	材料	加工时间	备料尺寸	比例
第二次	$D=\phi 40_{-0.25}^{0}$	L=132.5	C=1	光轴		45钢	120min	ϕ45×136	1:1

图 2-16 光轴零件图

二、零件图识读

本任务为车削光轴，请仔细识读图 2-16 所示光轴零件图并填写表 2-5。

表 2-5　零件图信息

识读内容	读到的信息
零件名称	
零件材料	
零件形状	
零件图中重要的尺寸或几何公差	
表面粗糙度值	
技术要求	

三、工艺分析

本任务为车削光轴，加工要素包括端面、外圆和倒角。光轴毛坯为圆钢，没有几何公差要求，可直接用自定心卡盘装夹。图样中接刀处在中间，工件应调头装夹，并保证装夹牢固，运转平稳。加工时，先练习手动进给车削，再进行自动进给车削，用试切的方法进行外圆的车削加工。光轴的加工方案是先粗、精车光轴一端，然后调头装夹，粗、精车另一端。

四、加工准备

1. 设备

CA6140A 型卧式车床。

2. 工件

材料：45 钢，备料尺寸：ϕ45mm×136mm，数量：1 件/人。

3. 工具、量具、刀具和夹具

1）工具：12mm×12mm 自定心卡盘扳手、18mm×18mm 刀架扳手、ϕ20mm×150mm 铜棒、300mm 划线盘、2.5 寸毛刷、350ml 高压透明机油壶、全长为 450mm 的铁屑钩、棉布等。

2）量具：游标卡尺（0~150mm）。

3）刀具：可转位 45°端面车刀、可转位 95°外圆车刀。

4）夹具：ϕ250mm 自定心卡盘。

五、识读光轴加工工序卡片

光轴加工工序卡片见表 2-6。

光轴加工刀具卡片见表 2-7。

表 2-6　光轴加工工序卡片

<table>
<tr><td colspan="4" rowspan="2">车工加工工序卡片</td><td>零件名称</td><td colspan="2">零件图号</td><td colspan="2">材料牌号</td></tr>
<tr><td>光轴</td><td colspan="2"></td><td colspan="2">45 钢</td></tr>
<tr><td>工序号</td><td>工序内容</td><td>加工场地</td><td>设备名称</td><td>设备型号</td><td colspan="4">夹具名称</td></tr>
<tr><td>1</td><td>车削</td><td>金属切削车间</td><td>卧式车床</td><td>CA6140A</td><td colspan="4">自定心卡盘</td></tr>
<tr><td>工步号</td><td colspan="2">工步内容</td><td>刀具号</td><td>主轴转速/(r/min)</td><td>进给量/(mm/r)</td><td>背吃刀量/mm</td><td>进给次数</td></tr>
<tr><td>1</td><td colspan="2">检查毛坯尺寸，夹持 ϕ45mm 毛坯外圆，伸出长度为 72mm，找正并夹紧</td><td>—</td><td>—</td><td>—</td><td>—</td><td>—</td></tr>
<tr><td>2</td><td colspan="2">选择并安装车刀</td><td>T1、T2</td><td>—</td><td>—</td><td>—</td><td>—</td></tr>
<tr><td>3</td><td colspan="2">手动进给粗车右侧端面，留 0.25mm 的精车余量</td><td>T1</td><td>560</td><td>—</td><td>0.75</td><td>1</td></tr>
<tr><td>4</td><td colspan="2">手动进给精车右侧端面</td><td>T1</td><td>800</td><td>—</td><td>0.25</td><td>1</td></tr>
<tr><td>5</td><td colspan="2">手动进给粗车 ϕ43mm 外圆，留 1mm 的精车余量，长度尺寸车至 66.5mm</td><td>T2</td><td>450</td><td>—</td><td>0.5</td><td>1</td></tr>
<tr><td>6</td><td colspan="2">手动进给精车 ϕ43mm 外圆，保证 ϕ43mm 外径尺寸至合格，长度尺寸车至 67mm</td><td>T2</td><td>630</td><td>—</td><td>0.5</td><td>1</td></tr>
<tr><td>7</td><td colspan="2">工件倒角 C0.5</td><td>T1</td><td>560</td><td>—</td><td>—</td><td>—</td></tr>
<tr><td>8</td><td colspan="2">工件调头，夹持 ϕ43mm 外圆，伸出长度为 72mm，找正并夹紧</td><td>—</td><td>—</td><td>—</td><td>—</td><td>—</td></tr>
<tr><td>9</td><td colspan="2">手动进给粗车左侧端面，留 0.25mm 的精车余量</td><td>T1</td><td>560</td><td>—</td><td>0.75</td><td>1</td></tr>
<tr><td>10</td><td colspan="2">手动进给精车左侧端面，保证 134mm 总长尺寸至合格</td><td>T1</td><td>800</td><td>—</td><td>0.25</td><td>1</td></tr>
<tr><td>11</td><td colspan="2">手动进给粗车 ϕ43mm 外圆，留 1mm 的精车余量，长度尺寸车至接刀处</td><td>T2</td><td>450</td><td>—</td><td>0.5</td><td>1</td></tr>
<tr><td>12</td><td colspan="2">手动进给精车 ϕ43mm 外圆，保证 ϕ43mm 外径尺寸至合格，长度尺寸车至接刀处</td><td>T2</td><td>630</td><td>—</td><td>0.5</td><td>1</td></tr>
<tr><td>13</td><td colspan="2">工件倒角 C0.5</td><td>T1</td><td>560</td><td>—</td><td>—</td><td>—</td></tr>
<tr><td>14</td><td colspan="2">检查毛坯尺寸，夹持 ϕ43mm 外圆，伸出长度为 70mm，找正并夹紧</td><td>—</td><td>—</td><td>—</td><td>—</td><td>—</td></tr>
<tr><td>15</td><td colspan="2">自动进给粗车右侧端面，留 0.25mm 的精车余量</td><td>T1</td><td>560</td><td>0.2</td><td>0.5</td><td>1</td></tr>
<tr><td>16</td><td colspan="2">自动进给精车右侧端面</td><td>T1</td><td>800</td><td>0.16</td><td>0.25</td><td>1</td></tr>
<tr><td>17</td><td colspan="2">自动进给粗车 ϕ40mm 外圆，留 1mm 的精车余量，长度尺寸车至 65.75mm</td><td>T2</td><td>450</td><td>0.2</td><td>1</td><td>1</td></tr>
</table>

（续）

工步号	工步内容	刀具号	主轴转速/(r/min)	进给量/(mm/r)	背吃刀量/mm	进给次数
18	自动进给精车 ϕ40mm 外圆，保证 ϕ40mm 外径尺寸至合格，长度尺寸车至 66.25mm	T2	630	0.16	0.5	1
19	工件倒角 C1	T1	560	—	—	—
20	工件调头，夹持 ϕ40mm 外圆，伸出长度为 70mm，找正并夹紧	—	—	—	—	—
21	自动进给粗车左侧端面，留 0.25mm 的精车余量	T1	560	0.2	0.5	1
22	自动进给精车左侧端面，保证 132.5mm 总长尺寸至合格	T1	800	0.16	0.25	1
23	自动进给粗车 ϕ40mm 外圆，留 1mm 的精车余量，长度尺寸车至接刀处	T2	450	0.2	1	1
24	自动进给精车 ϕ40mm 外圆，保证 ϕ40mm 外径尺寸至合格，长度尺寸车至接刀处	T2	630	0.16	0.5	1
25	工件倒角 C1	T1	560	—	—	—
编制	审核		批准		共　页	第　页

表 2-7　光轴加工刀具卡片

序号	刀具号	刀具名称	刀具种类	刀具规格	刀具材料
1	T1	端面车刀	可转位	$\kappa_r=45°$	P 类涂层硬质合金
2	T2	外圆车刀	可转位	$\kappa_r=95°$	P 类涂层硬质合金
编制		审核　批准		共　页	第　页

六、光轴加工过程

车削光轴

光轴加工过程见表 2-8。

表 2-8　光轴加工过程

步骤	加工内容	加工图示	说明
1	夹持毛坯左端，手动进给车削右侧端面	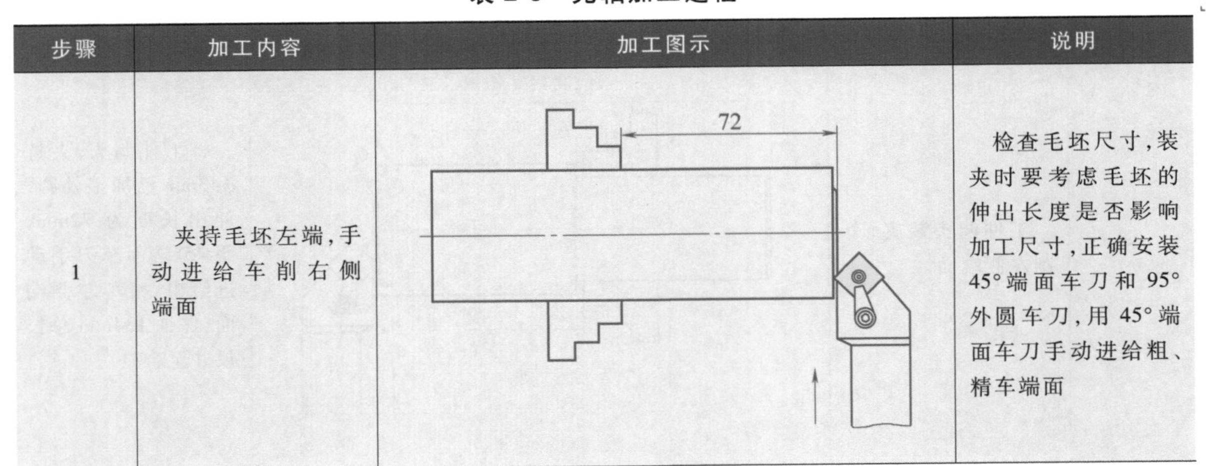	检查毛坯尺寸，装夹时要考虑毛坯的伸出长度是否影响加工尺寸，正确安装 45°端面车刀和 95°外圆车刀，用 45°端面车刀手动进给粗、精车端面

（续）

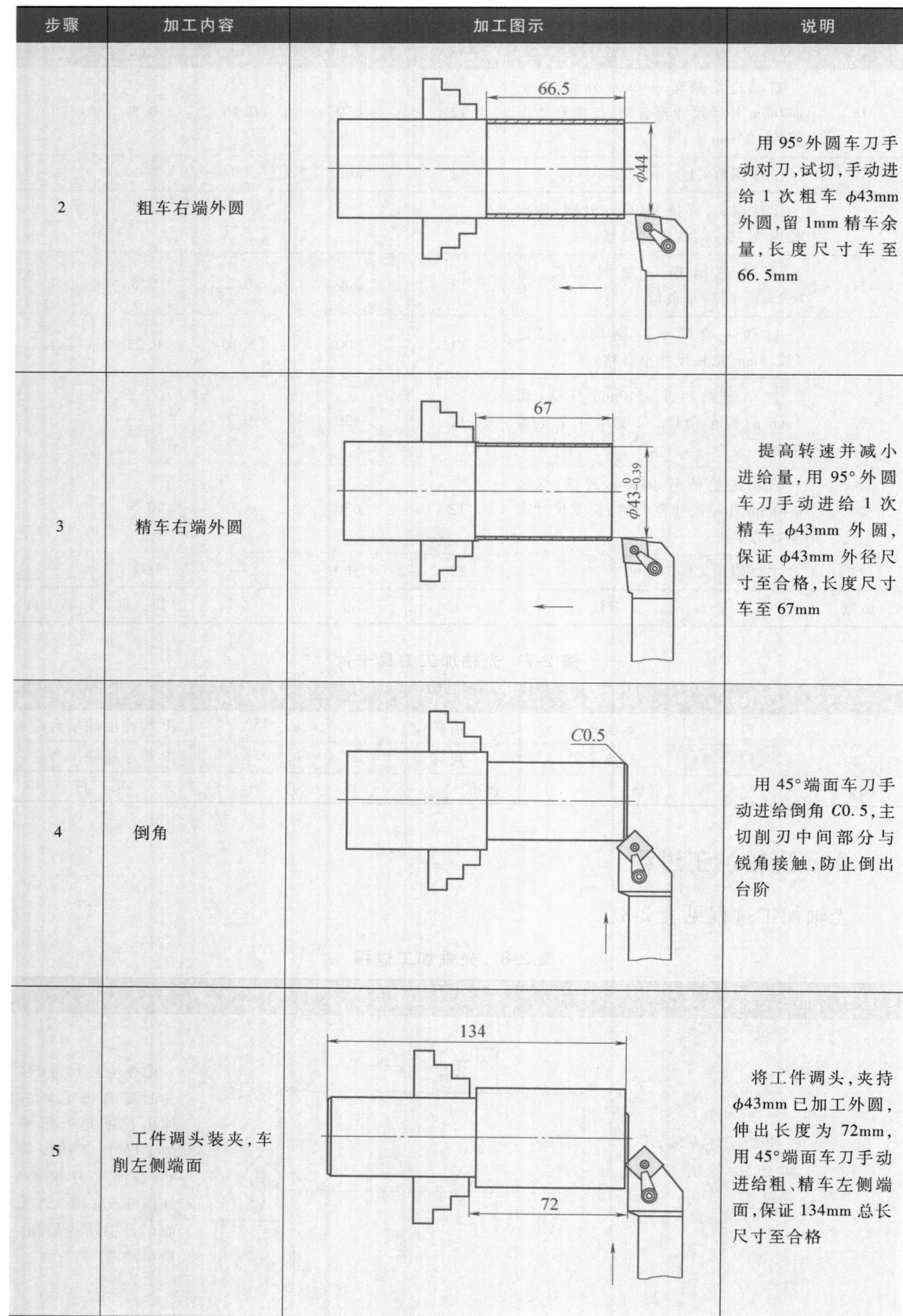

步骤	加工内容	加工图示	说明
2	粗车右端外圆		用95°外圆车刀手动对刀，试切，手动进给1次粗车$\phi43$mm外圆，留1mm精车余量，长度尺寸车至66.5mm
3	精车右端外圆		提高转速并减小进给量，用95°外圆车刀手动进给1次精车$\phi43$mm外圆，保证$\phi43$mm外径尺寸至合格，长度尺寸车至67mm
4	倒角		用45°端面车刀手动进给倒角C0.5，主切削刃中间部分与锐角接触，防止倒出台阶
5	工件调头装夹，车削左侧端面		将工件调头，夹持$\phi43$mm已加工外圆，伸出长度为72mm，用45°端面车刀手动进给粗、精车左侧端面，保证134mm总长尺寸至合格

（续）

步骤	加工内容	加工图示	说明
6	粗车左端外圆	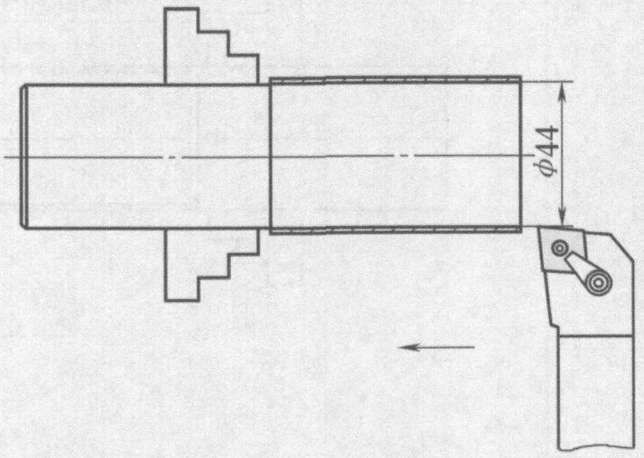 $\phi44$	用95°外圆车刀手动对刀，试切，手动进给1次粗车$\phi43$mm外圆，留1mm精车余量，长度尺寸车至接刀处
7	精车左端外圆	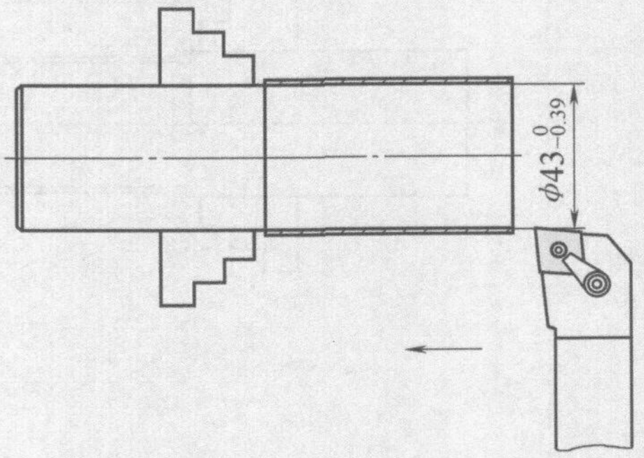 $\phi43_{-0.39}^{0}$	提高转速并减小进给量，用95°外圆车刀手动进给1次精车$\phi43$mm外圆，保证$\phi43$mm外径尺寸至合格，长度尺寸车至接刀处
8	倒角	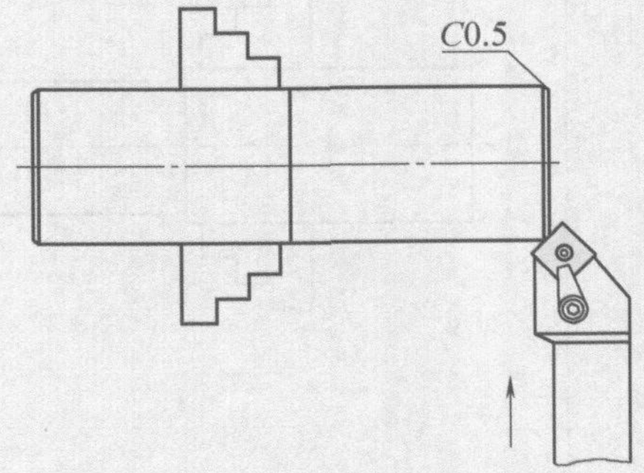 C0.5	用45°端面车刀手动进给倒角C0.5，主切削刃中间部分与锐角接触，防止倒出台阶
9	夹持工件左端，自动进给车削右侧端面	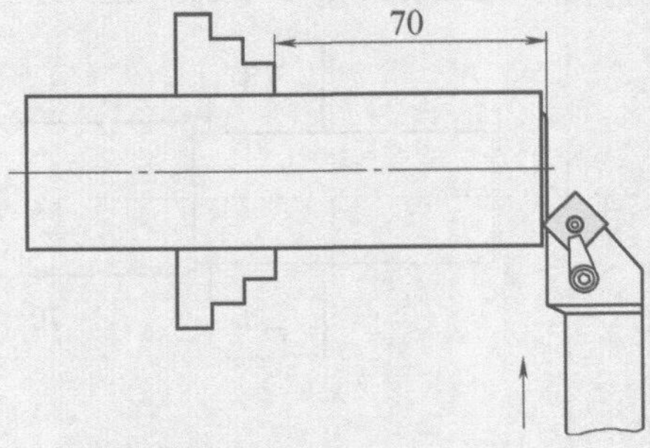 70	检查毛坯尺寸，用45°端面车刀自动进给粗、精车端面

（续）

步骤	加工内容	加工图示	说明
10	粗车右端外圆	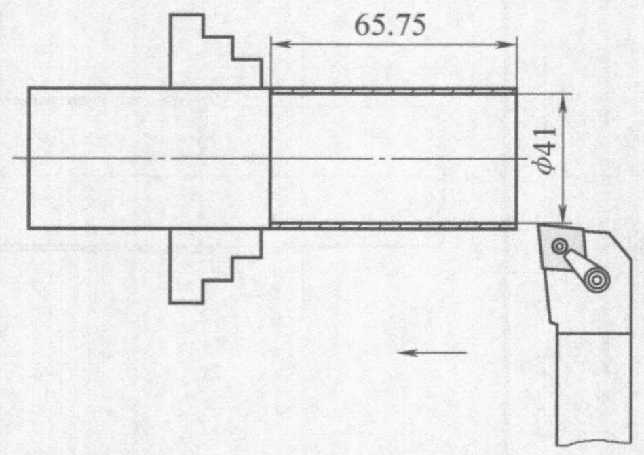 65.75 $\phi41$	用95°外圆车刀手动对刀，试切，自动进给1次粗车$\phi40$mm外圆，留1mm精车余量，长度尺寸车至65.75mm
11	精车右端外圆	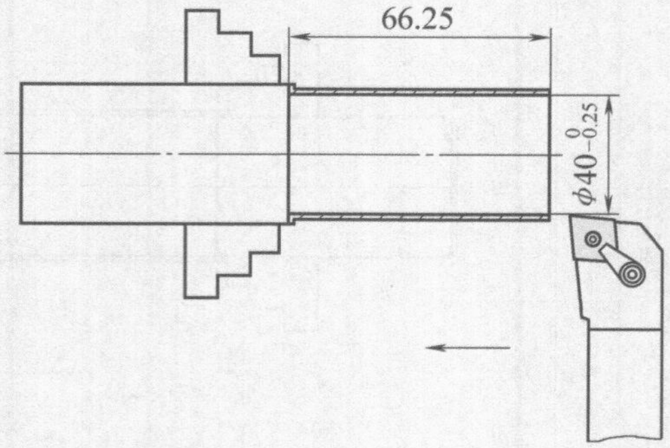 66.25 $\phi40_{-0.25}^{0}$	提高转速并减小进给量，用95°外圆车刀自动进给1次精车$\phi40$mm外圆，保证$\phi40$mm外径尺寸至合格，长度尺寸车至66.25mm
12	倒角	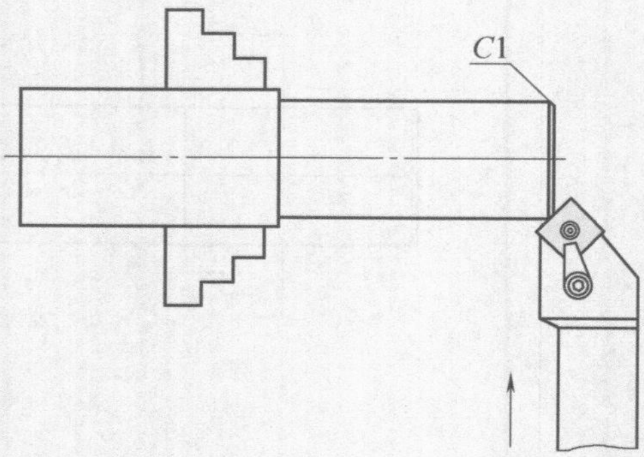 $C1$	用45°端面车刀手动进给倒角$C1$，主切削刃中间部分与锐角接触，防止倒出台阶
13	工件调头装夹，车削左侧端面	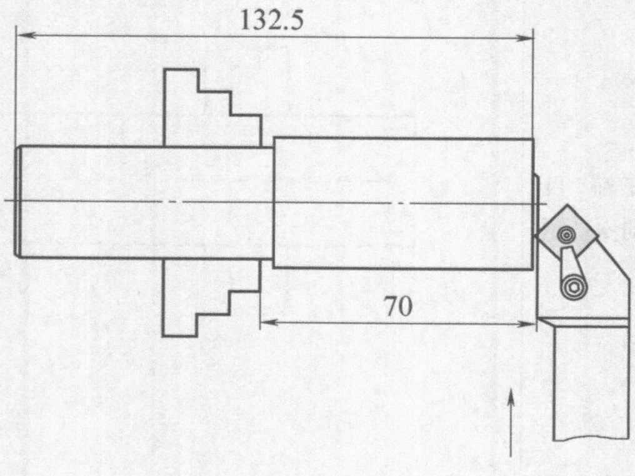 132.5 70	将工件调头，夹持$\phi40$mm已加工外圆，伸出长度为70mm，用45°端面车刀自动进给粗、精车左侧端面，保证132.5mm总长尺寸至合格

（续）

步骤	加工内容	加工图示	说明
14	粗车左端外圆	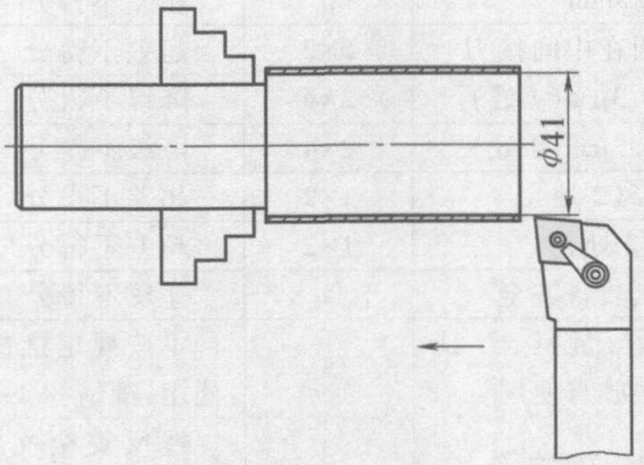 $\phi41$	用95°外圆车刀手动对刀，试切，自动进给1次粗车$\phi40$mm外圆，留1mm精车余量，长度尺寸车至接刀处
15	精车左端外圆	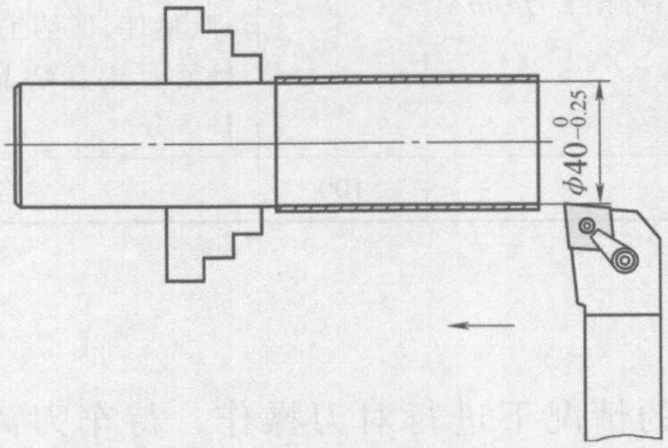 $\phi40_{-0.25}^{\ 0}$	提高转速并减小进给量，用95°外圆车刀自动进给1次精车$\phi40$mm外圆，保证$\phi40$mm外径尺寸至合格，长度尺寸车至接刀处
16	倒角	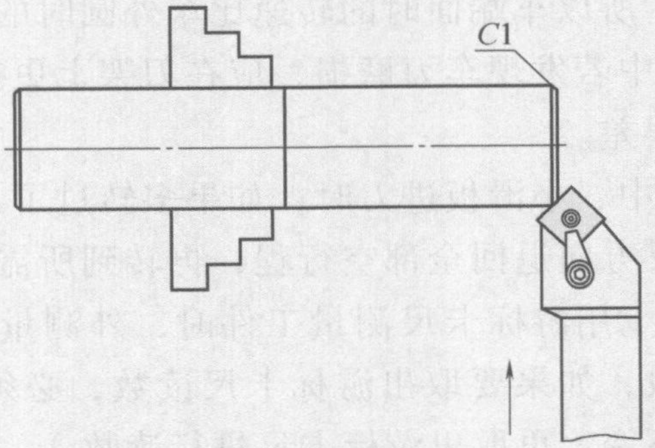 $C1$	用45°端面车刀手动进给倒角$C1$，主切削刃中间部分与锐角接触，防止倒出台阶

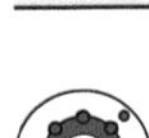

任务评价

根据表2-9所列内容对任务完成情况进行评价。

表2-9　车削光轴评分标准

序号	检测名称	检测内容及要求	配分	评分标准	检测结果	自评	师评
1	外径	$\phi43_{-0.39}^{\ 0}$mm（2处）	10×2	每超差0.01mm扣3分			
2		$\phi40_{-0.25}^{\ 0}$mm（2处）	10×2	每超差0.01mm扣3分			

（续）

序号	检测名称	检测内容及要求	配分	评分标准	检测结果	自评	师评
3	长度	134mm	5	超差不得分			
4		132.5mm	5	超差不得分			
5		外圆在中间接刀	5×2	超差不得分			
6	表面粗糙度值	Ra6.3μm(4处)	2×4	降级不得分			
7		Ra3.2μm(4处)	2×4	降级不得分			
8	倒角	C0.5(2处)	1×2	超差不得分			
9		C1(2处)	1×2	超差不得分			
10	安全文明生产	安全装备齐全	5	违反不得分			
11		工具、量具、刀具规范摆放与使用	5	不按规定摆放、不正确使用，酌情扣1~3分			
12		安全、文明操作	5	违反安全文明操作规程酌情扣1~3分			
13		设备保养与场地清洁	5	操作后没有做好设备与工具、量具、刀具的清理、整理、保洁工作，不正确处置废弃物品酌情扣1~3分			
合计配分			100	合计得分			

实践经验

1）在主轴正转的情况下进行对刀操作，待车刀离开工件后，主轴才能停止运转，否则车刀容易崩刃。

2）由于端面的直径从外圆到中心是变化的，切削速度也随之变化，不易车出较小的表面粗糙度值，所以车端面时的转速比车外圆时的转速选得高一些。

3）在车削过程中若发现车刀磨损，应在刀架上更换刀片，以避免换刀后进行对刀操作带来的加工误差。

4）在使用大、中、小滑板进刀时，如果多转过了几格，绝对不能直接退回多转过的格数，必须向反方向退回全部空行程，再转到所需要的格数处。

5）一般在车床上用游标卡尺测量工件时，外测量爪向下，刻度线正对操作者，卡紧后可以直接读数，如果要取出游标卡尺读数，必须用制动螺钉将当前游标卡尺锁紧，保证测量值不变，再取出游标卡尺进行读数。

任务二　车削传动轴

任务引入

传动轴广泛应用于汽车、起重机械、风机等行业中，例如汽车转向机构中的轴、汽车中将发动机的运动传递给汽车后桥的轴、电风扇中的轴等，在机器中主要起到传递转矩的作用。如图2-17所示，传动轴由台阶、槽等要素组成。它利用轴上的台阶使安装在轴上的齿轮、轴承等零件在轴向有一个固定的工作位置，因此台阶面一般都必须垂直于零件的轴线。本任务主要掌握台阶的车削方法和一夹一顶装夹工件的方法，矩形外沟槽、中心孔的加工方法，通过正确安装工件与刀具、识读传动轴加工工序卡片、车削与检测传动轴等实践环节，掌握传动轴的车削加工技术。

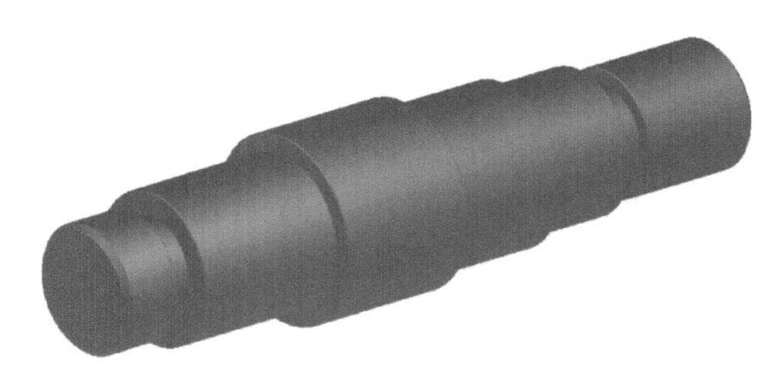

图 2-17　传动轴

任务目标

1. 能安装可转位 4mm 外槽车刀硬质合金涂层刀片。
2. 能根据加工要求选择并安装外槽车刀。
3. 掌握台阶的车削加工方法。
4. 掌握台阶长度尺寸的控制方法。
5. 掌握矩形外沟槽的车削方法。
6. 了解车削外沟槽时切削用量的选择方法。
7. 了解常用中心孔和中心钻的种类。
8. 掌握中心孔的钻削方法。
9. 掌握精度不高的传动轴的装夹特点与限位方法。
10. 了解尾座的调整方法。
11. 熟悉传动轴的加工工序，明确加工步骤及加工需要的刀具、切削用量等。
12. 能使用游标卡尺和外径千分尺检测传动轴，判断零件是否合格，并简单分析传动轴的加工质量。

知识准备

一、可转位 4mm 外槽车刀硬质合金涂层刀片的安装

可转位4mm外槽车刀硬质合金涂层刀片的安装

1. 可转位 4mm 外槽车刀的结构

可转位 4mm 外槽车刀由刀杆、刀片和内六角螺钉组成，如图 2-18 所示。

2. 刀片的安装步骤

（1）安装刀片　用一字螺钉旋具轻轻胀开刀杆前端的弹性槽，将涂层刀片主切削刃向上放置，使其水平放入刀杆前端缺口处，保证与刀杆凹槽接触良好。

（2）安装内六角螺钉　将内六角螺钉旋入刀杆，再用内六角扳手沿顺时针方向旋转内六角螺钉，直至刀片锁紧为止。

二、外槽车刀的选择与安装

1. 外槽车刀的选择

外槽车刀一般以横向进给为主，前端的切削刃是主切削刃，两侧的切削刃是副

切削刃。按切削部分的材料不同，可将外槽车刀分为高速钢外槽车刀和硬质合金外槽车刀。高速钢外槽车刀适用于低速切削，硬质合金外槽车刀适用于高速切削。为了提高加工效率，选用硬质合金外槽车刀车削矩形外沟槽。

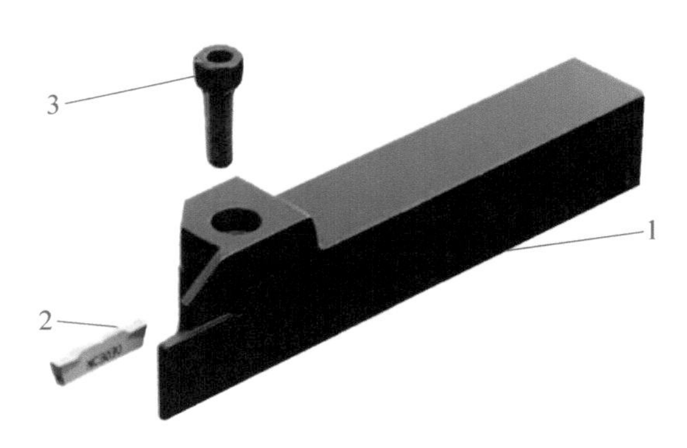

图 2-18　可转位 4mm 外槽车刀的结构

1—刀杆　2—刀片　3—内六角螺钉

2. 外槽车刀的安装

外槽车刀安装得是否正确，将直接影响加工能否顺利进行和沟槽两侧面及槽底的加工质量，因此安装外槽车刀时应达到以下要求。

1）外槽车刀的主切削刃与工件回转中心线等高。

2）外槽车刀应与工件轴线垂直。

3）安装时，必须保证外槽车刀两侧副偏角对称。

4）外槽车刀不宜伸出太长。

三、台阶的车削加工

台阶的车削加工实际上是车削外圆和环形端面的综合。车削加工台阶时既要保证外圆尺寸精度，又要保证台阶长度尺寸精度。

根据相邻两圆柱体直径差值的大小，可将台阶分为低台阶和高台阶两种。

1. 低台阶的车削加工

车削加工两个相邻圆柱体直径差值较小的低台阶时，应选用 90°~95°偏刀。装刀时使车刀主切削刃与工件轴线垂直，经 1~2 次进给完成车削，如图 2-19a 所示。

2. 高台阶的车削加工

车削加工两个相邻圆柱体直径差值较大的高台阶时，宜采用分层切削。粗车时可先用主偏角小于 90°的车刀进行加工，精车时再把偏刀的主偏角装成 93°~95°，分几次进给完成车削加工。在最后一次进给时，车刀在纵向进给完成后用手摇动中滑板手柄，使车刀沿台阶面由里向外缓慢而均匀地退出，保证台阶面与工件轴线垂直，如图 2-19b 所示。

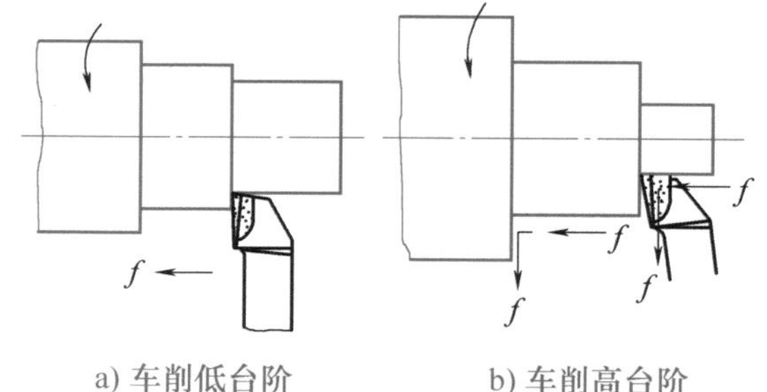

图 2-19　台阶的车削方法

四、台阶长度尺寸的控制

车削加工台阶轴时，对于台阶长度尺寸的控制，不仅要根据零件图样选择正确的测量基准，还要学会台阶长度尺寸的控制方法。在普通车床上车削加工台阶轴，常用的控制台阶长度尺寸的方法见表 2-10。

五、车削矩形外沟槽的方法

矩形外沟槽分窄沟槽和宽沟槽两种，车削方法见表 2-11。

表 2-10 控制台阶长度尺寸的方法

控制方法	操作说明	图示
刻线痕法	为了确定台阶的位置，可先用钢直尺量出台阶的长度尺寸（大批量生产时可用样板），再用车刀刀尖在台阶的位置刻出细线，然后进行车削加工。这种方法适用于长度尺寸精度要求不高的场合，主要在粗加工时采用	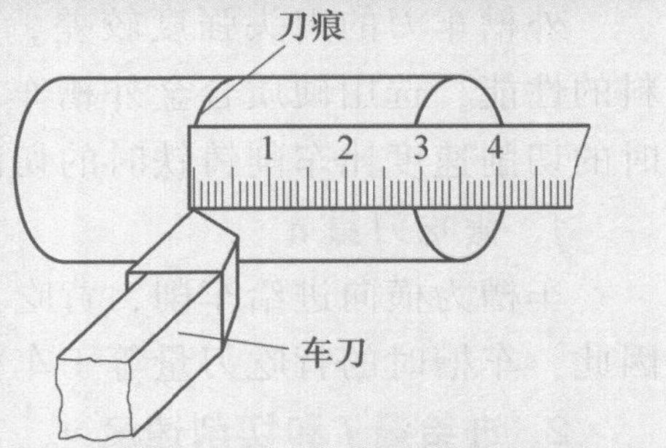 刀痕 1 2 3 4 车刀
利用床鞍刻度盘控制	CA6140A 型车床床鞍的刻度盘每格等于 1mm，台阶长度尺寸精度一般在 0.3mm 左右，可以根据台阶长度计算出刻度盘需要转过的格数来控制台阶的长度尺寸。这种方法适合控制精度要求不高、较长的台阶尺寸和工件的总长	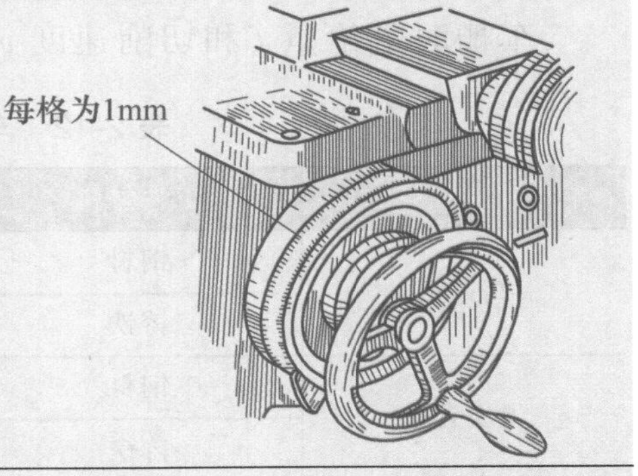 每格为1mm
利用小滑板刻度盘控制	CA6140A 型车床小滑板上的纵向刻度盘每格等于 0.05mm，车削加工时误差值一般在 0.05mm 以内，这种方法控制的长度尺寸的精度高，适用于精度要求较高、长度较短的台阶尺寸的控制，也可以利用此方法在精车时控制台阶的长度尺寸	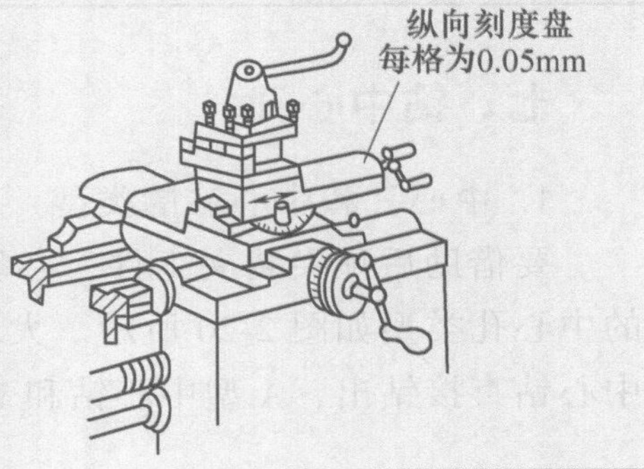 纵向刻度盘 每格为0.05mm

表 2-11 矩形外沟槽的车削方法

沟槽种类	车削方法	图示
窄沟槽	可用主切削刃宽度等于槽宽的外槽车刀，采用直进法一次车出	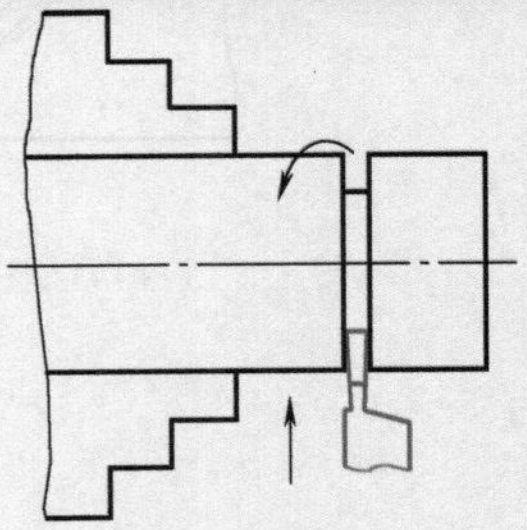
宽沟槽	可采用多次直进车出，并在槽壁两侧留精车余量，然后根据槽深和槽宽精车至尺寸	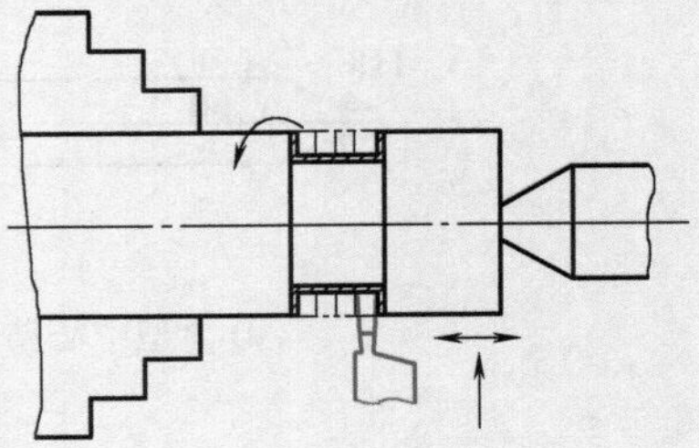

六、车削外沟槽时切削用量的选择

外槽车刀的刀头强度较差，在选择切削用量时，应适当选小数值。根据刀片材料的性能，选用硬质合金外槽车刀比高速钢外槽车刀时的切削用量要大，车削钢料时的切削速度比车削铸铁时的切削速度要高，而进给量要略小一些。

1. 背吃刀量 a_p

车槽为横向进给车削，背吃刀量是垂直于已加工表面方向所量得的切削层宽度。因此，车槽时的背吃刀量等于车槽刀主切削刃的宽度。

2. 进给量 f 和切削速度 v_c

车槽时进给量 f 和切削速度 v_c 的选择见表 2-12。

表 2-12　车槽时进给量和切削速度的选择

刀具材料	工件材料	进给量 f/(mm/r)	切削速度 v_c/(m/min)
高速钢	钢料	0. 05~0. 1	30~40
	铸铁	0. 1~0. 2	15~25
硬质合金	钢料	0. 1~0. 2	80~120
	铸铁	0. 15~0. 25	60~100

七、钻中心孔

1. 中心孔和中心钻的类型

要借助后顶尖装夹工件，必须先在工件一端或两端的端面上钻出中心孔。常见的中心孔类型如图 2-20 所示。大端直径在 6. 3mm 以下的中心孔一般由高速钢制成的中心钻直接钻出，A 型中心钻和 B 型中心钻的外形如图 2-21 所示。

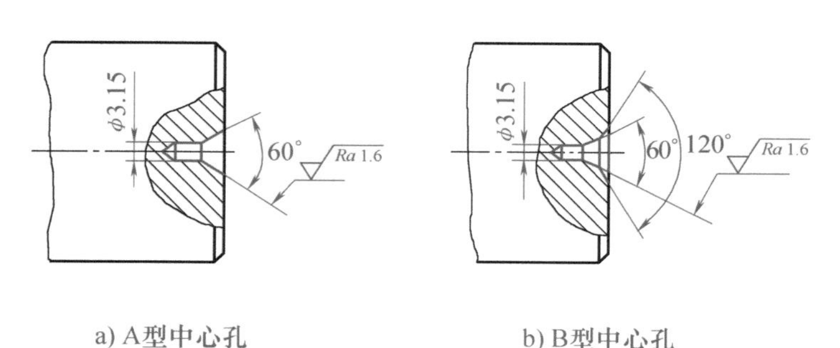

图 2-20　常见的中心孔

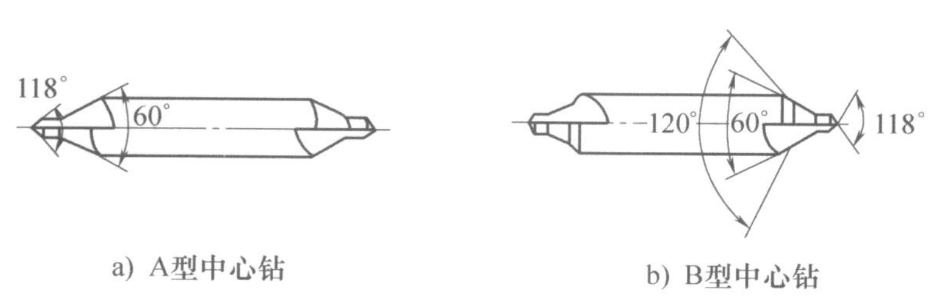

图 2-21　常见的中心钻

2. 钻中心孔的方法

将中心钻安装在钻夹头上，擦净钻夹头柄部和尾座锥孔，将钻夹头的柄部装入尾座锥孔中，起动车床，使主轴正转。移动尾座，使中心钻接近工件端面，观察中心钻头部是否与工件回转中心处于同一直线上。校正并紧固尾座，手摇尾座手轮时切勿用力过猛。当中心钻钻入工件后应及时加注切削液冷却、润滑。控制好中心孔的深度，钻入时不能太深或太浅，如图 2-22 所示。中心孔钻好后，中心钻在孔中应稍作停留，然后退出，以修光中心孔，提高中心孔的形状精度和表面质量。

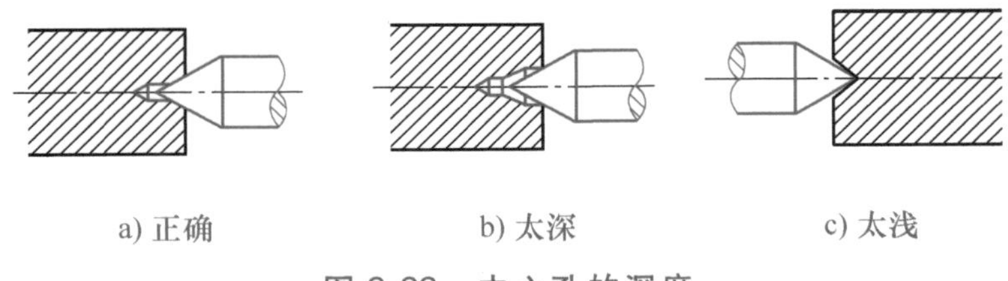

a) 正确　　b) 太深　　c) 太浅

图 2-22　中心孔的深度

3. 切削用量的选择

由于中心钻直径小，钻孔时应取较高的转速（一般取 800~1200r/min），进给量应小而均匀（一般为 0.05~0.2mm/r）。

八、精度不高的传动轴的装夹

1. 尾座

尾座在车削加工中起到配合钻孔和支承工件的作用，其结构如图 2-23 所示。由于尾座套筒 7 锥孔的锥度较小，顶尖 5 安装后有自锁作用。顶尖用来支承较长的工件。摇动手轮 11，丝杠 8 也随之旋转，如果将套筒紧固手柄 6 锁紧，就能锁紧套筒 7。要使尾座沿床身导轨方向移动，应松开尾座紧固手柄 10，将尾座移动到所需位置后，再通过尾座紧固手柄 10 将压块 3 压紧在床身上。调节螺钉 4 用来调整尾座中心。

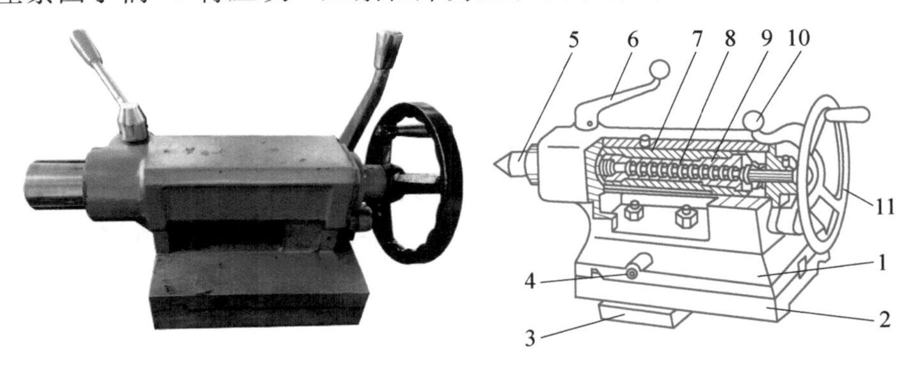

a) 尾座实物　　b) 尾座结构

图 2-23　CA6140A 型卧式车床尾座

1—尾座体　2—底座　3—压块　4—调节螺钉　5—顶尖　6—套筒紧固手柄　7—套筒　8—丝杠　9—螺母　10—尾座紧固手柄　11—手轮

2. 回转顶尖

回转顶尖如图 2-24 所示。其内部装有滚动轴承，顶尖和工件一起转动，能在高转速下正常工作，克服了固定顶尖的缺点，但回转顶尖存在一定的装配积累误差，当滚动轴承磨损后会使顶尖产生径向圆跳动，从而降低了定心精度。因此，回转顶尖只适用于精度要求不高的工件的支承。

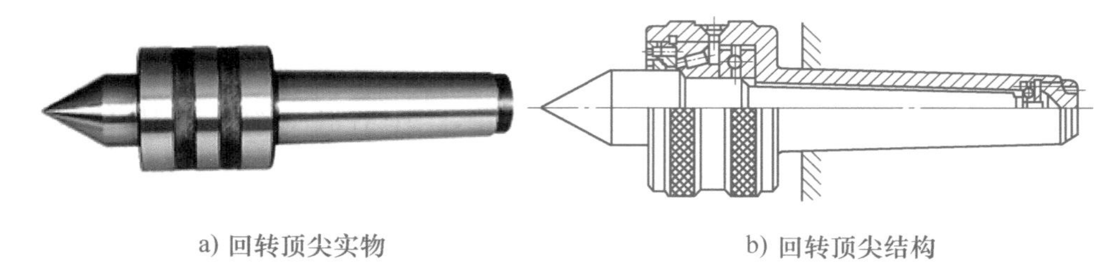

a) 回转顶尖实物　　b) 回转顶尖结构

图 2-24　回转顶尖

3. 传动轴的装夹

对于较重且较长、相对位置精度要求不高的轴类零件，通常采用一端用卡盘夹住，另一端用后顶尖顶住的装夹方法（一夹一顶装夹）。这种装夹方法安全可靠，能承受较大的进给力，且刚性好，轴向定位准确。采用一夹一顶的方式装夹传动轴时，利用工件的台阶进行限位，如图 2-25 所示。

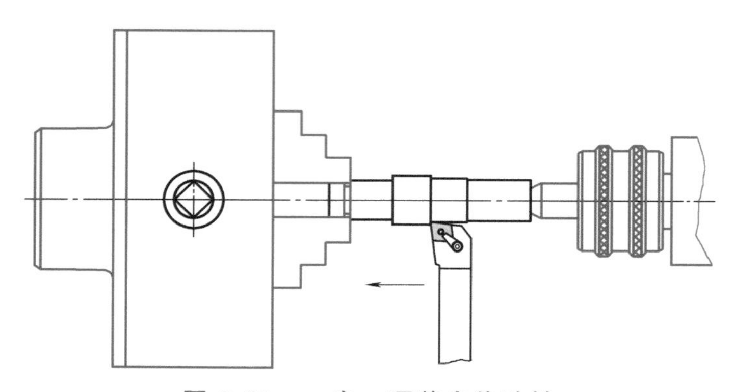

图 2-25　一夹一顶装夹传动轴

九、校正尾座锥度

普通型磁力表座的组装

1. 磁力表座的功能和组成

磁力表座是百分表的支座，通过磁力开关控制其磁力。将磁力开关转到“ON”位置时，底座能吸附在钢铁表面上；将磁力开关转到“OFF”位置时，底座没有磁力，就可以将其从钢铁表面上取下。普通型磁力表座由底座、立柱、横杆、连接套、紧固螺母等组成，如图 2-26 所示。

2. 百分表

百分表是一种指示式量仪，其分度值为 0.01mm，主要用于测量零件的尺寸、形状和位置误差。百分表的结构如图 2-27 所示，度盘一格为 0.01mm，沿圆周共有 100 格。当指针沿度盘转过一周时，转数指针转过 1 格，测头移动 1mm，因此转数指针所指度盘的一格为 1mm。百分表的测量范围有 0~3mm、0~5mm、0~10mm 等几种。

测量时，测头移动的距离等于转数指针的读数（整数部分）加上指针的读数（小数部分）。

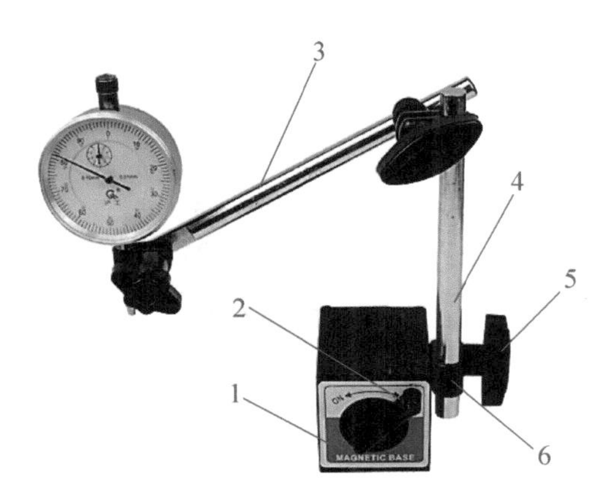

图 2-26　磁力表座的组成

1—底座　2—磁力开关　3—横杆　4—立柱　5—紧固螺母　6—连接套

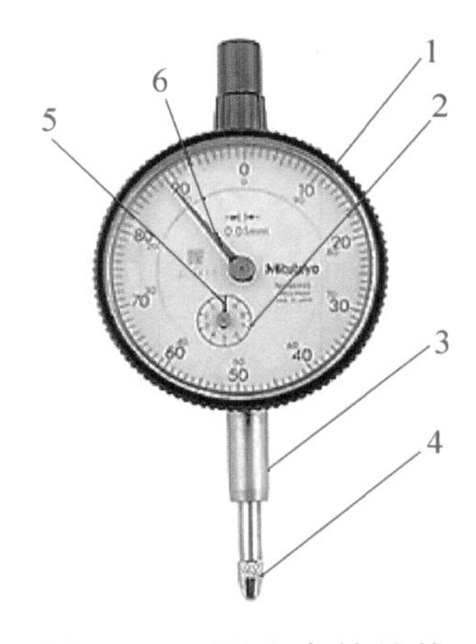

图 2-27　百分表的结构

1—度盘　2—转数指针度盘　3—测杆　4—测头　5—转数指针　6—指针

3. 前顶尖

前顶尖分为装夹在主轴锥孔内的前顶尖和在卡盘上夹持的前顶尖两种，如图 2-28 所示。工作时前顶尖随工件一起旋转，与中心孔无相对运动，因此不产生摩擦。

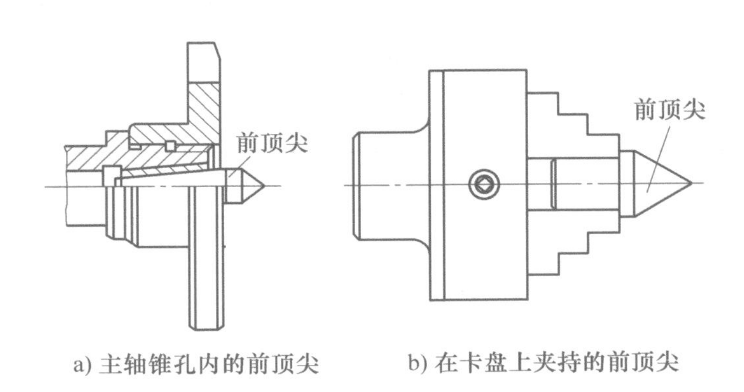

a) 主轴锥孔内的前顶尖　　b) 在卡盘上夹持的前顶尖

图 2-28　前顶尖

4. 尾座锥度的校正方法

尾座锥度的校正

在加工轴类零件时，如果车床尾座发生偏移，会使轴两端外圆直径超差，给零件的直线度和圆柱度公差控制带来困难。因此，可以通过百分表和检验棒校正尾座的锥度，具体操作步骤如下：

1）车削前顶尖。

2）粗校尾座。将后顶尖安装在尾座套筒内，移动尾座，目测后顶尖与前顶尖是否对准。

3）用百分表和检验棒校正尾座锥度。如图 2-29 所示，先将检验棒安装在两顶尖之间，再将磁力表座吸附在中滑板上，在磁力表座上安装百分表，调整百分表表头的中心高度，使其与主轴轴线等高并垂直，然后将百分表的测头轻轻接触检验棒右端外圆侧素线，保证约 1mm 左右的约束量；转动大滑板手轮，使大滑板由尾座向卡盘方向移动；观察百分表指针的转动情况，如果发现百分表的指针沿逆时针方向旋转，可通过调整尾座调节螺钉使尾座向操作者方向移动，反之，尾座应向背离操作者方向移动。尾座的移动量就是百分表的示值误差。百分表在检验棒上测得左右两端的读数一致，表示后顶尖轴线与主轴轴线同轴。

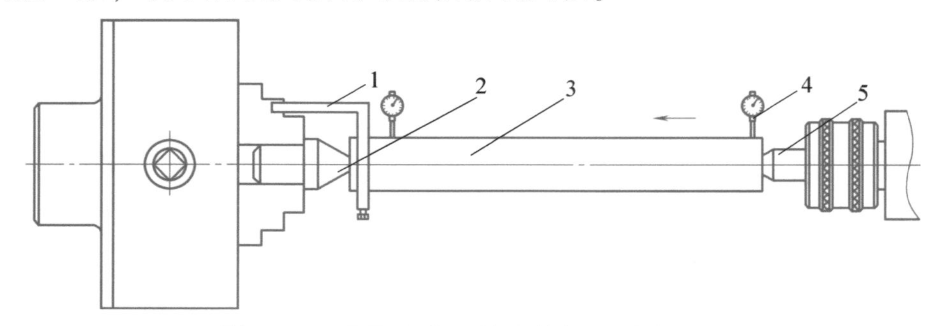

图 2-29　用百分表和检验棒校正尾座锥度

1—鸡心夹头　2—前顶尖　3—检验棒　4—百分表　5—回转顶尖

任务实施

一、任务描述

本任务是在车床上车削传动轴。传动轴备料图如图 2-30 所示。要求会识读图 2-31 所示的传动轴零件图，读懂传动轴加工工序卡片，能用一夹一顶的方法装夹工件，学会车削台阶、沟槽，以及钻中心孔。

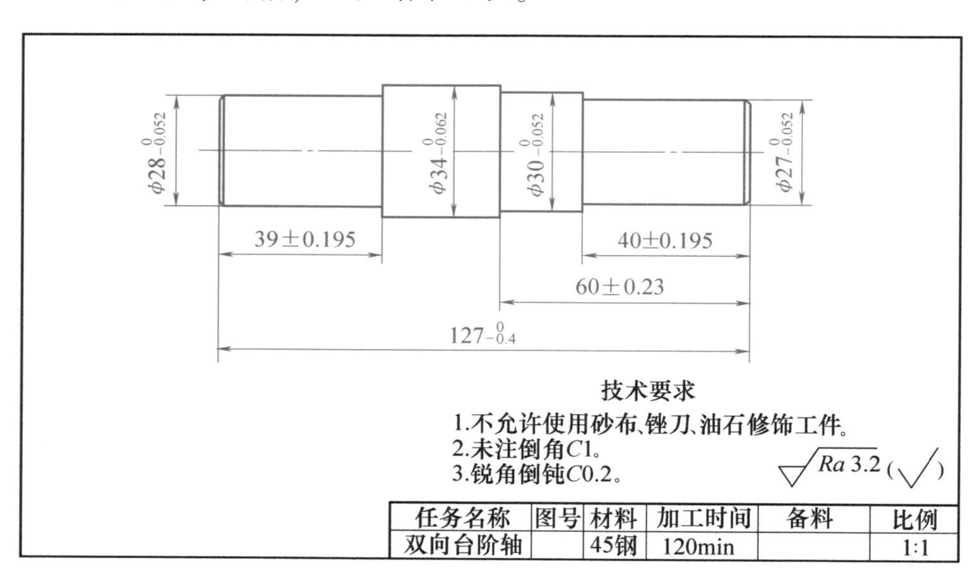

图 2-30　传动轴的备料图

二、零件图识读

本任务为车削传动轴，请仔细识读图 2-31 所示传动轴零件图并填写表 2-13。

三、工艺分析

本任务为车削传动轴，主要加工要素是台阶、外沟槽和中心孔。考虑到传动轴台阶较多，还有两条矩形外沟槽需要加工，直接用自定心卡盘装夹，夹持部分较少，

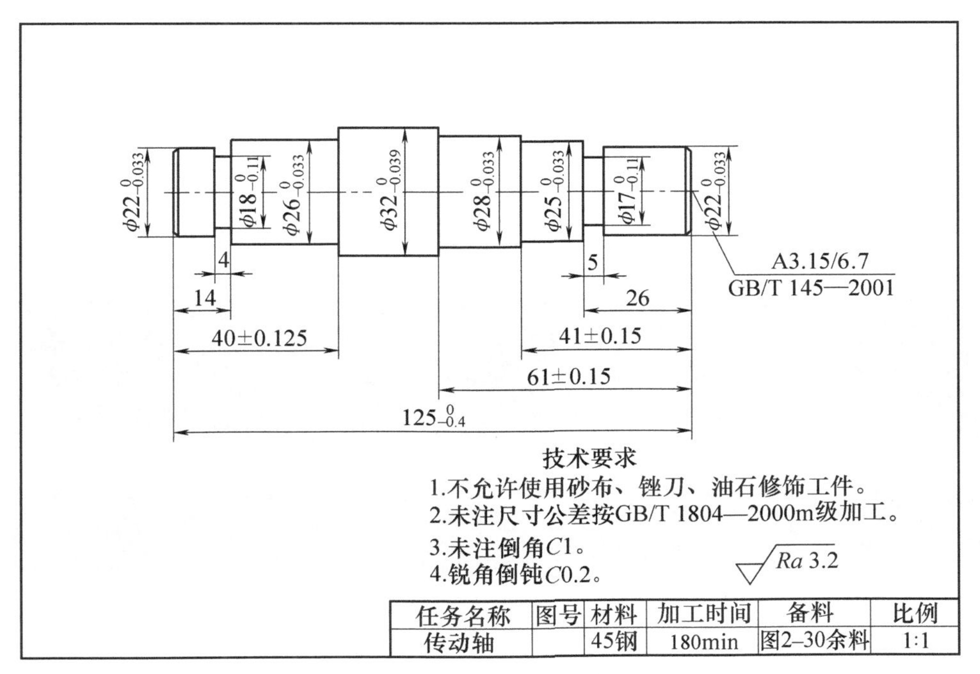

图 2-31　传动轴零件图

表 2-13　零件图信息

识读内容	读到的信息
零件名称	
零件材料	
零件形状	
零件图中重要的尺寸或几何公差	
表面粗糙度值	
技术要求	

加工刚性较差，应采用一夹一顶的方式装夹较为合理。传动轴的加工方案是先粗、精车传动轴左端，再调头装夹，保证工件总长，钻中心孔，然后粗、精车另一端。

四、加工准备

1. 设备

CA6140A 型卧式车床。

2. 工件

材料：45 钢，备料：图 2-30 余料，数量：1 件/人。

3. 工具、量具、刀具和夹具

1）工具：12mm×12mm 自定心卡盘扳手、18mm×18mm 刀架扳手、φ20mm×150mm 铜棒、300mm 划线盘、1～13mm 莫氏 5 号钻夹头及钻夹头钥匙、莫氏 5 号回转顶尖、2.5 寸毛刷、350ml 高压透明机油壶、全长为 450mm 的铁屑钩、棉布等。

2）量具：游标卡尺（0～150mm）、外径千分尺（0～25mm、25～50mm）。

3）刀具：可转位 45°端面车刀、可转位 95°外圆车刀、可转位 93°外圆车刀、可转位 4mm 外槽车刀、ϕ3.15mmA 型中心钻。

4）夹具：ϕ250mm 自定心卡盘。

五、识读传动轴加工工序卡片

传动轴加工工序卡片见表 2-14。

表 2-14　传动轴加工工序卡片

车工加工工序卡片				零件名称	零件图号		材料牌号
				传动轴			45 钢
工序号	工序内容	加工场地	设备名称	设备型号	夹具名称		
1	车削	金属切削车间	卧式车床	CA6140A	自定心卡盘、回转顶尖		
工步号	工步内容		刀具号	主轴转速/(r/min)	进给量/(mm/r)	背吃刀量/mm	进给次数
1	检查毛坯尺寸，夹持 ϕ27mm 外圆，使自定心卡盘卡爪端面与台阶贴紧，毛坯伸出长度为 87mm，找正并夹紧		—	—	—	—	—
2	选择并安装车刀		T1、T2、T3	—	—	—	—
3	粗车左侧端面，留 0.25mm 精车余量		T1	560	0.2	0.75	1
4	精车左侧端面		T1	800	0.16	0.25	1
5	粗车 ϕ32mm 外圆，留 1mm 精车余量，长度尺寸车至 69mm		T2	560	0.2	0.5	1
6	精车 ϕ32mm 外圆，保证 ϕ32mm 外径尺寸至合格，长度尺寸车至 69mm		T2	800	0.16	0.5	1
7	粗车 ϕ26mm 外圆，留 1mm 精车余量，长度尺寸车至 39.5mm		T2	560	0.2	0.5	1
8	精车 ϕ26mm 外圆，保证 ϕ26mm 外径尺寸和 40mm 长度尺寸至合格		T2	800	0.16	0.5	1
9	粗车 ϕ22mm 外圆，留 1mm 精车余量，长度尺寸车至 13.5mm		T2	560	0.2	1.5	2
10	精车 ϕ22mm 外圆，保证 ϕ22mm 外径尺寸和 14mm 长度尺寸至合格		T2	800	0.16	0.5	1
11	在 ϕ22mm 外圆台阶处，车削宽度为 4mm、直径为 18mm 的矩形外沟槽至合格		T3	560	—	4	1
12	工件倒角 *C*1，锐角倒钝 *C*0.2		T1	560	—	—	—
13	工件调头，夹持 ϕ26mm 外圆，使自定心卡盘卡爪端面与台阶贴紧，伸出长度为 86mm，找正并夹紧		—	—	—	—	—
14	粗车右侧端面，留 0.25mm 精车余量		T1	560	0.2	0.75	1
15	精车右侧端面，保证 125mm 总长尺寸至合格		T1	800	0.16	0.25	1

（续）

工步号	工步内容	刀具号	主轴转速/(r/min)	进给量/(mm/r)	背吃刀量/mm	进给次数
16	选择并安装中心钻	T4	—	—	—	—
17	钻A型中心孔	T4	1000	—	—	—
18	松开工件，重新装夹，夹持 ϕ22mm 外圆，使自定心卡盘卡爪端面与台阶贴紧，采用一夹一顶的方式装夹	—	—	—	—	—
19	粗车 ϕ28mm 外圆，留 1mm 精车余量，长度尺寸车至 60.5mm	T2	560	0.2	0.5	1
20	精车 ϕ28mm 外圆，保证 ϕ28mm 外径尺寸和 61mm 长度尺寸至合格	T2	800	0.16	0.5	1
21	粗车 ϕ25mm 外圆，留 1mm 精车余量，长度尺寸车至 40.5mm	T2	560	0.2	0.5	1
22	精车 ϕ25mm 外圆，保证 ϕ25mm 外径尺寸和 41mm 长度尺寸至合格	T2	800	0.16	0.5	1
23	选择并安装车刀	T5	—	—	—	—
24	粗车 ϕ22mm 外圆，留 1mm 精车余量，长度尺寸车至 25.5mm	T5	560	0.2	1	1
25	精车 ϕ22mm 外圆，保证 ϕ22mm 外径尺寸和 26mm 长度尺寸至合格	T5	800	0.16	0.5	1
26	在 ϕ22mm 外圆台阶处，粗车宽度为 5mm、直径为 17mm 的矩形外沟槽，槽宽和槽径各留 1mm 精车余量	T3	560	—	—	—
27	精车宽度为 5mm、直径为 17mm 的矩形外沟槽，保证 5mm 宽度和 ϕ17mm 沟槽直径至合格	T3	630	—	—	—
28	工件倒角 $C1$，锐角倒钝 $C0.2$	T1	560	—	—	—
编制	审核		批准		共 页	第 页

传动轴加工刀具卡片见表 2-15。

表 2-15 传动轴加工刀具卡片

序号	刀具号	刀具名称	刀具种类	刀具规格	刀具材料
1	T1	端面车刀	可转位	$\kappa_r=45°$	P类涂层硬质合金
2	T2	外圆车刀	可转位	$\kappa_r=95°$	P类涂层硬质合金
3	T3	外槽车刀	可转位	$W=4$mm	P类涂层硬质合金
4	T4	中心钻	A型	$d=\phi3.15$mm	高速钢
5	T5	外圆车刀	可转位	$\kappa_r=93°$	P类涂层硬质合金
编制	审核		批准	共 页	第 页

六、传动轴的加工过程

传动轴的加工过程见表 2-16。

表 2-16　传动轴的加工过程

步骤	加工内容	加工图示	说明
1	夹持工件右端，车削左侧端面	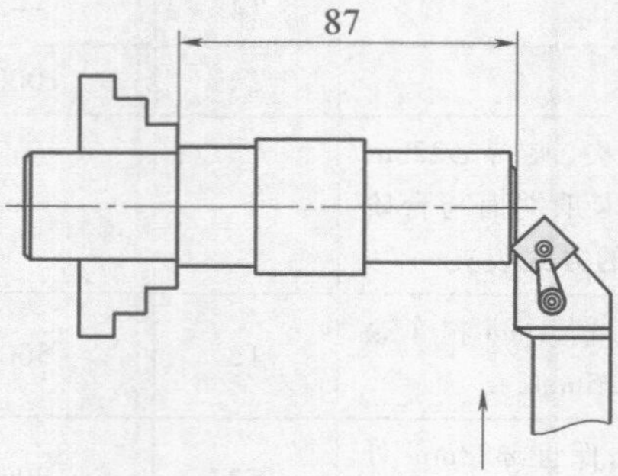 87	检查毛坯尺寸，正确安装工件和45°端面车刀、95°外圆车刀、4mm外槽车刀，粗、精车左侧端面
2	粗、精车大外圆	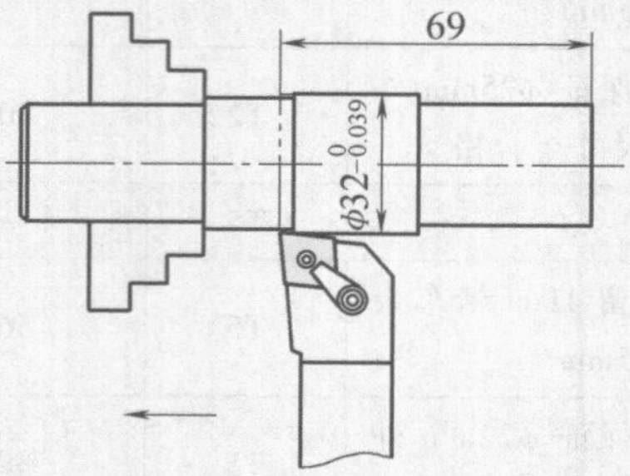 69 $\phi32_{-0.039}^{0}$	用95°外圆车刀粗、精车ϕ32mm外圆，保证ϕ32mm外径尺寸至合格，长度尺寸车至69mm
3	粗、精车左端外圆	40±0.125 $\phi26_{-0.033}^{0}$	用95°外圆车刀粗、精车ϕ26mm外圆，保证ϕ26mm外径尺寸和40mm长度尺寸至合格
4	粗、精车左端外圆	14 $\phi22_{-0.033}^{0}$	用95°外圆车刀粗、精车ϕ22mm外圆，保证ϕ22mm外径尺寸和14mm长度尺寸至合格

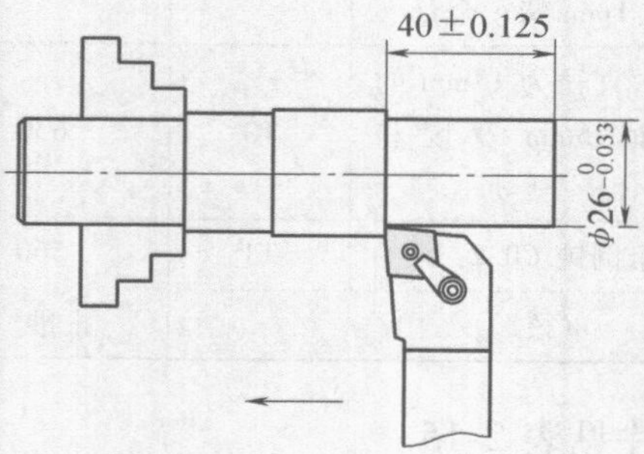

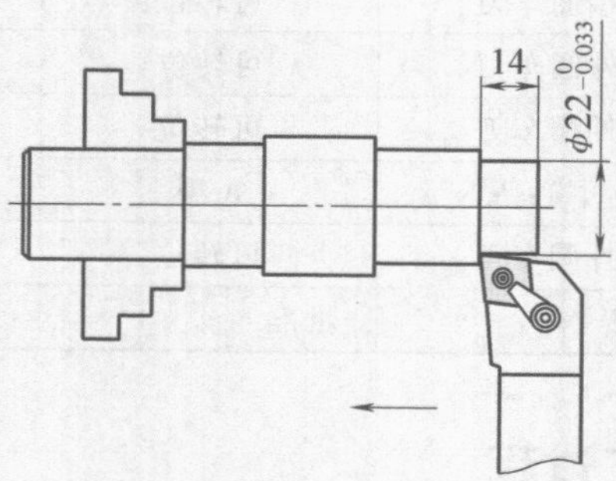

（续）

步骤	加工内容	加工图示	说明
5	车削左端矩形外沟槽	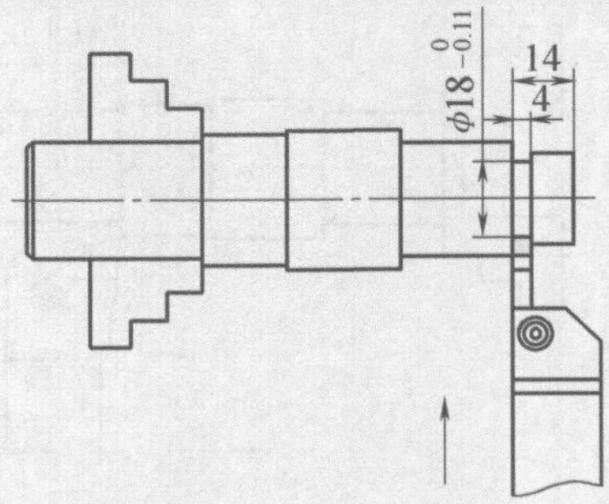	在 ϕ22mm 外圆台阶处，用 4mm 外槽车刀采用直进法车削宽度为 4mm、直径为 18mm 的矩形外沟槽，保证其尺寸至合格
6	倒角、锐角倒钝	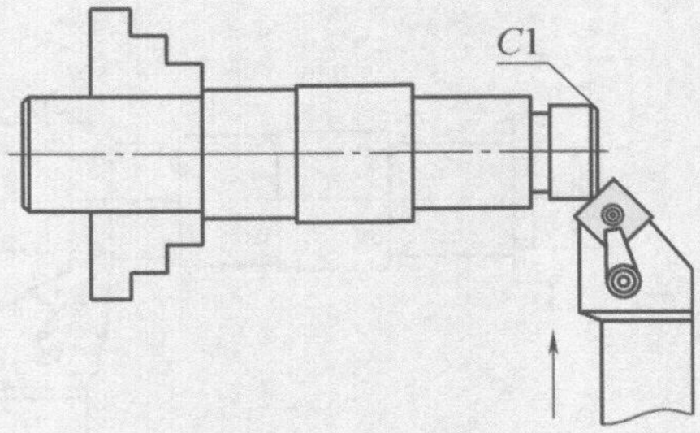	用 45°端面车刀倒角 *C*1 和锐角倒钝 *C*0.2
7	工件调头装夹，车削右侧端面	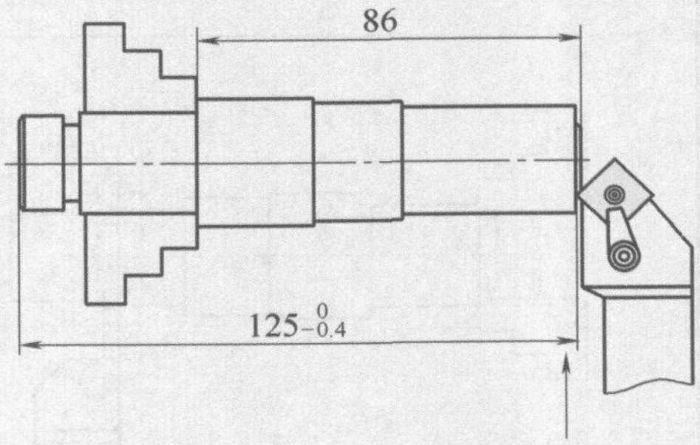	将工件调头，夹持 ϕ26mm 已加工外圆，使自定心卡盘卡爪端面与台阶面紧贴，找正并夹紧工件，用 45°端面车刀粗、精车右侧端面，保证 125mm 总长尺寸至合格
8	钻中心孔	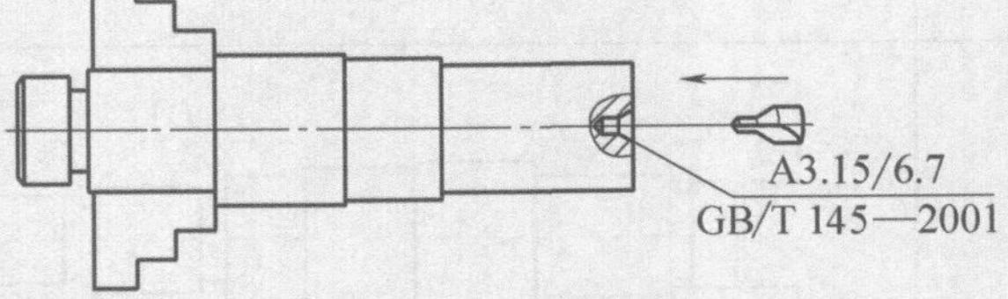	用 A 型中心钻手动进给钻 A 型中心孔，保证中心孔的深度至合格
9	一夹一顶装夹，粗、精车右端外圆	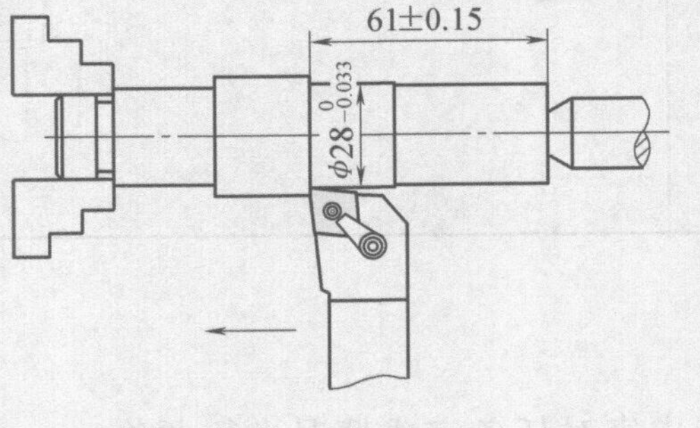	采用一夹一顶的方式夹持 ϕ22mm 外圆，使自定心卡盘卡爪端面与台阶面紧贴，后顶尖顶住中心孔，用 95°外圆车刀粗、精车 ϕ28mm 外圆，保证 ϕ28mm 外径尺寸和 61mm 长度尺寸至合格

（续）

步骤	加工内容	加工图示	说明
10	一夹一顶装夹，粗、精车右端外圆		采用一夹一顶的方式装夹，用95°外圆车刀粗、精车ϕ25mm外圆，保证ϕ25mm外径尺寸和41mm长度尺寸至合格
11	一夹一顶装夹，粗、精车右端外圆		采用一夹一顶的方式装夹，用93°外圆车刀粗、精车ϕ22mm外圆，保证ϕ22mm外径尺寸和26mm长度尺寸至合格
12	一夹一顶装夹，车削右端矩形外沟槽		在ϕ22mm外圆台阶处，用4mm外槽车刀采用左右借刀法车削宽度为5mm、直径为17mm的矩形外沟槽，保证其尺寸至合格
13	倒角、锐角倒钝		用45°端面车刀倒角$C1$和锐角倒钝$C0.2$

任务评价

根据表2-17所列内容对任务完成情况进行评价。

表 2-17 车削传动轴评分标准

序号	检测名称	检测内容及要求	配分	评分标准	检测结果	自评	师评
1	外径	$\phi22_{-0.033}^{0}$ mm(2 处)	7×2	超差不得分			
2		$\phi26_{-0.033}^{0}$ mm	7	超差不得分			
3		$\phi32_{-0.039}^{0}$ mm	7	超差不得分			
4		$\phi28_{-0.033}^{0}$ mm	7	超差不得分			
5		$\phi25_{-0.033}^{0}$ mm	7	超差不得分			
6	长度	14mm	2	超差不得分			
7		40mm±0.125mm	2	超差不得分			
8		61mm±0.15mm	2	超差不得分			
9		41mm±0.125mm	2	超差不得分			
10		26mm	2	超差不得分			
11		$125_{-0.4}^{0}$ mm	2	超差不得分			
12	槽宽	4mm	2	超差不得分			
13		5mm	2	超差不得分			
14	槽径	$\phi18_{-0.11}^{0}$ mm	4	超差不得分			
15		$\phi17_{-0.11}^{0}$ mm	4	超差不得分			
16	表面粗糙度值	$Ra3.2\mu m$	5	降级不得分			
17	倒角	$C1$(2 处)	1×2	超差不得分			
18	锐角倒钝	$C0.2$(7 处)	1×7	超差不得分			
19	安全文明生产	安全装备齐全	5	违反不得分			
20		工具、量具、刀具规范摆放与使用	5	不按规定摆放、不正确使用,酌情扣 1~3 分			
21		安全、文明操作	5	违反安全文明操作规程,酌情扣 1~3 分			
22		设备保养与场地清洁	5	操作后没有做好设备与工具、量具、刀具的清理、整理、保洁工作,不正确处置废弃物品,酌情扣 1~3 分			
合计配分			100	合计得分			

实践经验

1) 车削台阶外圆时，一般按从大到小的顺序进行加工，因此在加工过程中只需要进行一次对刀操作就可以完成每个台阶外圆的加工，但必须记住车削第一个台阶外圆时中滑板刻度盘上的刻度值，其余台阶外圆的车削在此基础上计算进刀格数。

2) 车削高台阶时，粗、精车余量变化较大，必须合理选择切削用量，防止车刀磨损过快，影响工件表面质量，降低加工效率。

3）车刀车至离开台阶 1mm 左右时，应将自动进给切换成手动进给，否则可能会产生“扎刀”，损坏车刀，台阶长度尺寸也会受到影响。

4）使用千分尺测量外圆直径时，两测量面的连线应通过工件的中心，千分尺测量面与外圆表面接触松紧合适后，观察千分尺是否有松动现象，再锁紧千分尺进行读数。

5）采用一夹一顶的方式装夹工件，一般夹持部分长度为 12mm 左右，并将卡盘卡爪端面与台阶面紧贴。这一方面可保证在加工中工件在进给力的作用下不发生轴向位移；另一方面可避免重复定位，造成当卡爪夹紧后，后顶尖顶不到工件中心处。

6）台阶数量较多且长度尺寸精度要求较高时，在精车时要用小滑板控制其长度尺寸。

7）顶尖与中心孔的配合必须松紧合适，加工中操作者要随时注意顶尖与中心孔的接触与转动情况，防止顶尖从中心孔中滑出，发生事故。

8）在不影响车刀切削的前提下，尾座套筒应尽量伸出短一些，以提高刚度，减小加工中产生的振动。

任务三　车削螺纹轴

任务引入

三角形外螺纹与螺母配合后具有较好的自锁性能，连接强度高，广泛应用于机械零部件的连接或紧固。例如自行车脚蹬轴两端的外螺纹和砂轮机主轴两端的外螺纹，螺纹与螺母之间组成了简单的防松机构，起到了紧固作用。再如千分尺测微螺杆与螺母之间的连接，转动微分筒，测微螺杆就能向前移动。这些带有螺纹的轴类零件主要由三角形外螺纹等要素组成，如图 2-32 所示。本任务主要掌握三角形外螺纹的加工方法，通过正确选用三角形外螺纹车刀、识读螺纹轴加工工序卡片、车削与检测螺纹轴等实践环节，掌握螺纹轴的车削加工技术。

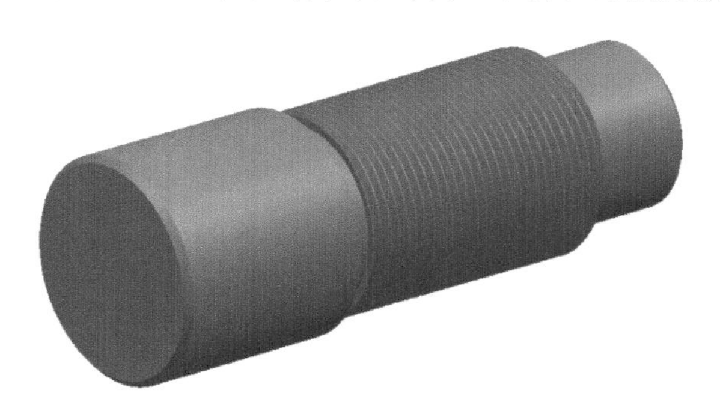

图 2-32　螺纹轴

任务目标

1. 了解普通螺纹的标记方法。
2. 熟记粗牙普通螺纹的螺距。
3. 了解普通外螺纹各部分名称及计算方法。
4. 了解普通外螺纹车刀的种类、特点及应用场合。
5. 能正确安装高速钢普通外螺纹车刀。

6. 能调整螺距、中小滑板间隙和开合螺母松紧。

7. 能用开倒顺车法车削外螺纹。

8. 掌握低速车削普通外螺纹时，切削用量的选择方法。

9. 熟悉螺纹轴的加工工序，明确加工步骤及加工需要的刀具、切削用量等。

10. 能使用游标卡尺、外径千分尺和螺纹环规检测螺纹轴，判断零件是否合格，并简单分析螺纹轴的加工质量。

知识准备

一、普通螺纹

有一种螺纹的轴向剖面呈三角形，常用于连接或紧固的场合，称为三角形螺纹。牙型角为60°的米制三角形螺纹，又称为普通螺纹。普通螺纹根据牙型粗细，可分为粗牙普通螺纹和细牙普通螺纹。

1. 普通螺纹的标记

普通螺纹的完整标记由螺纹代号、螺纹公差带代号和旋合长度代号组成，见表2-18。

表2-18　普通螺纹的标记

螺纹种类	特征代号	标记示例	标记方法
粗牙普通螺纹	M	M30-6g-L-LH 其中： M——粗牙普通螺纹 30——公称直径 6g——中径和顶径公差带代号 L——长旋合长度 LH——左旋	1. 螺纹公称直径和螺距用数字表示，细牙普通螺纹必须加注螺距 2. 螺纹公差带代号包括中径公差带代号与顶径(外螺纹大径和内螺纹小径)公差带代号，公差带代号由表示公差带大小的公差等级数字和表示公差带位置的字母组成 3. 普通螺纹的旋合长度分为长、中、短三种类型，分别用L、N、S表示。中等旋合长度N不标注，有特殊需要时可以注明旋合长度的数值 4. 左旋螺纹必须注出“左”或LH字样
细牙普通螺纹		M42×2-5g6g 其中： M——细牙普通螺纹 42——公称直径 2——螺距 5g——中径公差带代号 6g——顶径公差带代号	

2. 粗牙普通螺纹的螺距

粗牙普通螺纹的螺距在螺纹标记中不直接注明，其中M6～M36粗牙普通螺纹是生产中最常见的螺纹，其螺距见表2-19。

表2-19　常见粗牙普通螺纹的螺距　　　　(单位：mm)

公称直径	6	8	10	12	16	20	24	30	36
螺距	1	1.25	1.5	1.75	2	2.5	3	3.5	4

3. 普通外螺纹要素

车削外螺纹前，必须计算出外螺纹各部分的尺寸，做到心中有数。普通外螺纹的牙型和代号如图 2-33 所示，其各部分的名称及其尺寸的计算见表 2-20。

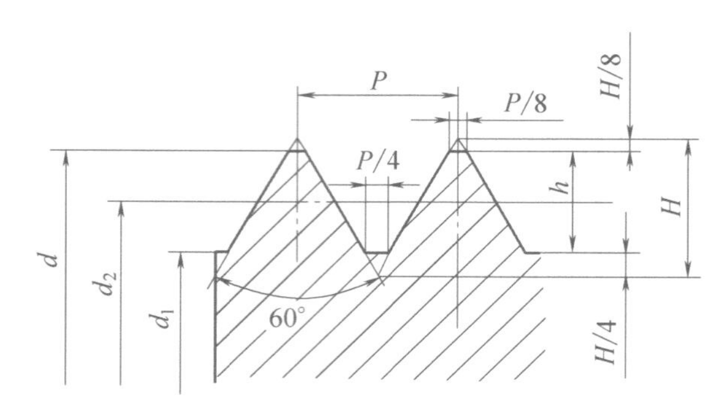

图 2-33 普通外螺纹的牙型和代号

表 2-20 普通外螺纹各部分的名称及其尺寸计算

名称	代号	计算公式
牙型角	α	60°
原始三角形高度	H	$H=0.866P$
牙型高度	h	$h=0.5413P$
螺距	P	从螺纹的标记中得出或查螺距表
导程	P_h	单线螺纹：$P=P_h$；多线螺纹：$P_h=nP$，n 为线数
大径	d	螺纹的公称直径
中径	d_2	$d_2=d-0.6495P$
小径	d_1	$d_1=d-1.0825P$
牙顶宽	—	$P/8$
牙槽宽	—	$P/4$

二、普通外螺纹车刀的选择

车削普通外螺纹前，车刀的选择对螺纹的加工质量和生产率有很大的影响。目前广泛采用的螺纹车刀的材料有高速钢和硬质合金两类，其特点和适用场合见表 2-21。

表 2-21 普通外螺纹车刀的选择

车刀种类	刀具特点	应用场合
高速钢车刀	刃磨方便，容易得到锋利的切削刃，且韧性较好，刀尖不易崩裂，能承受较大的切削冲击力，车出的螺纹的表面粗糙度值小，但高速钢的耐热性差	低速车削或精车螺纹
硬质合金车刀	耐高温，硬度高，但韧性差，刃磨时容易崩裂，车削时不能承受较大的冲击力	高速车削螺纹

三、高速钢普通外螺纹车刀的安装

三角形外螺纹车刀的安装

高速钢普通三角形外螺纹车刀的安装步骤见表 2-22。

表 2-22　高速钢普通三角形外螺纹车刀的安装步骤

步骤	操作说明	图示
1	安装三角形外螺纹车刀时，螺纹车刀的刀尖应与车床主轴轴线等高，一般根据尾座顶尖高度对其进行调整与检查	
2	螺纹车刀不宜伸出过长，一般伸出长度为刀杆厚度的 1.5 倍	
3	车刀刀尖角的对称中心线必须垂直于工件轴线，装刀时可用对刀样板调整，如图 a 所示。如果螺纹车刀安装歪斜，会使车出的螺纹两牙型半角不相等，产生歪斜牙型（俗称倒牙），如图 b 所示	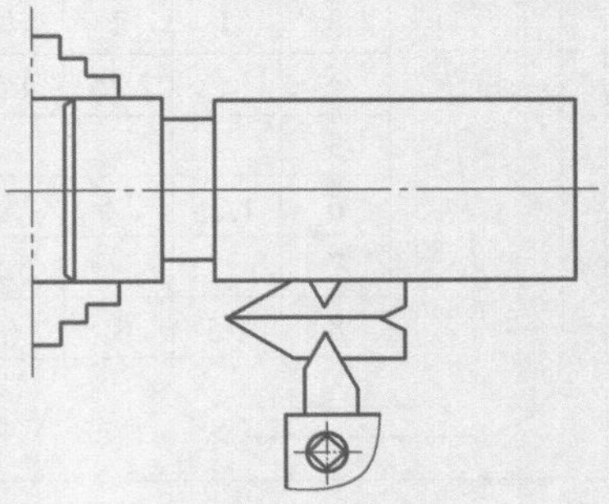 a) 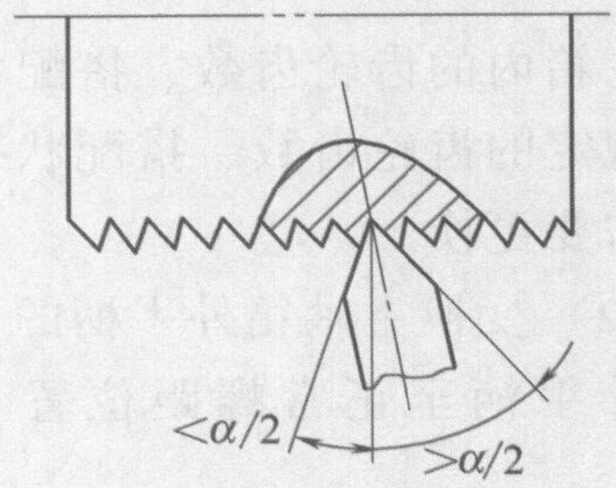 $<\alpha/2$　$>\alpha/2$ b)

四、车削普通三角形外螺纹前对工件的工艺要求

1）为了保证加工后的螺纹牙顶有 0.125P 的宽度，在车削螺纹前，螺纹外圆直径应比螺纹公称直径小 0.13P。

2）外圆端面处的倒角应略小于螺纹小径。

3）车削有退刀槽的螺纹时，应先车出退刀槽。退刀槽的作用是方便螺纹车刀顺利退出，保证螺纹部分牙型完整。退刀槽的槽底直径应小于螺纹小径，退刀槽的槽宽为（2~3）P。

五、调整车床

1. 螺距的调整

在 CA6140A 型车床上车削螺纹时，应正确调整好螺距。下面以车削螺距为 2mm 的右旋米制螺纹为例，介绍螺距的调整方法，具体步骤如下：

（1）识读进给箱铭牌　如图 2-34 所示，找到需要调整的螺距所在列，并检查交

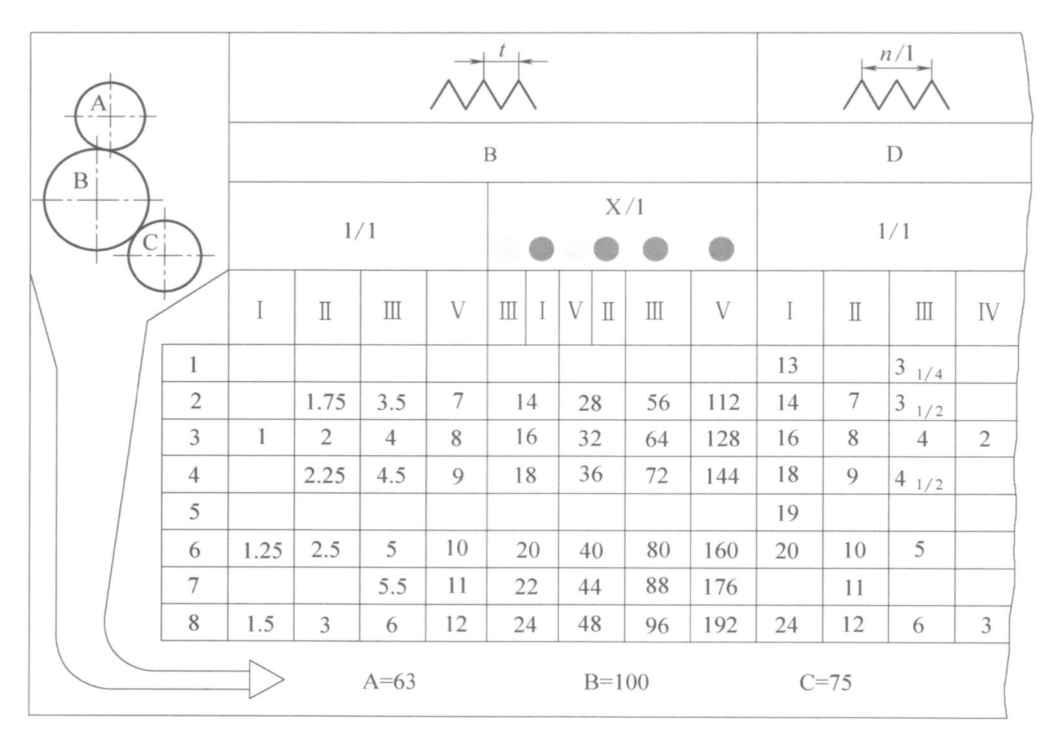

	t (B)								n/1 (D)			
	1/1				X/1				1/1			
	Ⅰ	Ⅱ	Ⅲ	Ⅴ	Ⅲ Ⅰ	Ⅴ Ⅱ	Ⅲ	Ⅴ	Ⅰ	Ⅱ	Ⅲ	Ⅳ
1									13		3 1/4	
2		1.75	3.5	7	14	28	56	112	14	7	3 1/2	
3	1	2	4	8	16	32	64	128	16	8	4	2
4		2.25	4.5	9	18	36	72	144	18	9	4 1/2	
5									19			
6	1.25	2.5	5	10	20	40	80	160	20	10	5	
7			5.5	11	22	44	88	176		11		
8	1.5	3	6	12	24	48	96	192	24	12	6	3

A=63　B=100　C=75

图 2-34　CA6140A 型车床进给箱铭牌（部分）

换齿轮箱内的齿轮齿数、搭配状态是否与铭牌上规定的齿轮齿数、搭配状态一致，如不一致需要更换。

（2）变换主轴箱外手柄的位置　右旋主轴箱外手柄至正常螺距位置 1，如图 2-35 所示。

（3）变换进给箱外的手柄　如图 2-36 所示，先将前后叠装的两个手柄中的内手柄 1 调至位置“B”，再将外手柄 2 调至位置

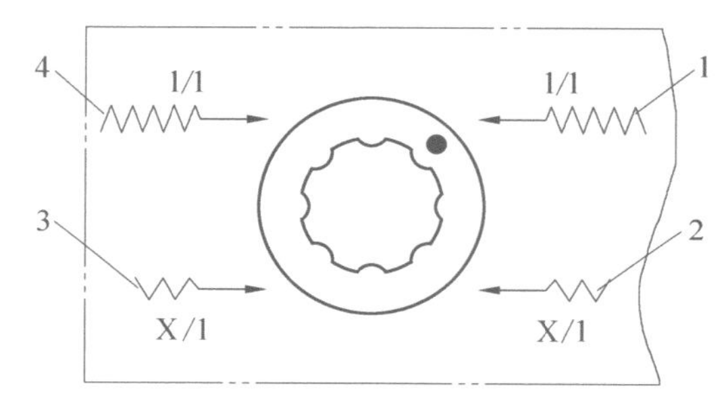

图 2-35　正常螺距和扩大螺距调整手柄

1—右旋正常螺距（或导程）　2—右旋扩大螺距（或导程）　3—左旋扩大螺距（或导程）　4—左旋正常螺距（或导程）

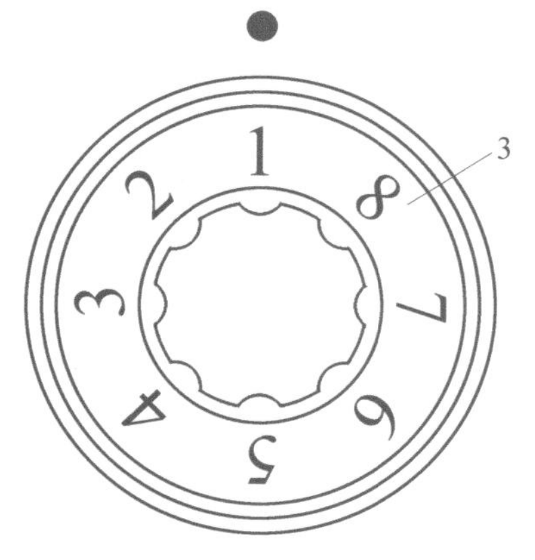

a) 圆盘式手轮位置

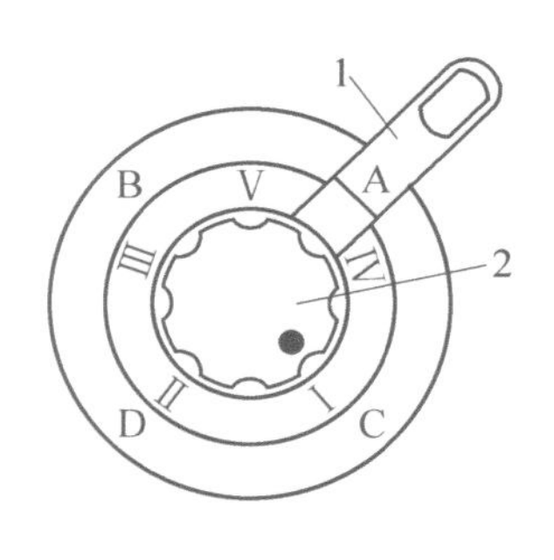

b) 手柄位置

图 2-36　CA6140A 型车床进给箱外手轮、手柄位置

1—内手柄　2—外手柄　3—圆盘式手轮

“Ⅱ”，然后将进给箱的圆盘式手轮3拉出，转到与“•”相对的位置“3”，再把圆盘式手轮推回原始位置，完成螺距的调整。

2. 中、小滑板间隙的调整

调整中、小滑板间隙主要是调整中、小滑板与镶条之间的间隙。此间隙过大，在车削过程中容易产生扎刀现象；此间隙过小，中、小滑板操作不灵活，摇动滑板费力。其调整方法见表2-23。

表2-23 中、小滑板与镶条之间间隙的调整方法

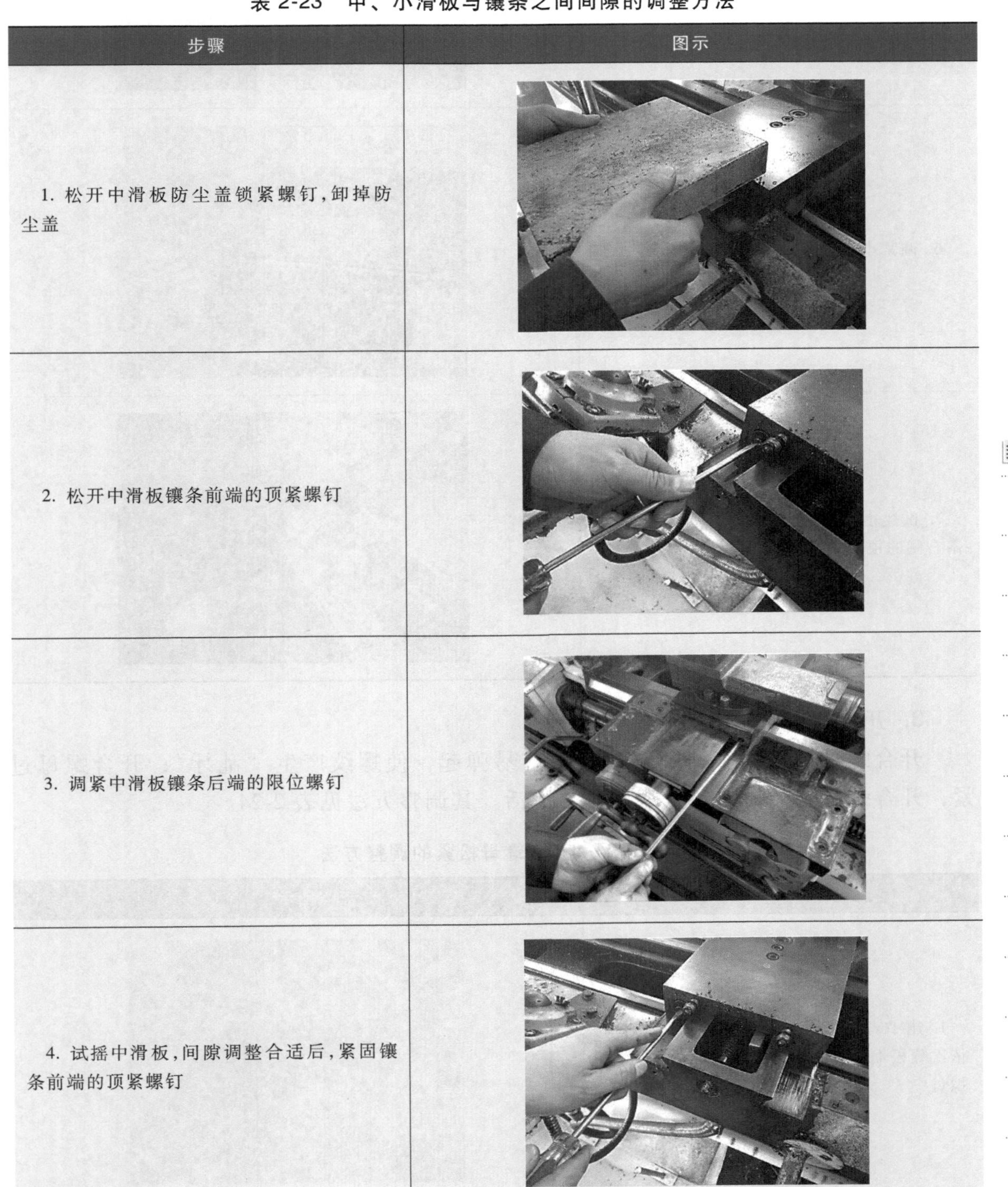

步骤	图示
1. 松开中滑板防尘盖锁紧螺钉，卸掉防尘盖	
2. 松开中滑板镶条前端的顶紧螺钉	
3. 调紧中滑板镶条后端的限位螺钉	
4. 试摇中滑板，间隙调整合适后，紧固镶条前端的顶紧螺钉	

（续）

步骤	图示
5. 松开小滑板镶条右侧的顶紧螺钉	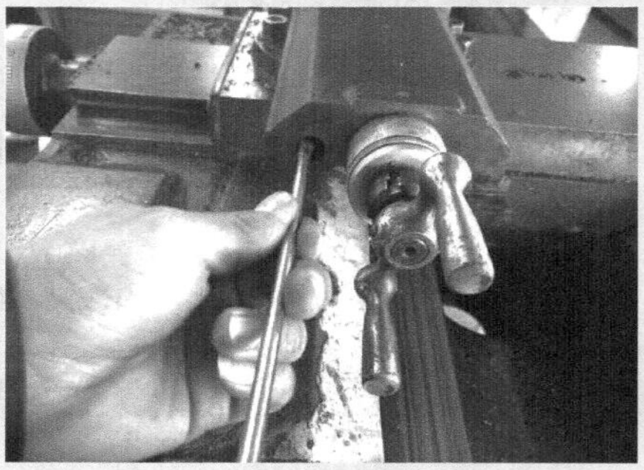
6. 调紧小滑板镶条左侧的限位螺钉	
7. 试摇小滑板，间隙调整合适后，紧固镶条右侧的顶紧螺钉	

3. 开合螺母松紧的调整

开合螺母过松，车削螺纹过程中容易弹起，使螺纹产生“乱牙”；开合螺母过紧，开合螺母手柄提起、合下操作不灵活。其调整方法见表 2-24。

表 2-24　开合螺母松紧的调整方法

步骤	图示
1. 用 16mm 花形、开口两用扳手从下至上依次旋松溜板箱右侧开合螺母的三个调节螺母	

（续）

步骤	图示
2. 用一字螺钉旋具从下至上依次拧紧或松开调节螺钉	
3. 将车床主轴转速调至110r/min，沿顺时针方向和逆时针方向扳动开合螺母手柄，操纵应灵活自如，不得有阻滞或卡住现象，无异常声音，再检查溜板箱的移动，应轻重均匀、平稳	
4. 开合螺母的松紧调整好后，用16mm花形开口两用扳手从上至下依次锁紧开合螺母的三个调节螺母	

六、车削外螺纹的方法和步骤

车削外螺纹的方法和步骤见表2-25。此方法的特点是在车削螺纹过程中开合螺母一直处于合上状态，不需要提起开合螺母手柄，因此不会造成“乱牙”。

表2-25　车削外螺纹的方法和步骤

步骤	图示
1. 开车，使车刀与螺纹外圆轻微接触，记下中滑板刻度盘读数，向尾座方向退刀	

（续）

步骤	图示
2. 合上开合螺母，在螺纹外圆上车出一条螺旋线，横向退出车刀，停车	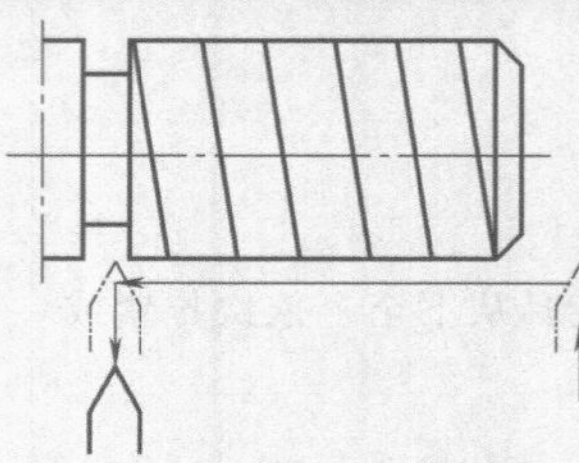
3. 开反车，使车刀退到工件右端，停车，用钢直尺或游标卡尺检查螺距是否正确	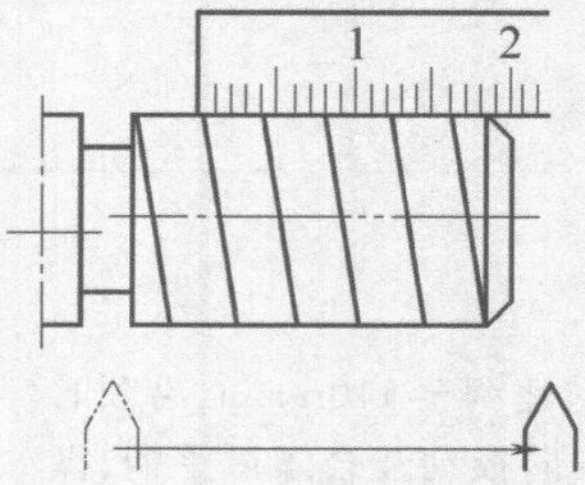 1 2
4. 利用中滑板刻度盘调整背吃刀量，开车，使主轴正转，车削外螺纹。车削时应加注切削液进行润滑	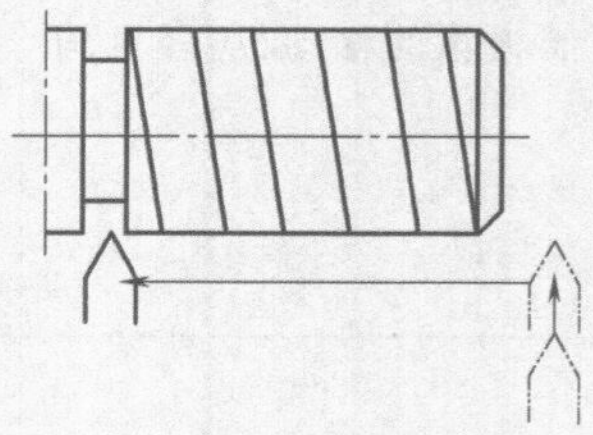
5. 车刀将至行程结束时，应做好退刀停车的准备。先快速横向退出车刀，然后停车，开反车退回车刀	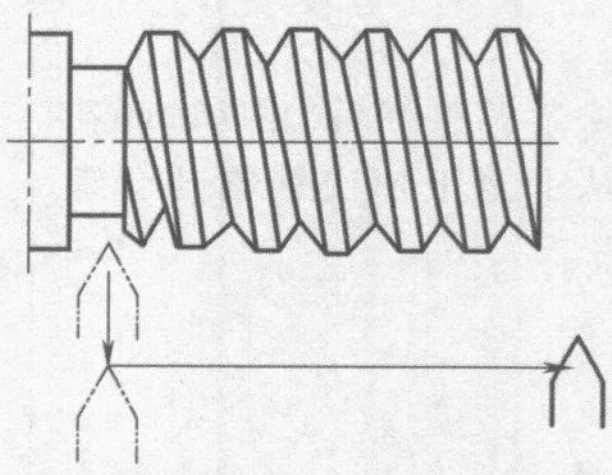
6. 再次调整背吃刀量，继续加工，直至完成螺纹的车削为止	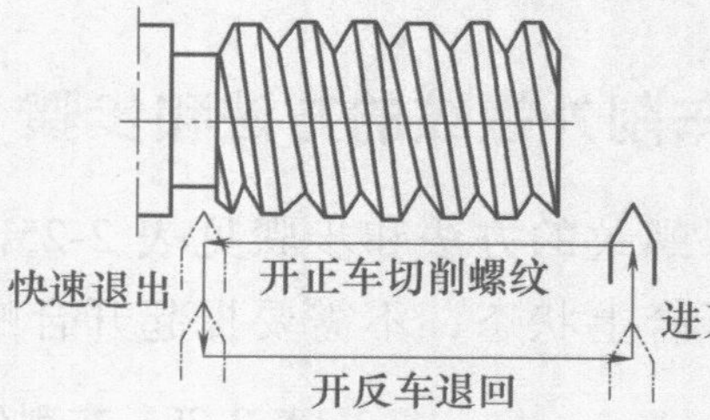 快速退出 开正车切削螺纹 进刀 开反车退回

车削外螺纹的方法有低速车削和高速车削两种。低速车削使用高速钢外螺纹刀，车出的螺纹精度高，表面质量好，但加工效率低。高速车削使用硬质合金外螺纹车刀，加工精度比低速车削低，表面质量较差，但加工效率高。

七、车削普通外螺纹的进刀方法

低速车削普通外螺纹时，可根据不同的情况选择不同的进刀方法，其各自的特点和应用场合见表 2-26。

表 2-26 低速车削普通外螺纹的进刀方法

进刀方法	图示	加工性质	加工特点	应用场合
1. 直进法（车削时只用中滑板横向进给）		双面切削	容易产生扎刀现象，但是能够获得正确的牙型角	车削螺距较小（$P \leq 2mm$）的普通螺纹
2. 斜进法（在每次往复行程后，中滑板横向进给，小滑板只向一个方向做微量进给）		单面切削	不易产生扎刀现象，排屑顺利。用斜进法粗车螺纹后，必须用左右切削法精车	车削螺距较大（$P>2mm$）的普通螺纹
3. 左右切削法（中滑板做横向进给，小滑板向左或向右做微量进给）		单面切削	不易产生扎刀现象，表面质量好，但小滑板的左右移动量不宜太大，以避免牙底过宽	车削螺距较大（$P>2mm$）的普通螺纹

八、低速车削普通外螺纹时切削用量的选择

1. 切削用量推荐值

低速车削普通外螺纹时，应根据工件的材质、螺距的大小以及加工性质等因素，合理选择切削用量。低速车削普通外螺纹时切削用量的推荐值见表 2-27。

表 2-27 低速车削普通外螺纹时切削用量的推荐值

工件材料	刀具材料	螺距 P/mm	切削速度 v_c/(m/min)	背吃刀量 a_p/mm
45 钢	W18Cr4V	1.5	粗车:15~30	粗车:0.15~0.30
			精车:5~7	精车:0.05~0.08

2. 进给次数

低速车削外螺纹时，要经过多次进给才能完成。粗车前两刀时，外螺纹车刀刚切入工件，总的切削面积不大，可以选择较大的背吃刀量，以后逐渐减小。精车时的背吃刀量应更小，以获得较小的表面粗糙度值。需要注意的是，车削外螺纹必须在一定的进给次数内完成，总进刀格数=总背吃刀量/中滑板的精度（0.05mm），而总背吃刀量 $a_p \approx 0.65P$。以车削螺距为 2mm 的螺纹为例，计算出总进刀格数约为 26

格，一般粗车（1~15 格）时，中滑板每次进刀 1 格；半精车（16~21 格）时，中滑板每次进刀 0.5 格；精车（22~26 格）时，中滑板每次进刀 0.25 格。特别在精车时，为了保证尺寸精度和表面质量，可以在原刻度上多进给几次。

九、普通外螺纹的综合测量

螺纹的综合测量法是指使用螺纹量规对螺纹各部分的主要尺寸（螺纹大径、中径、螺距等）同时进行测量的一种测量方法。综合测量法测量效率较高，使用方便，能较好地保证互换性，广泛用于标准螺纹或大批量生产螺纹的检测。

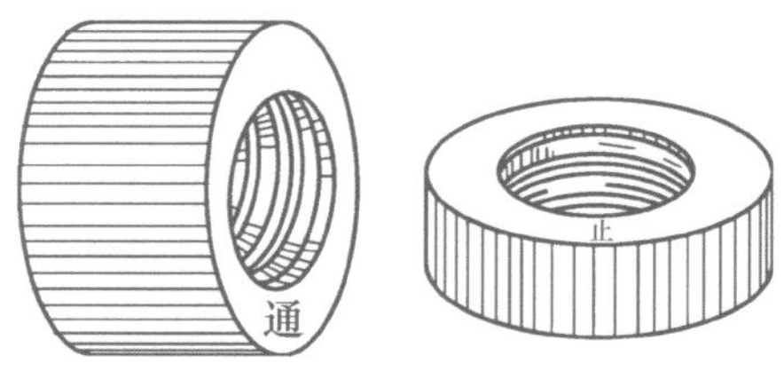

图 2-37　螺纹环规

外螺纹采用螺纹环规（图 2-37）来测量。螺纹环规由一个通规（较厚的）和一个止规（较薄的）组成。测量时，如果通规能顺利拧入工件螺纹的有效长度范围内，而止规不能拧入（不超过 1/4 圈），说明螺纹精度符合要求。

任务实施

一、任务描述

本任务是车削螺纹轴。要求会识读图 2-38 所示的螺纹轴零件图，读懂螺纹轴加工工序卡片，掌握车削外螺纹的方法和步骤。

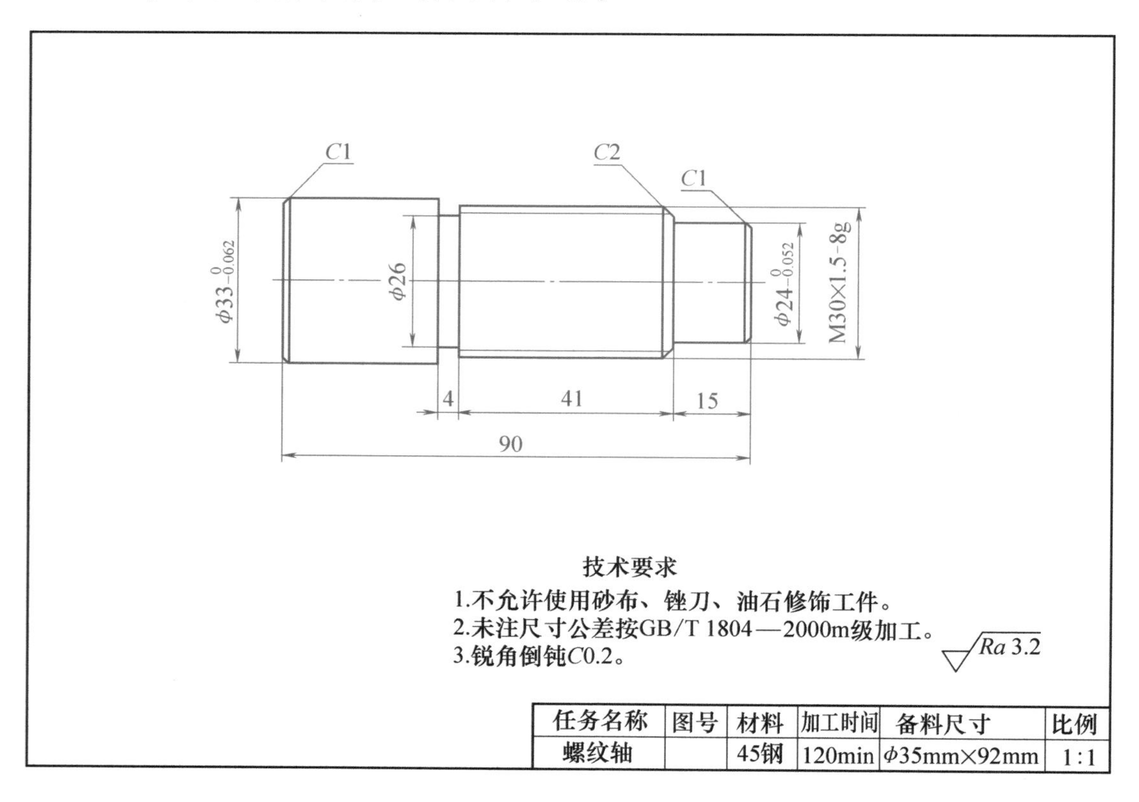

任务名称	图号	材料	加工时间	备料尺寸	比例
螺纹轴		45钢	120min	ϕ35mm×92mm	1:1

图 2-38　螺纹轴零件图

二、零件图识读

本任务为车削螺纹轴，请仔细识读图 2-38 所示螺纹轴零件图并填写表 2-28。

表 2-28 零件图信息

识读内容	读到的信息
零件名称	
零件材料	
零件形状	
零件图中重要的尺寸或几何公差	
表面粗糙度值	
技术要求	

三、工艺分析

通过识读螺纹轴零件图，得出该零件主要加工要素是普通外螺纹，工件的总长较短，可直接用自定心卡盘装夹。图样中普通外螺纹的螺距为 1.5mm，中径和顶径公差带代号均为 8g，选用高速钢外螺纹车刀，采用低速直进的方式车削此螺纹，螺纹表面粗糙度值为 $Ra3.2\mu m$，要求分粗、精车。螺纹轴的加工方案是先加工左侧端面和外圆，再调头装夹，加工右侧端面、外圆、外沟槽和普通外螺纹。

四、加工准备

1. 设备

CA6140A 型卧式车床。

2. 工件

材料：45 钢，备料尺寸：ϕ35mm×92mm，数量：1 件/人。

3. 工具、量具、刀具和夹具

1）工具：12mm×12mm 自定心卡盘扳手、18mm×18mm 刀架扳手、16mm 花形开口两用扳手、10 寸活扳手、10mm×300mm 一字螺钉旋具、ϕ20mm ×150mm 铜棒、300mm 划线盘、60°螺纹样板、2.5 寸毛刷、350ml 高压透明机油壶、全长为 450mm 的铁屑钩、棉布等。

2）量具：游标卡尺（0~150mm）、外径千分尺（0~25mm、25~50mm）、M30×1.5-8g 螺纹环规。

3）刀具：可转位 45°端面车刀、可转位 95°外圆车刀、可转位 4mm 外槽车刀、整体式 60°普通外螺纹车刀。

4）夹具：ϕ250mm 自定心卡盘。

五、识读螺纹轴加工工序卡片

螺纹轴加工工序卡片见表 2-29。

表 2-29　螺纹轴加工工序卡片

<table>
<tr><td colspan="4" rowspan="2">车工加工工序卡片</td><td>零件名称</td><td colspan="2">零件图号</td><td colspan="2">材料牌号</td></tr>
<tr><td>螺纹轴</td><td colspan="2"></td><td colspan="2">45 钢</td></tr>
<tr><td>工序号</td><td>工序内容</td><td>加工场地</td><td>设备名称</td><td>设备型号</td><td colspan="4">夹具名称</td></tr>
<tr><td>1</td><td>车削</td><td>金属切削车间</td><td>卧式车床</td><td>CA6140A</td><td colspan="4">自定心卡盘</td></tr>
<tr><td>工步号</td><td colspan="2">工步内容</td><td>刀具号</td><td>主轴转速/(r/min)</td><td>进给量/(mm/r)</td><td colspan="2">背吃刀量/mm</td><td>进给次数</td></tr>
<tr><td>1</td><td colspan="2">检查毛坯尺寸，夹持 ϕ35mm 毛坯外圆，伸出长度为 40mm，找正并夹紧</td><td>—</td><td>—</td><td>—</td><td colspan="2">—</td><td>—</td></tr>
<tr><td>2</td><td colspan="2">选择并安装车刀</td><td>T1、T2、T3</td><td>—</td><td>—</td><td colspan="2">—</td><td>—</td></tr>
<tr><td>3</td><td colspan="2">粗车左侧端面，留 0.25mm 精车余量</td><td>T1</td><td>450</td><td>0.2</td><td colspan="2">0.75</td><td>1</td></tr>
<tr><td>4</td><td colspan="2">精车左侧端面</td><td>T1</td><td>800</td><td>0.16</td><td colspan="2">0.25</td><td>1</td></tr>
<tr><td>5</td><td colspan="2">粗车 ϕ33mm 外圆，留 1mm 精车余量，长度尺寸车至 36mm</td><td>T2</td><td>450</td><td>0.2</td><td colspan="2">0.5</td><td>1</td></tr>
<tr><td>6</td><td colspan="2">精车 ϕ33mm 外圆，保证 ϕ33mm 外径尺寸至合格，长度尺寸车至 36mm</td><td>T2</td><td>630</td><td>0.16</td><td colspan="2">0.5</td><td>1</td></tr>
<tr><td>7</td><td colspan="2">倒角 $C1$</td><td>T1</td><td>560</td><td>—</td><td colspan="2">—</td><td>—</td></tr>
<tr><td>8</td><td colspan="2">工件调头，夹持 ϕ33mm 外圆，伸出长度为 65mm，找正并夹紧</td><td>—</td><td>—</td><td>—</td><td colspan="2">—</td><td>—</td></tr>
<tr><td>9</td><td colspan="2">粗车右侧端面，留 0.25mm 精车余量</td><td>T1</td><td>450</td><td>0.2</td><td colspan="2">0.75</td><td>1</td></tr>
<tr><td>10</td><td colspan="2">精车右侧端面，保证 90mm 总长尺寸至合格</td><td>T1</td><td>800</td><td>0.16</td><td colspan="2">0.25</td><td>1</td></tr>
<tr><td>11</td><td colspan="2">粗车 ϕ30mm 外圆，留 1mm 精车余量，长度尺寸车至 59.5mm</td><td>T2</td><td>450</td><td>0.2</td><td colspan="2">2</td><td>2</td></tr>
<tr><td>12</td><td colspan="2">精车 ϕ30mm 外圆，保证 ϕ30mm 外径尺寸至合格，长度尺寸车至 60mm</td><td>T2</td><td>630</td><td>0.16</td><td colspan="2">0.5</td><td>1</td></tr>
<tr><td>13</td><td colspan="2">粗车 ϕ24mm 外圆，留 1mm 精车余量，长度尺寸车至 14.5mm</td><td>T2</td><td>450</td><td>0.2</td><td colspan="2">2.5</td><td>2</td></tr>
<tr><td>14</td><td colspan="2">精车 ϕ24mm 外圆，保证 ϕ24mm 外径尺寸和 15mm 长度尺寸至合格</td><td>T2</td><td>800</td><td>0.16</td><td colspan="2">0.5</td><td>1</td></tr>
<tr><td>15</td><td colspan="2">在 ϕ30mm 外圆台阶处，车削宽度为 4mm、直径为 26mm 的螺纹退刀槽至合格</td><td>T3</td><td>450</td><td>—</td><td colspan="2">4</td><td>—</td></tr>
<tr><td>16</td><td colspan="2">倒角 $C1$、$C2$，锐角倒钝 $C0.2$</td><td>T1</td><td>560</td><td>—</td><td colspan="2">—</td><td>—</td></tr>
<tr><td>17</td><td colspan="2">选择并安装车刀</td><td>T4</td><td>—</td><td>—</td><td colspan="2">—</td><td>—</td></tr>
<tr><td>18</td><td colspan="2">粗车 M30×1.5-8g 普通外螺纹，留 0.5mm 精车余量</td><td>T4</td><td>56</td><td>1.5</td><td colspan="2">—</td><td>—</td></tr>
<tr><td>19</td><td colspan="2">精车 M30×1.5-8g 普通外螺纹，保证螺纹尺寸至合格</td><td>T4</td><td>22</td><td>1.5</td><td colspan="2">—</td><td>—</td></tr>
<tr><td>编制</td><td></td><td>审核</td><td></td><td>批准</td><td></td><td colspan="2">共　页</td><td>第　页</td></tr>
</table>

螺纹轴加工刀具卡片见表 2-30。

表 2-30　螺纹轴加工刀具卡片

序号	刀具号	刀具名称		刀具种类		刀具规格	刀具材料
1	T1	端面车刀		可转位		$\kappa_r=45°$	P 类涂层硬质合金
2	T2	外圆车刀		可转位		$\kappa_r=95°$	P 类涂层硬质合金
3	T3	外槽车刀		可转位		$W=4\text{mm}$	P 类涂层硬质合金
4	T4	外螺纹车刀		整体式		$\varepsilon=60°$	高速钢
编制		审核		批准		共　页	第　页

六、螺纹轴加工过程

螺纹轴加工过程见表 2-31。

车削螺纹轴

表 2-31　螺纹轴加工过程

步骤	加工内容	加工图示	说明
1	夹持工件右端，车削左侧端面		检查毛坯尺寸，正确安装工件和 45°端面车刀、95°外圆车刀、4mm 外槽车刀，用 45°端面车刀粗、精车左侧端面
2	粗、精车左端外圆		用 95°外圆车刀粗、精车 $\phi33\text{mm}$ 外圆，保证 $\phi33\text{mm}$ 外径尺寸至合格，长度尺寸车至 36mm
3	倒角		用 45°端面车刀倒角 $C1$

（续）

步骤	加工内容	加工图示	说明
4	工件调头装夹，车削右侧端面	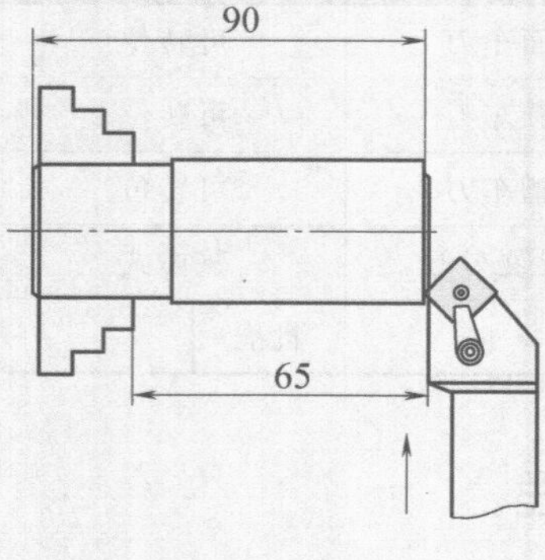 90 65	将工件调头，夹持 ϕ33mm 已加工外圆，工件伸出长度为 65mm，找正并夹紧，用 45°端面车刀粗、精车右侧端面，保证 90mm 总长尺寸至合格
5	粗、精车螺纹外圆	60 $\phi30_{-0.407}^{-0.032}$	用 95°外圆车刀粗、精车 ϕ30mm 螺纹外圆，保证 ϕ30mm 外径尺寸至合格，长度尺寸车至 60mm
6	粗、精车右端外圆	15 $\phi24_{-0.052}^{0}$	用 95°外圆车刀粗、精车 ϕ24mm 外圆，保证 ϕ24mm 外径尺寸和 15mm 长度尺寸至合格
7	车削螺纹退刀槽	60 4 ϕ26	在 ϕ30mm 外圆台阶处，用 4mm 外槽车刀采用直进法车削宽度为 4mm、直径为 26mm 的螺纹退刀槽，保证其尺寸至合格

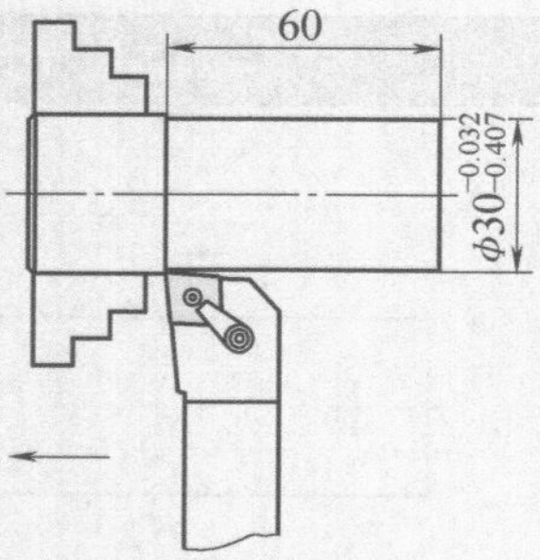

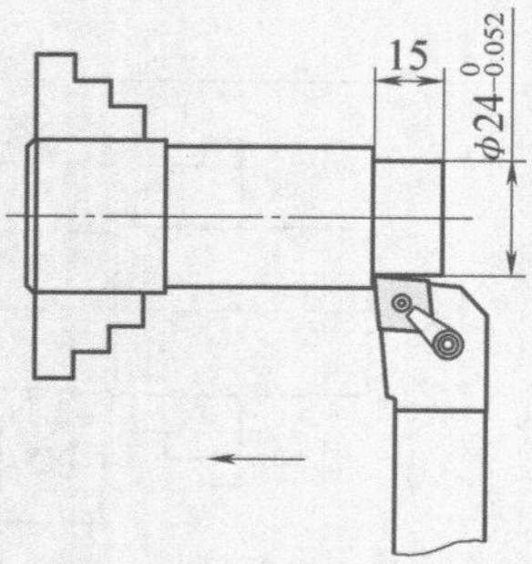

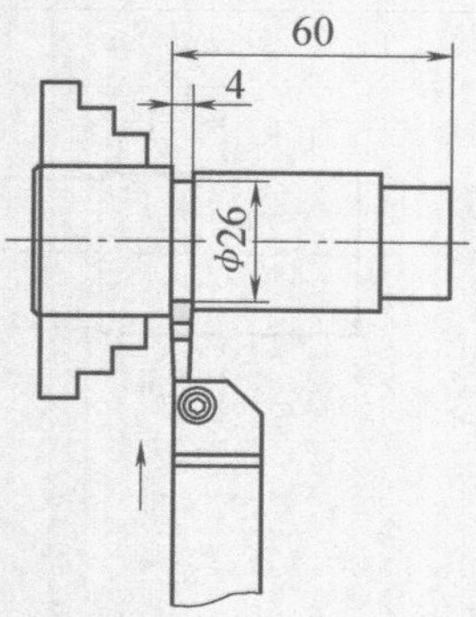

（续）

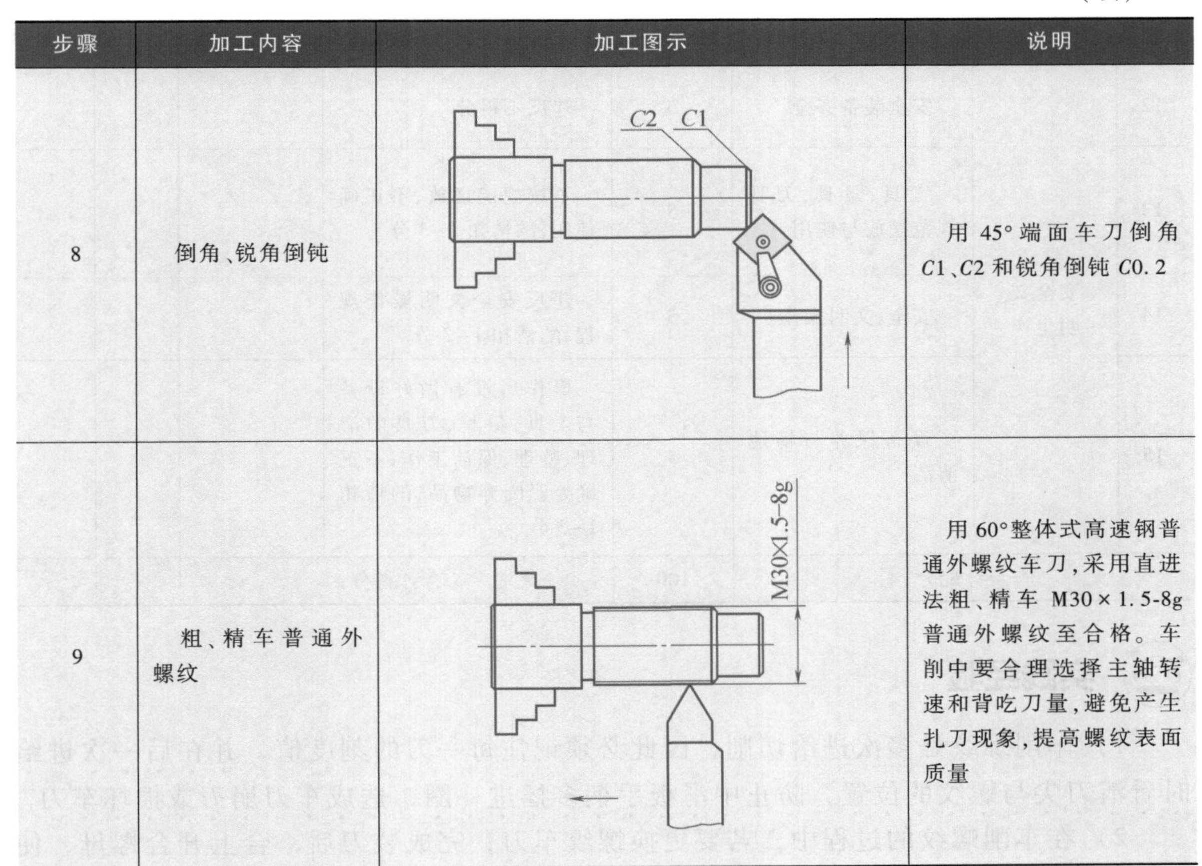

步骤	加工内容	加工图示	说明
8	倒角、锐角倒钝	C2　C1	用 45°端面车刀倒角 C1、C2 和锐角倒钝 C0.2
9	粗、精车普通外螺纹	M30×1.5-8g	用 60°整体式高速钢普通外螺纹车刀，采用直进法粗、精车 M30×1.5-8g 普通外螺纹至合格。车削中要合理选择主轴转速和背吃刀量，避免产生扎刀现象，提高螺纹表面质量

任务评价

根据表 2-32 所列内容对任务完成情况进行评价。

表 2-32　车削螺纹轴评分标准

序号	检测名称	检测内容及要求	配分	评分标准	检测结果	自评	师评
1	外径	$\phi33_{-0.062}^{\ 0}$mm	6	超差不得分			
2		$\phi24_{-0.052}^{\ 0}$mm	6	超差不得分			
3	长度	90mm	2	超差不得分			
4		41mm	2	超差不得分			
5		15mm	2	超差不得分			
6	槽宽	4mm	2	超差不得分			
7	槽径	ϕ26mm	2	超差不得分			
8	普通外螺纹	M30×1.5-8g	44	按旋入松紧程度酌情扣分			
9	表面粗糙度值	Ra3.2μm	6	降级不得分			
10	倒角	C1（2 处）、C2	2×3	超差不得分			
11	锐角倒钝	C0.2	2	超差不得分			

（续）

序号	检测名称	检测内容及要求	配分	评分标准	检测结果	自评	师评
12	安全文明生产	安全装备齐全	5	违反不得分			
13		工具、量具、刀具规范摆放与使用	5	不按规定摆放、不正确使用，酌情扣1~3分			
14		安全、文明操作	5	违反安全文明操作规程，酌情扣1~3分			
15		设备保养与场地清洁	5	操作后没有做好设备与工具、量具、刀具的清理、整理、保洁工作，不正确处置废弃物品，酌情扣1~3分			
合计配分			100	合计得分			

实践经验

1）车削螺纹是多次进给切削，因此必须记住每一刀的刻度值，并在后一次进给时看清刀尖与螺纹的位置，防止中滑板手柄多摇进一圈，造成车刀崩刃或损坏车刀。

2）在车削螺纹的过程中，若要更换螺纹车刀，完成装刀后，合上开合螺母，使车刀纵向移动至螺纹有效长度内，按下急停按钮，工件不能反向转动，手动操作中、小滑板使刀尖对准已加工螺纹的牙底，记住当前中滑板刻度值，即完成对刀。

3）在车削螺纹的过程中，应善于观察螺纹的牙型部分，若发现牙底太宽，要检查刀尖圆弧半径是否过大、小滑板是否轴向窜动、工件和车刀是否夹紧等，避免螺纹小径尺寸未车到而中径尺寸已经车小了。

4）螺纹环规是精密量具，使用时不能用力过大，更不能用扳手硬拧，以免降低其测量精度，甚至损坏螺纹环规。

5）在车削螺纹的过程中，不准用手摸或用棉纱去擦螺纹，以免伤手。

任务四　车削衬套

任务引入

在机器中，衬套能起到衬垫的作用，例如在机床上，一些轴与座孔间的配合应增加衬套，以减少轴的磨损，起到保护轴和座孔的作用，也便于磨损后更换。衬套由外圆、通孔两个要素组成，如图2-39所示。本任务要求掌握通孔的加工方法，通过正确安装工件与孔加工刀具、识读衬套加工工序卡片、车削与检测衬套等实践环节，掌握衬套的车削加工技术。

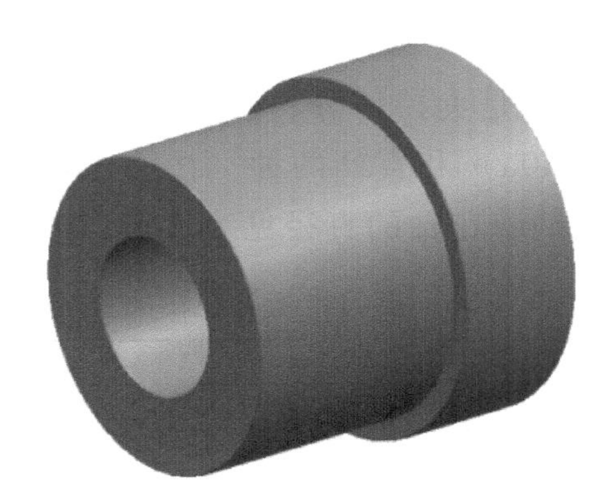

图 2-39　衬套

 任务目标

1. 了解麻花钻的组成和各部分的作用。
2. 能根据加工要求选择并安装麻花钻。
3. 能合理选择切削用量钻削内孔。
4. 能安装可转位 75°内孔车刀硬质合金涂层刀片。
5. 能安装内孔车刀。
6. 掌握车孔的方法。
7. 熟悉衬套的加工工序，明确加工步骤及加工需要的刀具、切削用量等。
8. 能使用游标卡尺、外径千分尺检测衬套，判断零件是否合格，并简单分析衬套的加工质量。

 知识准备

一、麻花钻的结构

1. 麻花钻的组成

麻花钻是最常用的孔加工刀具，一般用高速钢制成。麻花钻由工作部分、颈部和柄部组成，工作部分又由切削部分和导向部分组成，如图 2-40 所示。

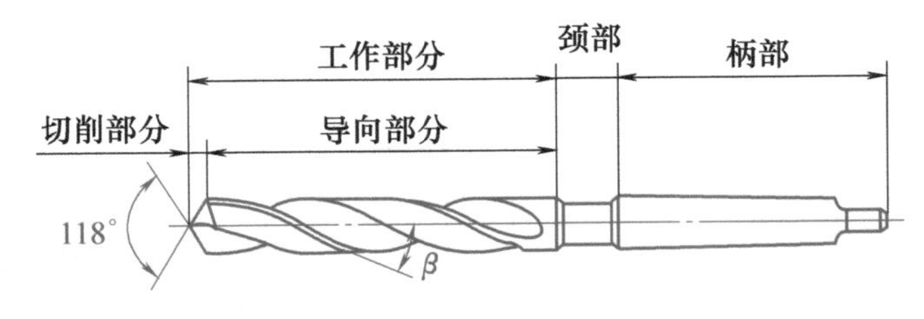

a) 莫氏锥柄麻花钻

b) 直柄麻花钻

图 2-40　麻花钻的组成

2. 麻花钻各部分的作用

(1) 柄部　麻花钻的柄部是夹持部分，装夹时起定心作用，钻削时起传递转矩的作用，有莫氏锥柄（图 2-40a）和直柄两种（图 2-40b）两种。直柄麻花钻的直径一般为 0.3～16mm，莫氏锥柄麻花钻的直径见表 2-33。

表 2-33　莫氏锥柄麻花钻的直径

莫氏锥柄号码	No. 1	No. 2	No. 3	No. 4	No. 5	No. 6
麻花钻直径 d/mm	3～14	14.25～23	23.25～31.75	32～50.5	51～76	77～100

(2) 颈部　颈部位于工作部分与柄部之间。直径较大的麻花钻在颈部标有直径、材料牌号和商标；直径较小的麻花钻没有明显的颈部。

(3) 工作部分　工作部分是麻花钻的主要部分，由切削部分和导向部分组成。切削部分主要起切削作用。导向部分在切削过程中起到保持钻削方向和修光孔壁的作用，同时也是切削部分的后备部分。

二、钻孔

钻孔是在机床上使用钻头在实心材料上加工出内孔的方法。钻孔一般适用于低精度连接孔的加工或内孔的粗加工。钻孔的尺寸公差等级为 IT11～IT12，表面粗糙度值为 Ra12.5μm。

1. 麻花钻的选择

(1) 麻花钻直径的选择　精度要求不高的孔可选择与孔径相同的麻花钻直接钻出；精度要求较高的孔选择麻花钻应考虑后续工序的要求，留有一定的加工余量，一般选择比孔径小 2mm 左右的麻花钻先钻出底孔。

(2) 麻花钻长度的选择　麻花钻的长度一般应使导向部分长度略大于孔深。麻花钻过长，则刚度低；麻花钻过短，则排屑困难，也不宜钻通孔。

2. 麻花钻的装夹

(1) 直柄麻花钻的装夹　直柄麻花钻的装夹方法与中心钻的装夹方法基本相同，即先将钻夹头的锥柄部分插入尾座锥孔中，再将麻花钻装入钻夹头内，用钻夹头钥匙锁紧麻花钻，如图 2-41 所示。用细长麻花钻钻孔时，为了防止麻花钻晃动，可在刀架上装夹一块挡铁，用来支顶麻花钻头部，使麻花钻能正确定心，如图 2-42 所示。

图 2-41　直柄麻花钻的装夹

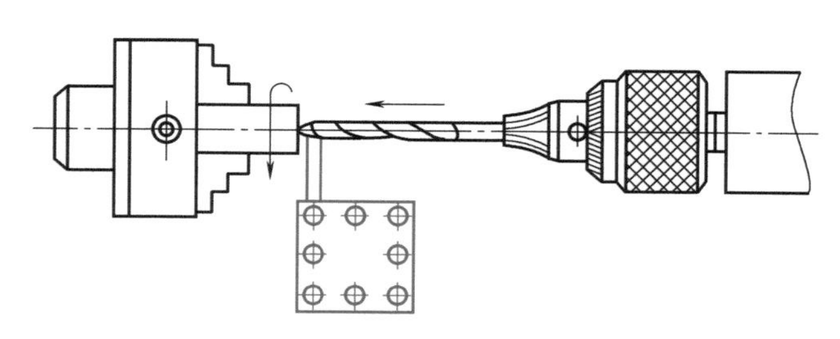

图 2-42　用挡铁支顶麻花钻

(2) 锥柄麻花钻的装夹　锥柄麻花钻的装夹如图 2-43a 所示。麻花钻的锥柄如果与尾座套筒锥孔的规格相同，可直接将麻花钻插入尾座套筒锥孔中，如图 2-43b

所示。如果麻花钻的锥柄与尾座套筒锥孔的规格不同，可在麻花钻柄部增加莫氏变径套，并将其插入尾座锥孔中，如图 2-43c 所示。

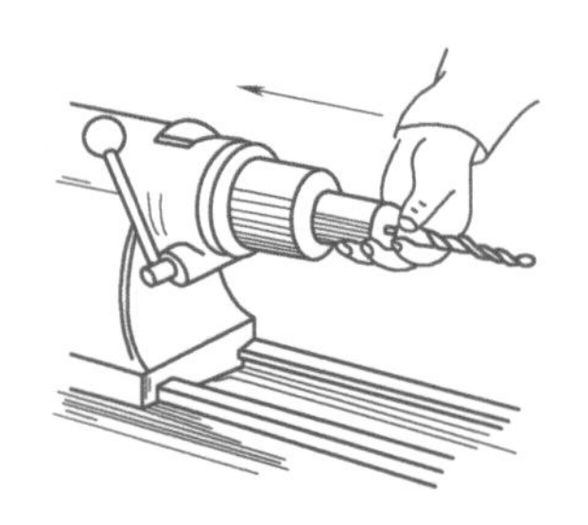

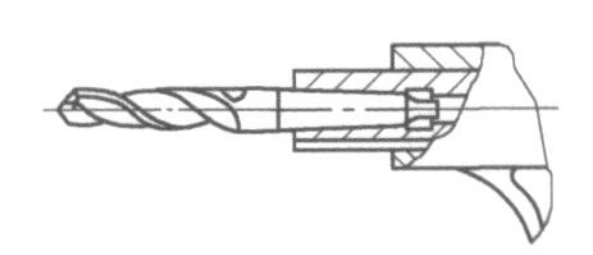

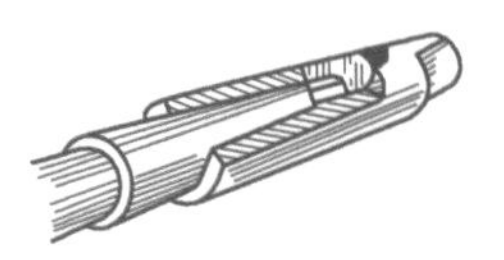

a) 麻花钻的装夹　　b) 将麻花钻直接插入尾座锥孔　　c) 用莫氏变径套装夹麻花钻

图 2-43　锥柄麻花钻的装夹

拆卸莫氏变径套的方法是将楔铁插入莫氏变径套腰形孔内，用铜棒敲击莫氏变径套扁尾部分，将其卸下来，如图 2-44 所示。

图 2-44　莫氏变径套的拆卸

3. 钻孔时切削用量的选择

钻孔时的切削用量见表 2-34。

表 2-34　钻孔时的切削用量

图示	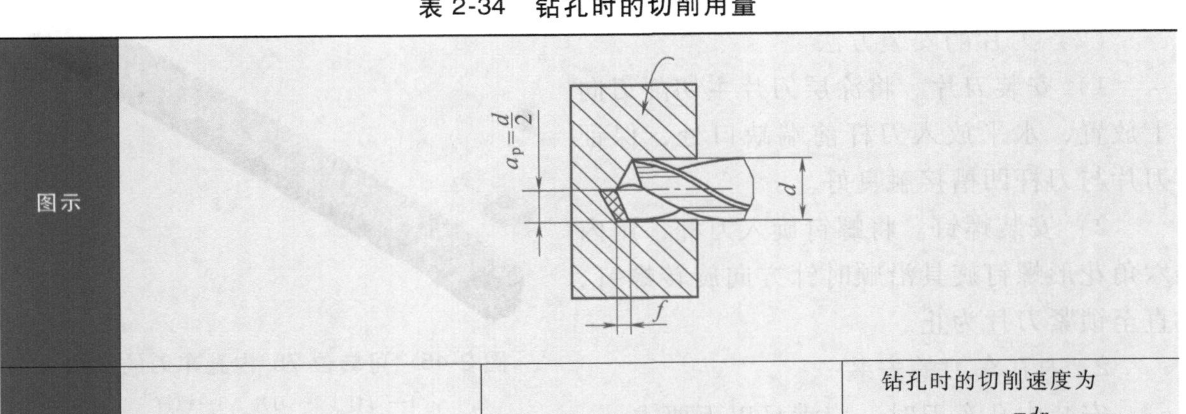		
切削用量	钻孔时的背吃刀量为麻花钻的半径，即 $a_p=\frac{d}{2}$ 式中，a_p 为背吃刀量(mm)，d 为麻花钻的直径(mm)	在车床上钻孔时的进给量是依靠手动操作车床尾座手轮来实现的，一般情况下，进给量 $f=(0.01\sim0.02)d$。用直径为 12～15mm 的麻花钻钻削钢料时，选用的进给量 $f=0.15\sim0.35$mm/r；钻削铸铁时，进给量可略大些	钻孔时的切削速度为 $v_c=\frac{\pi dn}{1000}$ 式中，v_c 为切削速度(m/min)，d 为麻花钻的直径(mm)，n 为主轴转速(r/min) 用高速钢麻花钻钻削钢料时，一般取切削速度 $v_c=15\sim30$m/min；钻削铸铁时，取 $v_c=10\sim25$m/min

4. 钻孔的方法

1）钻孔前，先将工件端面车平，中心处不允许留有凸台，以利于麻花钻正确定心。

2）校正尾座，使麻花钻中心对准工件回转轴线，否则可能会将孔径钻大、钻偏，甚至折断麻花钻。

3）用小直径麻花钻钻孔时，应先在工件端面上钻出中心孔，再进行钻孔加工，这样便于定心，且钻出的孔同轴度好。

4）在实体材料上钻孔，孔径不大时可以用麻花钻一次钻出，若孔径较大（超过 ϕ30mm），应分两次钻出，第一次所用麻花钻的直径为所要求孔径的 0.5~0.7。

5. 钻孔的注意事项

1）起钻时进给量要小，待麻花钻切削部分全部进入工件后才可正常钻削。

2）钻通孔时，孔将要被钻穿时，进给量要小，以防麻花钻折断。

3）钻小孔或较深的孔时，必须经常退出麻花钻以清除切屑，防止因切屑堵塞而造成麻花钻“咬死”或折断。

4）钻削钢料时，必须充分浇注切削液冷却麻花钻，以防麻花钻发热退火。

三、车孔

车孔是指在车床上，使用车刀把预制孔（例如铸造孔、锻造孔或钻、扩的孔）加工成更高精度的孔的加工方法。车孔的尺寸公差等级一般可达 IT7~IT8，表面粗糙度值为 Ra1.6~3.2μm。因此，车孔可作为半精加工，也可以作为精加工。

可转位75° 内孔车刀硬质合金涂层刀片的安装

1. 可转位 75°内孔车刀硬质合金涂层刀片的安装

（1）可转位 75°内孔车刀的结构　可转位 75°内孔车刀由刀杆、刀片和螺钉组成，如图 2-45 所示。

（2）刀片的安装方法

1）安装刀片。将涂层刀片主切削刃向上放置，水平放入刀杆前端缺口处，保证刀片与刀杆凹槽接触良好。

2）安装螺钉。将螺钉旋入刀杆，用内六角花形螺钉旋具沿顺时针方向旋转螺钉，直至锁紧刀片为止。

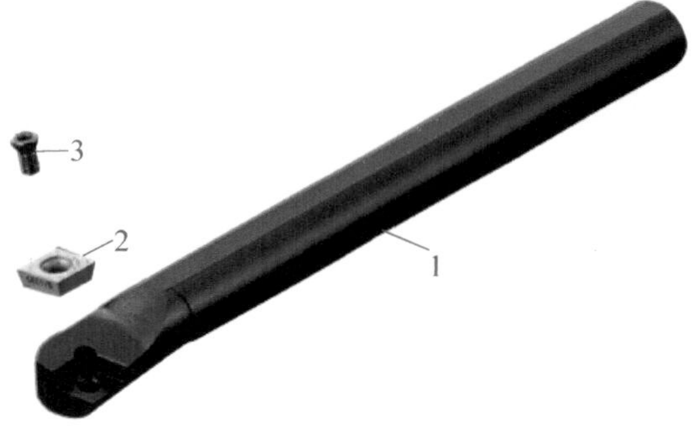

图 2-45　可转位 75°内孔车刀的结构

1—刀杆　2—刀片　3—螺钉

2. 内孔车刀的安装

安装内孔车刀时，应满足以下要求。

1）刀尖应对准工件的中心或比中心稍高，以增大内孔车刀的后角。

2）刀杆伸出长度应尽量缩短，一般比孔深长 5mm 左右。

3）刀杆与孔轴线应基本平行，以防止刀杆与内孔发生干涉。

4）内孔车刀安装完成，首先手动移到孔内试车一遍，检查有无碰撞现象，以确保安全。

3. 车孔的方法

车孔的方法与加工外圆的方法基本相同，两者的区别在于刀具进给与退出的方向相反。车削通孔时，主要控制孔径，深度方向只需要车通即可。在车削时也要采用试切法，先将内孔车刀与孔口内壁轻轻接触，再纵向退出，然后根据径向余量的一半横向进给，再次纵向移动内孔车刀，车削 2mm 左右长（图 2-46a），横向依然不动，纵向快速退出车刀（图 2-46b），最后停车测量。反复试切，直至符合孔径要求，自动进给完成孔的车削加工。

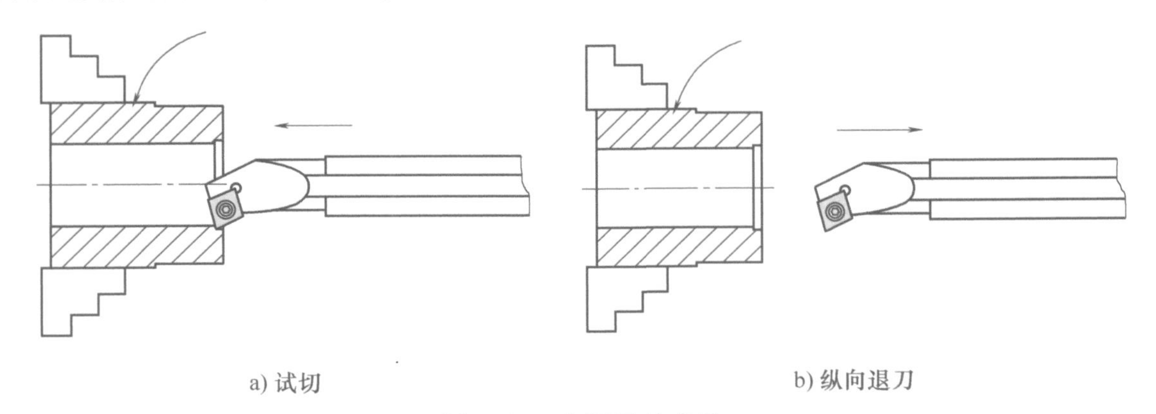

a) 试切　　b) 纵向退刀

图 2-46　车通孔的方法

任务实施

一、任务描述

本任务是车削衬套。要求会识读图 2-47 所示的衬套零件图，读懂衬套加工工序

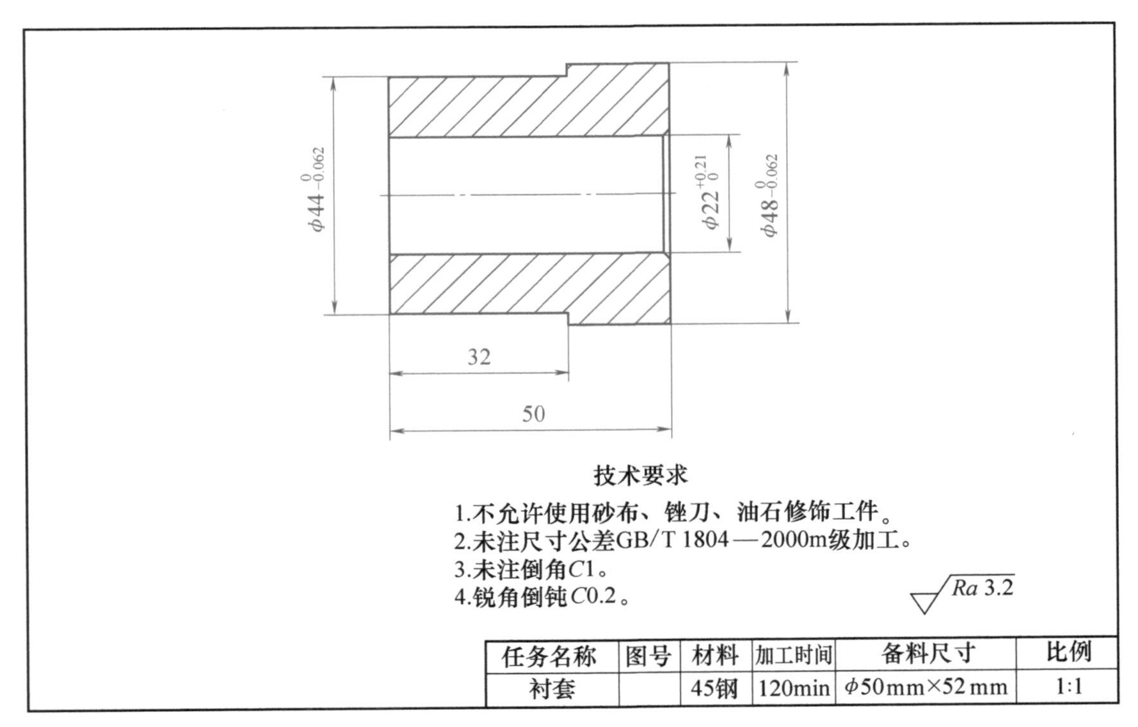

任务名称	图号	材料	加工时间	备料尺寸	比例
衬套		45钢	120min	ϕ50mm×52mm	1:1

图 2-47　衬套零件图

卡片，学会车削通孔。

二、零件图识读

本任务为车削衬套，请仔细识读图 2-47 所示衬套零件图并填写表 2-35。

表 2-35　零件图信息

识读内容	读到的信息
零件名称	
零件材料	
零件形状	
零件图中重要的尺寸或几何公差	
表面粗糙度值	
技术要求	

三、工艺分析

通过识读衬套零件图，可以得出该零件主要加工要素是通孔。根据图样形状和尺寸要求，工件可直接用自定心卡盘装夹。车孔前，一般选择一个比孔径尺寸小 2mm 左右的麻花钻钻出通孔。衬套的加工方案是先粗、精车右端及内孔，再调头装夹，粗、精车左端。

四、加工准备

1. 设备

CA6140A 型卧式车床。

2. 工件

材料：45 钢，备料尺寸：ϕ50mm×52mm，数量：1 件/人。

1）工具：12mm×12mm 自定心卡盘扳手、18mm×18mm 刀架扳手、ϕ20mm × 150mm 铜棒、300mm 划线盘、1~13mm 莫氏 5 号钻夹头及钻夹头钥匙、莫氏 2~3 变径套、莫氏 3~4 变径套、楔铁、2.5 寸毛刷、350ml 高压透明机油壶、全长为 450mm 的铁屑钩、棉布等。

2）量具：游标卡尺（0~150mm）、外径千分尺（25~50mm）。

3）刀具：可转位 45°端面车刀、可转位 95°外圆车刀、可转位 75°内孔车刀、ϕ3.15mm A 型中心钻、ϕ20mm 莫氏锥柄麻花钻。

4）夹具：ϕ250mm 自定心卡盘。

五、识读衬套加工工序卡片

衬套加工工序卡片见表 2-36。

表 2-36 衬套加工工序卡片

车工加工工序卡片				零件名称	零件图号	材料牌号	
				衬套		45 钢	
工序号	工序内容	加工场地	设备名称	设备型号	夹具名称		
1	车削	金属切削车间	卧式车床	CA6140A	自定心卡盘		
工步号	工步内容		刀具号	主轴转速/(r/min)	进给量/(mm/r)	背吃刀量/mm	进给次数
1	检查毛坯尺寸,夹持 ϕ50mm 毛坯外圆,伸出长度为 30mm,找正并夹紧		—	—	—	—	—
2	选择并安装车刀		T1、T2	—	—	—	—
3	粗车右侧端面,留 0.25mm 精车余量		T1	560	0.2	0.75	1
4	精车右侧端面		T1	800	0.16	0.25	1
5	粗车 ϕ48mm 外圆,留 1mm 精车余量,长度尺寸车至 20mm		T2	450	0.2	0.5	1
6	精车 ϕ48mm 外圆,保证 ϕ48mm 外径尺寸至合格,长度尺寸车至 20mm		T2	630	0.16	0.5	1
7	锐角倒钝 $C0.2$		T1	630	—	—	—
8	选择并安装中心钻,钻中心孔		T3	1000	—	—	—
9	选择并安装麻花钻,钻 ϕ20mm 通孔		T4	355	—	10	—
10	选择并安装车刀		T5	—	—	—	—
11	粗车 ϕ22mm 通孔,留 0.2mm 精车余量,长度尺寸车至 51mm		T5	450	0.18	0.9	2
12	精车 ϕ22mm 通孔,保证 ϕ22mm 孔径尺寸至合格,长度尺寸车至 51mm		T5	630	0.16	0.1	1
13	内孔倒角 $C1$		T5	630	—	—	—
14	工件调头,夹持 ϕ48mm 外圆,伸出长度为 35mm,找正并夹紧		—	—	—	—	—
15	粗车左侧端面,留 0.25mm 精车余量		T1	560	0.2	0.75	1
16	精车左侧端面,保证 50mm 总长尺寸至合格		T1	800	0.16	0.25	1
17	粗车 ϕ44mm 外圆,留 1mm 精车余量,长度尺寸车至 31.5mm		T2	450	0.2	2.5	2
18	精车 ϕ44mm 外圆,保证 ϕ44mm 外径尺寸和 32mm 长度尺寸至合格		T2	630	0.16	0.5	1
19	锐角倒钝 $C0.2$		T1、T5	560			
编制		审核		批准		共 页	第 页

衬套加工刀具卡片见表 2-37。

表 2-37　衬套加工刀具卡片

序号	刀具号	刀具名称	刀具种类	刀具规格	刀具材料
1	T1	端面车刀	可转位	$\kappa_r=45°$	P 类涂层硬质合金
2	T2	外圆车刀	可转位	$\kappa_r=95°$	P 类涂层硬质合金
3	T3	中心钻	A 型	$d=\phi3.15$mm	高速钢
4	T4	麻花钻	锥柄	$d=\phi20$mm	高速钢
5	T5	内孔车刀	可转位	$\kappa_r=75°$	P 类涂层硬质合金
编制	审核	批准		共　页	第　页

车削衬套

六、衬套加工过程

衬套加工过程见表 2-38。

表 2-38　衬套加工过程

步骤	加工内容	加工图示	说明
1	夹持工件左端，车削右侧端面	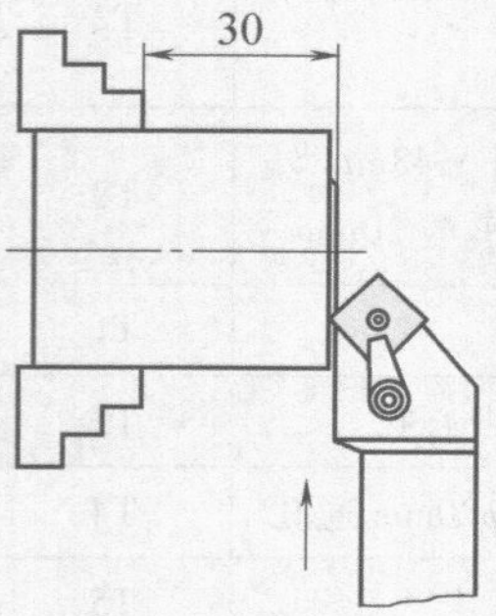	检查毛坯尺寸，夹持 $\phi50$mm 毛坯外圆，毛坯伸出长度为 30mm，找正并夹紧，安装好 45°端面车刀、95°外圆车刀，粗、精车右侧端面
2	粗、精车右端外圆	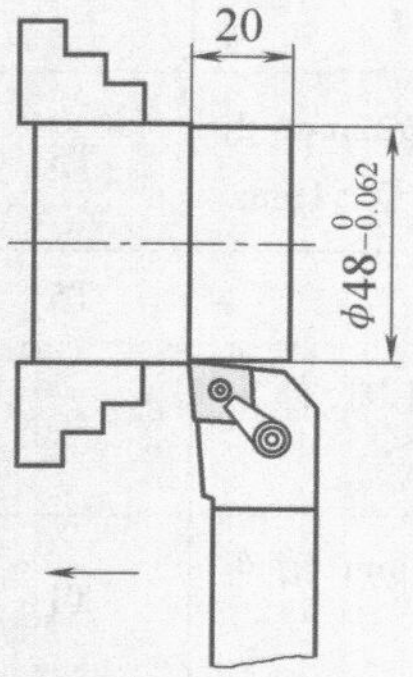	用 95°外圆车刀粗、精车 $\phi48$mm 外圆，保证 $\phi48$mm 外径尺寸至合格，长度尺寸车至 20mm
3	锐角倒钝	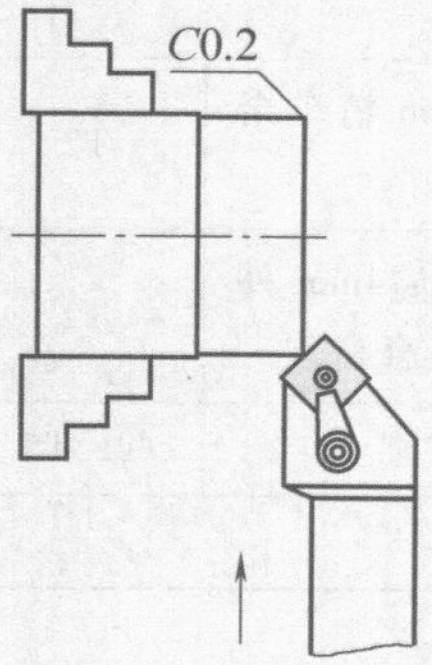	用 45°端面车刀锐角倒钝 $C0.2$

（续）

步骤	加工内容	加工图示	说明
4	钻中心孔	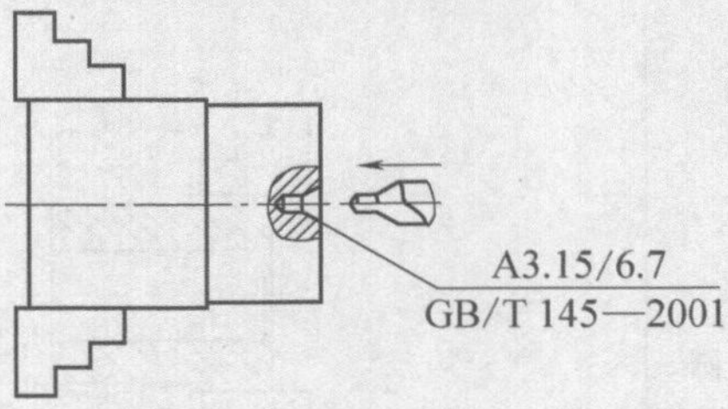 A3.15/6.7 GB/T 145—2001	用A型中心钻手动进给钻A型中心孔，保证中心孔的深度至合格
5	钻通孔	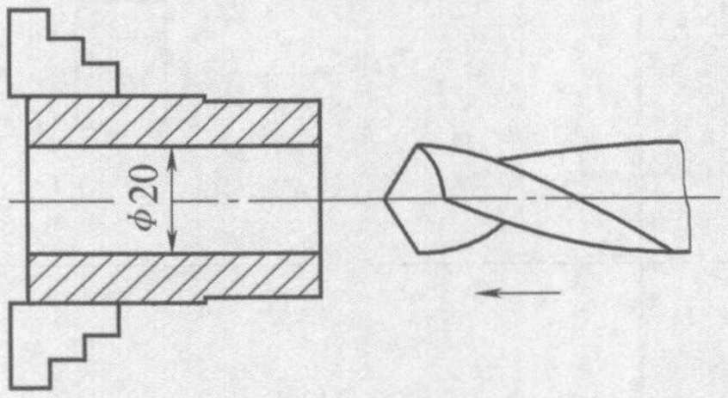 $\phi20$	用$\phi20$mm麻花钻手动进给钻$\phi20$mm通孔，保证$\phi20$mm孔钻通
6	粗、精车通孔	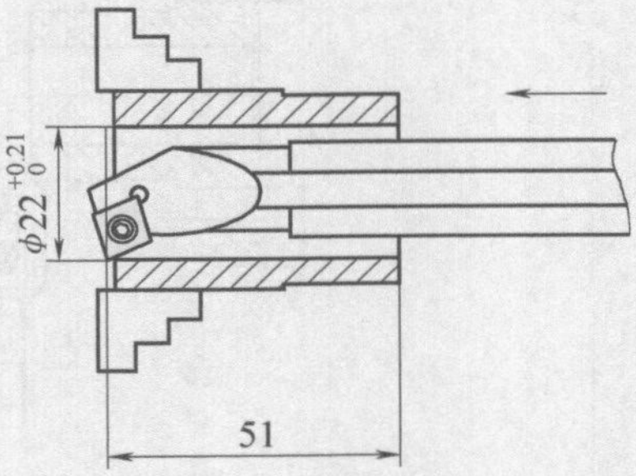 $\phi22^{+0.21}_{0}$ 51	用75°内孔车刀粗、精车$\phi22$mm通孔，保证$\phi22$mm孔径尺寸至合格，长度尺寸车至51mm
7	倒角	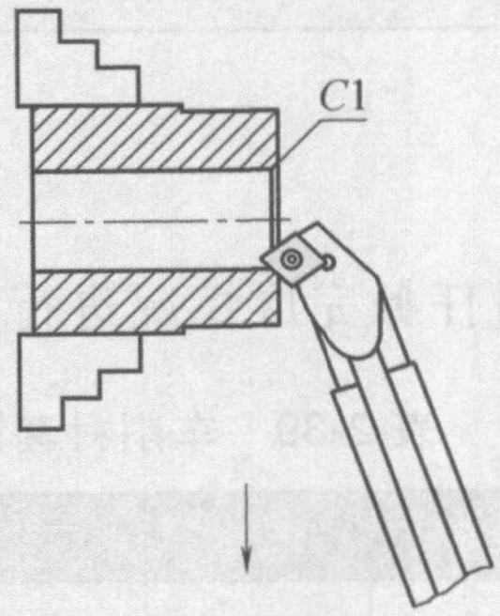 C1	用75°内孔车刀倒角C1
8	工件调头装夹，车削左侧端面	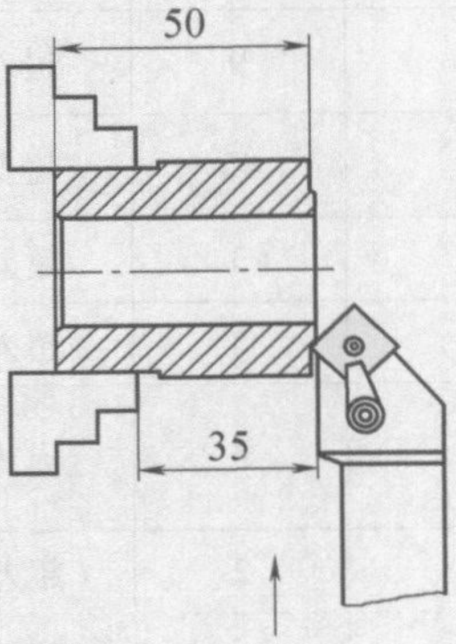 50 35	将工件调头，夹持$\phi48$mm已加工外圆，工件伸出长度为35mm，找正并夹紧，用45°端面车刀粗、精车左侧端面，保证50mm总长尺寸至合格

（续）

步骤	加工内容	加工图示	说明
9	粗、精车左端外圆	32 $\phi44_{-0.062}^{0}$	用 95°外圆车刀粗、精车 ϕ44mm 外圆，保证 ϕ44mm 外径尺寸和 32mm 长度尺寸至合格
10	锐角倒钝	$C0.2$	用 45°端面车刀在外圆与端面交界处锐角倒钝 $C0.2$，用 75°内孔车刀在孔口处锐角倒钝 $C0.2$

任务评价

根据表 2-39 所列内容对任务完成情况进行评价。

表 2-39　车削衬套评分标准

序号	检测名称	检测内容及要求	配分	评分标准	检测结果	自评	师评
1	外径	$\phi48_{-0.062}^{0}$mm	9	超差不得分			
2		$\phi44_{-0.062}^{0}$mm	9	超差不得分			
3	孔径	$\phi22_{0}^{+0.21}$mm	45	超差不得分			
4	长度	50mm	3	超差不得分			
5		32mm	3	超差不得分			
6	表面粗糙度值	$Ra3.2\mu m$	5	降级不得分			
7	倒角	$C1$	2	超差不得分			
8	锐角倒钝	$C0.2$(4 处)	1×4	超差不得分			

（续）

序号	检测名称	检测内容及要求	配分	评分标准	检测结果	自评	师评
9	安全文明生产	安全装备齐全	5	违反不得分			
10		工具、量具、刀具规范摆放与使用	5	不按规定摆放、不正确使用，酌情扣1~3分			
11		安全、文明操作	5	违反安全文明操作规程，酌情扣1~3分			
12		设备保养与场地清洁	5	操作后没有做好设备与工具、量具、刀具的清理、整理、保洁工作，不正确处置废弃物品，酌情扣1~3分			
合计配分			100	合计得分			

实践经验

1）安装内孔车刀时，将车刀移在端面中心处，可以目测刀尖的位置，应稍高于工件中心，或者将装有中心钻的钻夹头插入尾座套筒，然后将内孔车刀刀尖安装位置调至与中心钻钻心等高或稍高就可以了。

2）车孔时中滑板进、退刀方向与车削外圆时相反。

3）为了能精确地测量孔径尺寸，特别在精车时，应待工件冷却后再进行测量，防止因工件热胀冷缩而使孔径变小。

4）如果精车内孔时发现进刀后内孔表面没有切屑，则表明此时刀尖已磨损，应考虑更换刀片。

项目三　铣削加工基础

项目描述

金属材料的铣削加工是机械加工中常用的加工方法之一。熟悉铣床的结构和性能；安全、熟练地操作铣床，做好铣床的日常维护与保养，对保证零件加工质量和提高生产率十分重要。根据铣工基础知识的特点，本项目分为认识铣床、认知铣工安全文明生产和操作与保养铣床三个任务，学习内容包括铣床的结构与主要部件的功能、铣工安全文明生产规范和铣床的基本操作与日常保养等。

项目目标

1. 能说出万能卧式升降台铣床（X6132 型等）主要部件的名称和功能。
2. 能规范执行铣工安全操作规程和文明生产规范。
3. 能规范、熟练地操作 X6132 型万能卧式升降台铣床。
4. 能定期对铣床进行保养与润滑。
5. 能适应铣工工作环境，恪尽职守、稳中求进。
6. 能做好铣削加工前的各项准备工作。

素养目标

通过认识铣床、熟悉铣床、操作铣床，培养学生的动手能力和安全意识，激发学生的探索精神。

任务一　认识铣床

任务引入

在现代装备制造企业中，普通铣床约占金属切削机床的 25%。铣床生产率高，加工范围广，是一种应用广、类型多的金属切削机床。通过本任务的学习，学生将对铣削加工的基本内容、铣床的基本结构和主要部件的功能、铣削的基本运动和铣削用量等有一个初步的认识，为后续任务的学习做好充分准备。

任务目标

1. 了解铣削加工的基本内容。
2. 掌握 X6132 型万能卧式升降台铣床的组成和主要部件的功能。
3. 了解铣削运动和铣削用量的基本概念。

知识准备

一、铣削加工简介

铣削加工是利用铣刀的旋转运动与工件的往复直线运动，在铣床上切去工件上多余材料，获得满足图样要求的零件的加工方法。铣削的主要特点是利用旋转的刀具进行切削加工，因此效率高，加工范围广。在铣床上配有不同的附件及刀具，可以加工平面（水平面、垂直面）、斜面、台阶面、沟槽（直槽、V 形槽、T 形槽、燕尾槽）、成形面和切断材料等，使用分度装置还可加工需周向等分的花键、齿轮和螺旋槽等。此外，在铣床上还可以进行钻孔、铰孔和铣孔等操作。铣削加工的基本内容见表 3-1。

表 3-1　铣削加工的基本内容

序号	铣削内容	图示	说明
1	铣平面（周铣）		工件做直线运动，圆柱铣刀做旋转运动
2	铣平面（端铣）		工件做直线移动，面铣刀做旋转运动
3	铣台阶（周铣）		工件做纵向直线移动，组合三面刃铣刀做旋转运动
4	铣直槽		工件做直线移动，三面刃铣刀做旋转运动

（续）

序号	铣削内容	图示	说明
5	铣键槽	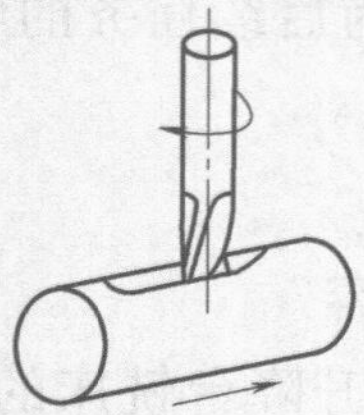	工件做直线移动，键槽铣刀做旋转运动
6	切断	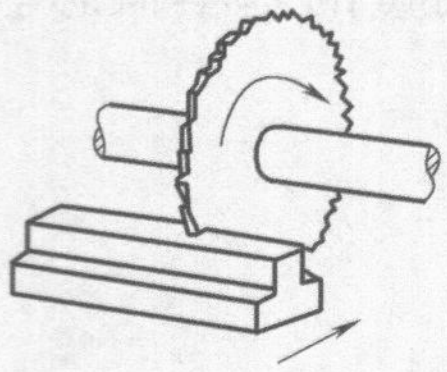	工件做直线移动，锯片铣刀做旋转运动
7	铣成形面	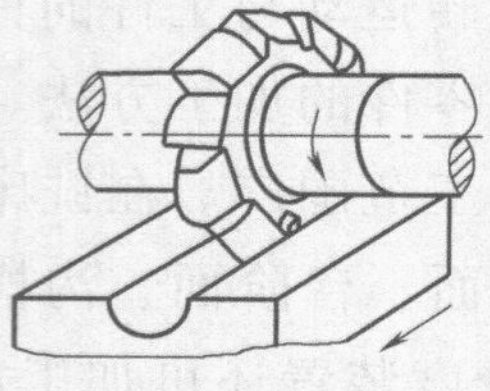	工件做纵向直线移动，凸半圆弧铣刀做旋转运动
8	铣T形槽	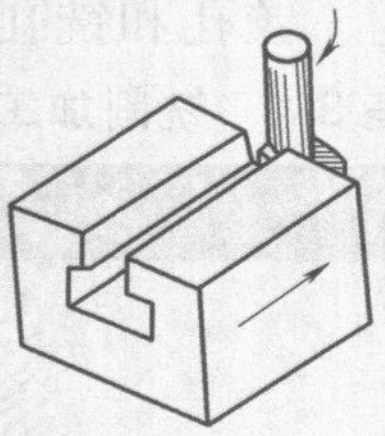	工件做纵向直线移动，T形槽铣刀做旋转运动
9	铣齿轮	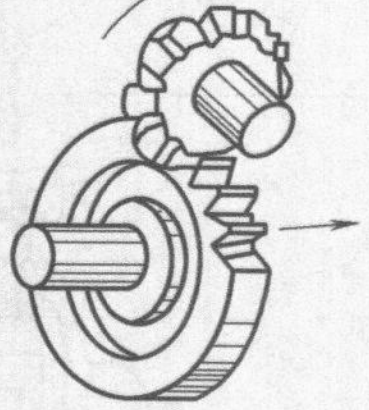	工件做直线移动，齿轮铣刀做旋转运动
10	铣螺旋槽	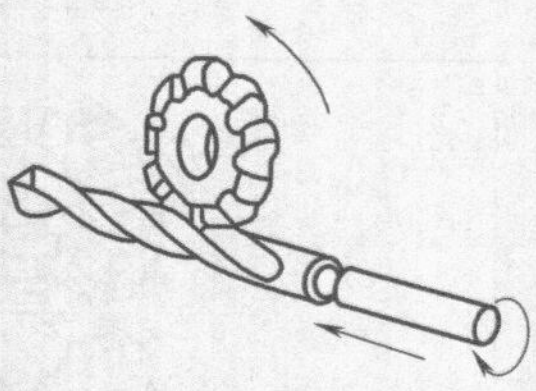	工件做直线移动和旋转运动，铣刀做旋转运动
11	铣孔	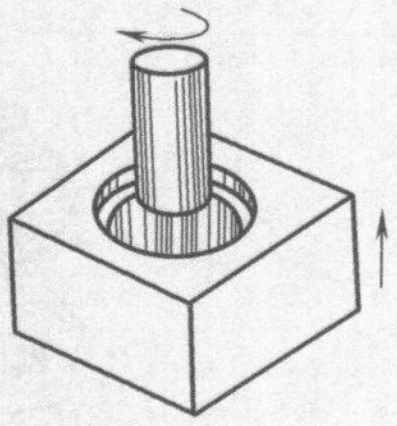	工件做直线移动，铣刀做旋转运动

二、常用铣床

铣床的种类有很多，有卧式升降台铣床、立式升降台铣床、万能工具铣床、龙门铣床等。在工厂中最常见的铣床是 X6132 型万能卧式升降台铣床，如图 3-1 所示。其主要部件的名称及用途见表 3-2。

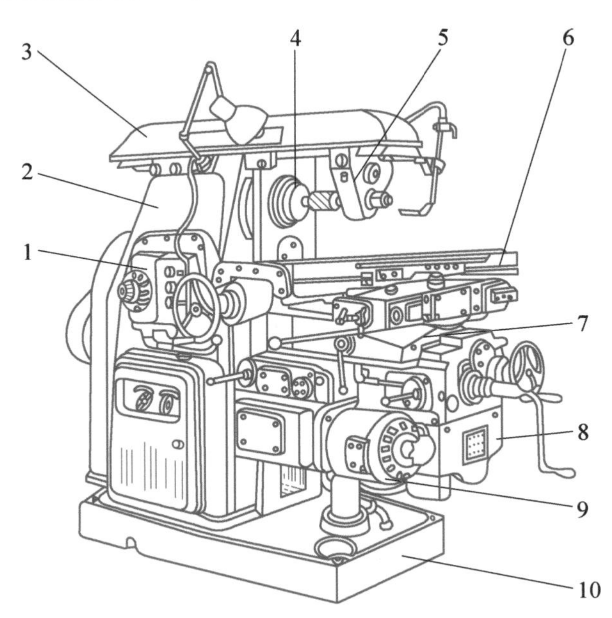

图 3-1 X6132 型万能卧式升降台铣床

1—主轴变速机构 2—床身 3—悬梁 4—主轴 5—刀杆支架 6—工作台 7—横向溜板 8—升降台 9—进给变速机构 10—底座

表 3-2 X6132 型万能卧式升降台铣床的主要部件及用途

部件名称	用　　途
主轴变速机构	安装在床身内，其功用是将主电动机的额定转速通过齿轮变速，变换成 18 种不同的转速传递给主轴，以适应铣削加工的需要
床身	机床的主体，用来安装和支承铣床其他部件（悬梁、升降台等）。床身竖直立在底座的一端，下部两侧设有电气箱和总电源开关；床身正面有垂直导轨，可引导升降台上下移动。床身顶部有燕尾形水平导轨，用以安装悬梁并按需要引导悬梁水平移动，调整伸出长度；床身内部装有主轴和主轴变速机构，还有润滑机构，用于润滑主轴传动系统
悬梁	位于床身的上部，可沿床身顶部燕尾形导轨移动，并可按需要调节其伸出长度，利用床身侧面的螺母将其固定。悬梁前端可安装刀杆支架
主轴	前端带锥孔的空心轴，锥孔的锥度为 7∶24，用来安装铣刀刀杆和铣刀。主电动机输出的回转运动经主轴变速机构驱动主轴连同铣刀一起回转，实现主运动
刀杆支架	用来支承刀杆，增强刀杆的刚性
工作台	用来安装夹具和工件，带动工件实现进给运动
横向溜板	用来带动工作台实现横向进给运动。横向溜板与工作台之间设有回转盘，可以使工作台在水平面内转动，转动范围为−45°～45°
升降台	用来支承横向溜板和工作台，带动工作台上下移动。升降台内部装有进给电动机和进给变速机构
进给变速机构	用来调整和变换工作台的进给速度，以适应铣削加工的需要
底座	用来支承床身，承受铣床全部重量，贮存切削液

三、铣削的基本运动

铣削是利用铣刀旋转，工件或铣刀做进给运动进行切削的加工方法。铣削时，工件与铣刀的相对运动，称为铣削运动，它包括主运动和进给运动。

1. 主运动

铣削过程中，铣刀的旋转运动是主运动。

2. 进给运动

使工件被切除材料相继投入切削，从而加工出完整表面所需的运动是进给运动。进给运动包括工件的移动或回转、铣刀的移动等。

四、铣削用量

在铣削过程中选用的切削用量称为铣削用量。铣削用量主要包括铣削速度 v_c、进给量 f、背吃刀量（铣削深度）a_p 和侧吃刀量（铣削宽度）a_e。

1. 铣削速度 v_c

铣削速度是指铣削时，切削刃上选定点在主运动中的线速度，即切削刃上离铣刀轴线最远的点在 1min 内所经过的路程。铣削速度与铣刀直径、铣刀转速有关，计算公式为

$$v_c = \frac{\pi dn}{1000}$$

式中　v_c——铣削速度（m/min）；

n——铣刀或铣床主轴转速（r/min）；

d——铣刀直径（mm）。

铣削时，根据工件材料、铣刀切削部分材料、加工阶段的性质等因素，确定铣削速度，然后根据所用铣刀规格（直径），按下式计算并确定铣床主轴转速

$$n = \frac{1000v_c}{\pi d}$$

【例 3-1】　在 X6132 型万能卧式升降台铣床上，用直径为 100mm 的圆柱铣刀，以 $v_c = 30\text{m/min}$ 的速度进行铣削。试求铣床主轴转速 n 应调整为多少？

解：将 $d = 100\text{mm}$，$v_c = 30\text{m/min}$ 代入下式：

$$n = \frac{1000v_c}{\pi d} = \frac{1000\times30}{3.14\times100}\text{r/min} \approx 95.5\text{r/min}$$

根据铣床主轴转速表上的数值，95.5r/min 与 95r/min 接近，故应将主轴转速调整为 95r/min。

2. 进给量 f

铣刀单位时间内在进给运动方向上相对工件的位移量，称为铣削时的进给量。根据具体情况，铣削进给量有以下三种表述和度量的方法。

（1）每转进给量 f　铣刀每转一周在进给运动方向上相对工件的位移量，单位为 mm/r。

（2）每齿进给量f_z 铣刀每转过一个刀齿在进给运动方向上相对工件的位移量，单位为mm/z。

（3）每分钟进给量（进给速度）v_f 铣刀单位时间内在进给运动方向上相对工件的位移量，单位为mm/min。

三种进给量的关系为

$$v_f = fn = f_z zn$$

式中 n——铣刀或铣床主轴转速（r/min）；

z——铣刀齿数。

铣削时，根据加工性质先确定每齿进给量f_z，然后根据所选铣刀的齿数z和铣刀的转速n计算出每分钟进给量v_f，并以此对铣床进给量进行调整（铣床铭牌上的进给量以进给速度v_f表示）。

【例3-2】 用一把直径为25mm、齿数为3的立铣刀，在X5032型铣床上进行铣削加工，采用每齿进给量f_z为0.04mm/z，铣削速度v_c为28m/min。试调整铣床的转速和进给速度。

解：将$d=25\text{mm}$、$v_c=28\text{m/min}$代入下式：

$$n=\frac{1000v_c}{\pi d}=\frac{1000\times 28}{3.14\times 25}\text{r/min}\approx 356.7\text{r/min}$$

根据铣床主轴转速表上的数值，356.7r/min与375r/min接近，故应将主轴转速调整为375r/min。

将$f_z=0.04\text{mm/z}$、$z=3$、$n=375\text{r/min}$代入下式：

$$v_f=fn=f_z zn=0.04\times 3\times 375\text{mm/min}=45\text{mm/min}$$

根据铣床进给量表上的数值，45mm/min与47.5mm/min接近，故应将铣床的进给速度调整为47.5mm/min。

3. 背吃刀量a_p

背吃刀量是指在平行于铣刀轴线方向上测得的切削层尺寸，单位为mm。

4. 侧吃刀量a_e

侧吃刀量是指在垂直于铣刀轴线方向、工件进给方向测得的切削层尺寸，单位为mm。

铣削时，由于采用的铣削方法和选用的铣刀不同，背吃刀量a_p和侧吃刀量a_e的表示也不同。图3-2所示为用圆柱铣刀进行圆周铣（图3-2a）与用面铣刀进行端铣

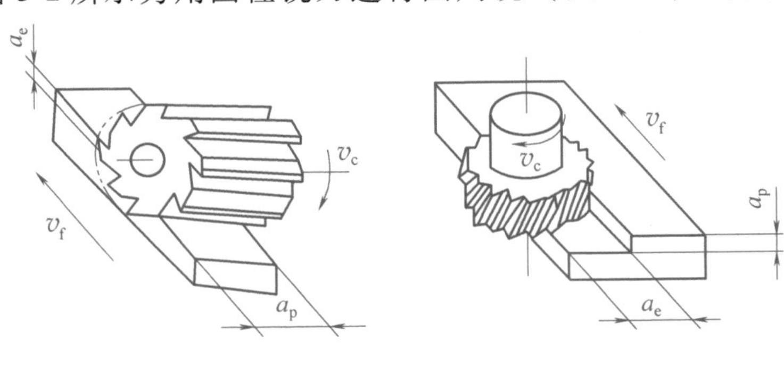

a) 圆周铣　　b) 端铣

图3-2 圆周铣与端铣时的铣削用量

（图 3-2b）时背吃刀量与侧吃刀量的表示方法。圆周铣时，a_p 为被加工表面的宽度，a_e 为切削层深度；端铣时，a_p 为切削层深度，a_e 为被加工表面的宽度。

任务实施

一、任务分析

要正确使用铣床，必须对铣床的结构和各部件的用途有一定的认识。本任务通过观察铣床外形特征，识读铣床型号；通过了解铣床常用部件的基本功能，能在实训现场说出其名称及用途，为正确操作铣床打下扎实的基础。

二、任务准备

X6132 型万能卧式升降台铣床及使用说明书。

三、认识铣床的型号，说明铣床的主参数、主要部件的名称及用途

进入实习车间铣工实训区域，识读铣床铭牌，了解铣床的类型，查阅使用说明书等资料，说明铣床的主参数、主要部件的名称和用途。

任务评价

根据表 3-3 所列内容对任务完成情况进行评价。

表 3-3　认识铣床评分标准

序号	实训名称	实训内容及要求	配分	评分标准	实施状况	自评	师评
1	铣床型号识读	解释 X6132 型万能卧式升降台铣床等铣床型号的含义	10	错误不得分			
2	铣床主要技术参数说明	简要说出 X6132 型万能卧式升降台铣床的主参数	10	按叙述情况酌情扣分			
3	铣床主要部件名称及用途说明	说出铣床主要部件的名称及用途	60	按叙述情况酌情扣分			
4	安全文明生产	安全装备齐全	10	违反不得分			
5		爱护设备	10	违反不得分			
合计配分			100	合计得分			

实践经验

在铣床上铣削工件，必须根据工件加工要求，合理选择铣床，充分发挥铣床的性能。例如，铣削尺寸较大的盘类或板类工件，应根据铣床技术参数选择铣床，以满足工件的装夹要求；铣削尺寸精度要求较高的工件，同样要对铣床的技术参数有所了解，以满足工件的尺寸精度要求。如果工件的粗铣余量较大，却选择了功率较小的铣床，则会在粗加工（切削深度较大）时显得铣床动力不足，严重时会损坏铣床。因此，了解铣床性能、技术参数，对于选择铣床有很大的帮助。

任务二　认知铣工安全文明生产

任务引入

铣工安全文明生产是铣削加工的首要条件。在工件的铣削加工过程中，为保证安全生产和杜绝各类事故的发生，操作者必须遵守铣工安全操作规程和文明生产规范。通过本任务的学习，学生可掌握铣工安全文明生产的相关规定，并能在实践中做到安全文明生产。

任务目标

1. 了解铣床操作注意事项。
2. 牢记铣工安全操作规程和文明生产规范。
3. 树立正确、规范的安全操作意识。

知识准备

一、铣床操作注意事项

1）严格遵守安全操作规程，操作时按步骤进行。

2）不允许两个进给方向同时自动进给。自动进给时，进给方向紧固手柄应松开。

3）各个进给方向的自动进给停止挡铁应在限位柱范围内。

4）练习完毕认真擦拭铣床，并使工作台处于中间位置，各手柄恢复原位。

二、铣工安全操作规程

铣工安全操作规程

铣工安全操作规程见表 3-4。

表 3-4　铣工安全操作规程

序号	安全操作规程	图示
1	应穿稍紧或合身的工作服，扎紧袖口，系好纽扣和鞋带，女生应戴工作帽，将长发塞入工作帽内；禁止穿背心、裙子和短裤；禁止戴围巾、穿拖鞋或高跟鞋进入实训场地	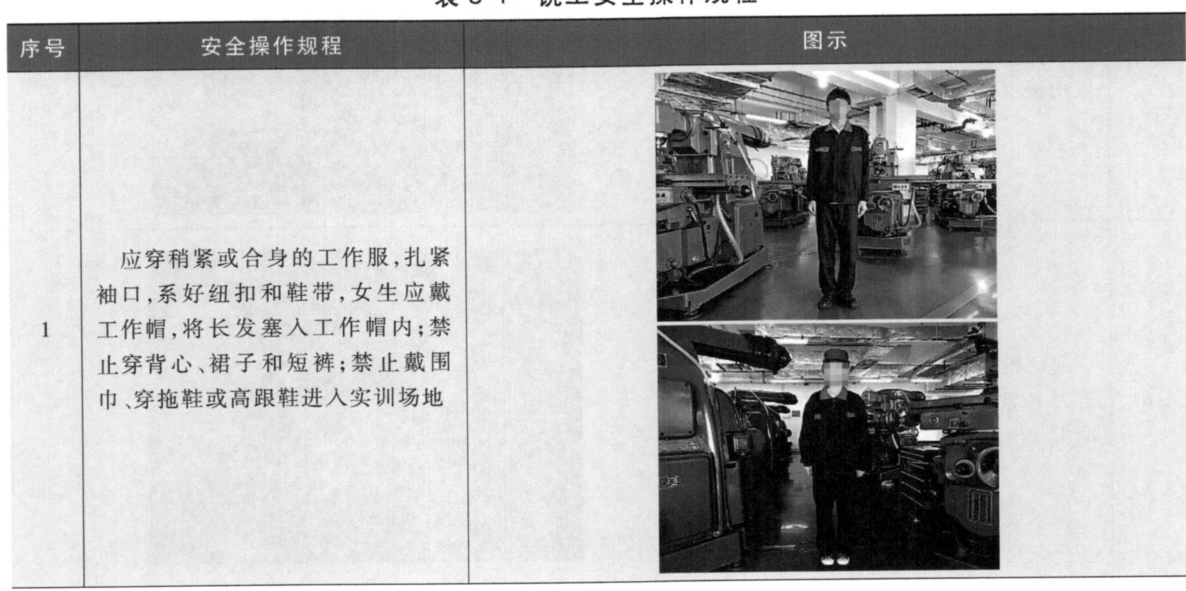

（续）

序号	安全操作规程	图示
2	操作前,应检查铣床各操纵手柄的位置是否正确	
3	摇动各进给手柄,检查进给运动和进给方向是否正确	
4	检查各进给方向自动进给停止挡铁是否在限位柱范围内,是否紧固	
5	进行铣床主轴和进给系统的变速检查,使主轴和工作台的进给速度由慢变快,检查其运动是否正常	
6	起动铣床,观察油窗是否甩油,若无异常,可对铣床各部位注油润滑	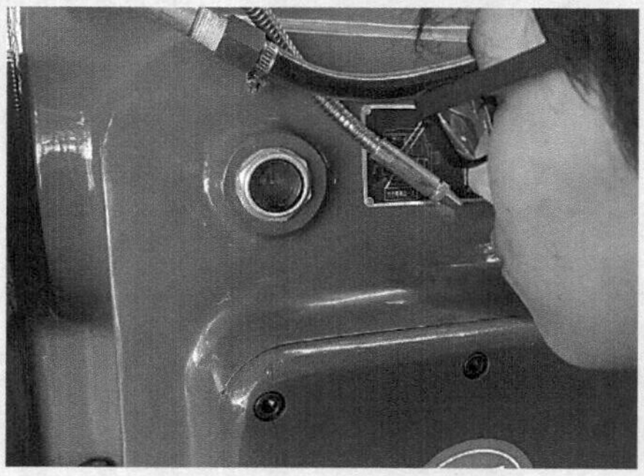

（续）

序号	安全操作规程	图示
7	不准戴手套操作铣床、测量工件、更换刀具和擦拭铣床	
8	装卸工件和刀具、变换转速和进给量、测量工件、搭配交换齿轮等，必须在停车状态下进行操作	
9	操作铣床时，严禁离开岗位，不准做与操作内容无关的事情	
10	工作台自动进给时，应脱开手动进给离合器，以防手柄随轴旋转、飞出伤人	
11	不允许两个进给方向同时自动进给，自动进给时，不准突然变换进给速度；停车时，应先停止进给，再使铣床主轴（刀具）停止旋转	

（续）

序号	安全操作规程	图示
12	高速铣削时，必须戴防护眼镜；铣削铸铁材料时要戴口罩	
13	严禁在铣削过程中用手触摸工件表面	
14	不要随意拆装电气设备，以免发生触电事故；操作中发现异常情况时，应及时停车检查；出现设备故障或发生人为事故时，应立即切断铣床电源，及时报告，请专业人员检修，故障排除前不得操作设备	
15	操作完成后，应将各手柄置于空档位置，各方向进给紧固手柄应松开，铣床工作台应置于中间位置，在铣床导轨面上应涂润滑油	

铣工文明
生产规范

三、铣工文明生产规范

铣工文明生产规范见表 3-5。

表 3-5 铣工文明生产规范

序号	文明生产规范	图示
1	爱护工具、量具和刀具并正确使用,其放置应稳妥、整齐、合理,有固定的位置,便于操作时取用,用后应放回原处	
2	爱护铣床和实训场地其他设备	
3	工具箱内的物件应分类摆放,重物放置在下层,轻物放置在上层;精密的物件应放置稳妥,不得随意放置,以免损坏和丢失	
4	量具应保持清洁,用后应擦净并涂油;定期校验,以保证其测量精度	
5	装卸较重的铣床附件时,必须有他人协助,安装时应先擦净铣床工作台台面和附件的基准面	

（续）

序号	文明生产规范	图示
6	爱护铣床工作台台面和导轨面，禁止在工作台台面和导轨面上直接放置毛坯、锤子、扳手等	
7	毛坯、半成品和成品应分开放置。半成品、成品应堆放整齐，轻拿轻放，以防碰伤已加工表面	
8	图样、工艺卡片应放在便于阅读的位置，并注意保持清洁和完整	
9	实训场地应保持清洁、整齐；工作结束后，应认真擦拭铣床、工具、量具和其他附件，按规定加注润滑油，使工作台处于中间位置，各手柄应调至空档位置，清扫工作场地，关闭铣床电源	

任务实施

一、任务分析

铣工安全文明生产是在铣床上加工工件的重要前提。安全文明生产存在于铣削加工的各个环节，操作者必须明确安全文明生产各项规定并严格遵守，以消除安全隐患，避免事故的发生。

二、任务准备

铣工安全文明生产规章制度手册、安全防护装备、X6132 型万能卧式升降台铣床、工具、量具、刀具等。

三、铣工安全文明生产实施过程

在操作过程的每一个环节都要严格遵守铣工安全文明生产规范的要求，具体内容见表 3-6。

表 3-6　铣工安全文明生产实施过程

序号	内容	图示
1	检查铣床各部分机构是否完好；手柄位置是否正确；主轴及进给系统是否正常	
2	停车变速和停车测量工件	 
3	工作台自动进给时，松开手动进给离合器，不允许两个进给方向同时自动进给	

（续）

序号	内容	图示
4	不得随意打开电气设备安全盖和拆装电气设备，防止发生触电事故	
5	急停按钮用于紧急状况或发生安全事故时铣床的急停，正常铣削过程中严禁按下急停按钮	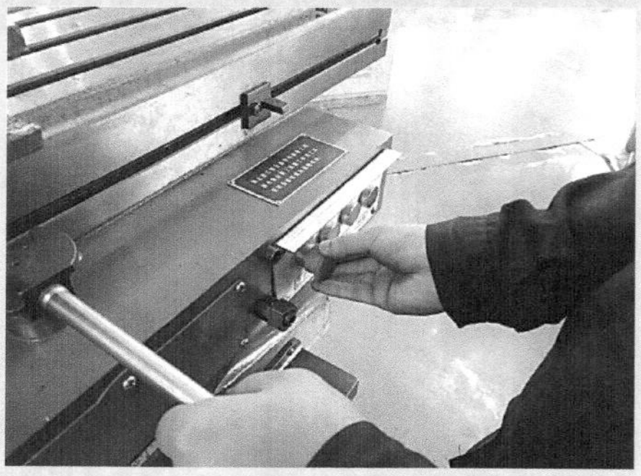
6	工具、量具和刀具的摆放应稳妥、整齐、合理	
7	实训结束后，关闭电源，清扫场地	 

（续）

序号	内容	图示
8	按规定加注润滑油，使工作台处于中间位置，各手柄应调至空档位置	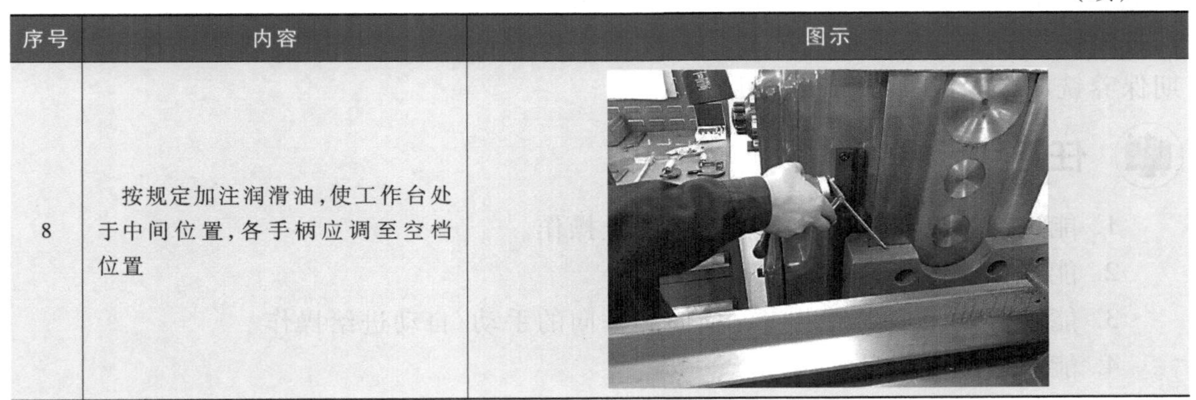

 任务评价

根据表 3-7 所列内容对任务完成情况进行评价。

表 3-7　认知铣工安全文明生产评分标准

序号	实训名称	实训内容及要求	配分	评分标准	实施状况	自评	师评
1	铣工安全文明生产规范实施	设备检查	10	按检查情况酌情扣分			
2		停车变速	10	违反不得分			
3		停车测量工件	10	违反不得分			
4		正确使用工作台自动进给机构	10	违反不得分			
5		不得随意打开电气设备安全盖	10	违反不得分			
6		正确使用急停按钮	10	错误不得分			
7		正确摆放工具、量具和刀具	10	错误不得分			
8		切断铣床电源	10	不及时关闭电源不得分			
9		清扫工作场地	10	按清扫情况酌情扣分			
10		加注润滑油及铣床各部件复位	10	违反不得分			
		合计配分	100	合计得分			

 实践经验

只有在确保人身和设备安全的前提下，才能保证加工过程的顺利进行。因此，要熟记铣工安全文明生产规范并在实践中严格遵守，学习企业铣工安全文明生产规范，养成动静有法的职业素养。

任务三　操作与保养铣床

 任务引入

熟练操作铣床是进行铣削加工的前提。本任务包括铣床的起动操作方法、主轴

变速和进给变速操作方法、工作台手动进给操作方法、刻度盘识读方法、工作台自动进给操作方法、铣床的润滑和日常保养等内容，要求学生做到熟练操作铣床，定期保养铣床，养成良好的工作习惯。

任务目标

1. 能进行铣床主轴正转、反转和停止操作。
2. 能进行铣床变速和进给速度调整。
3. 能进行铣床工作台纵向、横向和垂向的手动/自动进给操作。
4. 能对铣床进行日常保养。

知识准备

一、铣床的基本操作

本任务以 X6132 型万能卧式升降台铣床（已安装好万能立铣头）为例介绍其操作方法，具体操作项目与操作说明见表 3-8。

X6132型万能卧式升降台铣床的操作与保养

表 3-8　X6132 型万能卧式升降台铣床操作项目及操作说明

操作项目	图示	操作说明
铣床起动操作	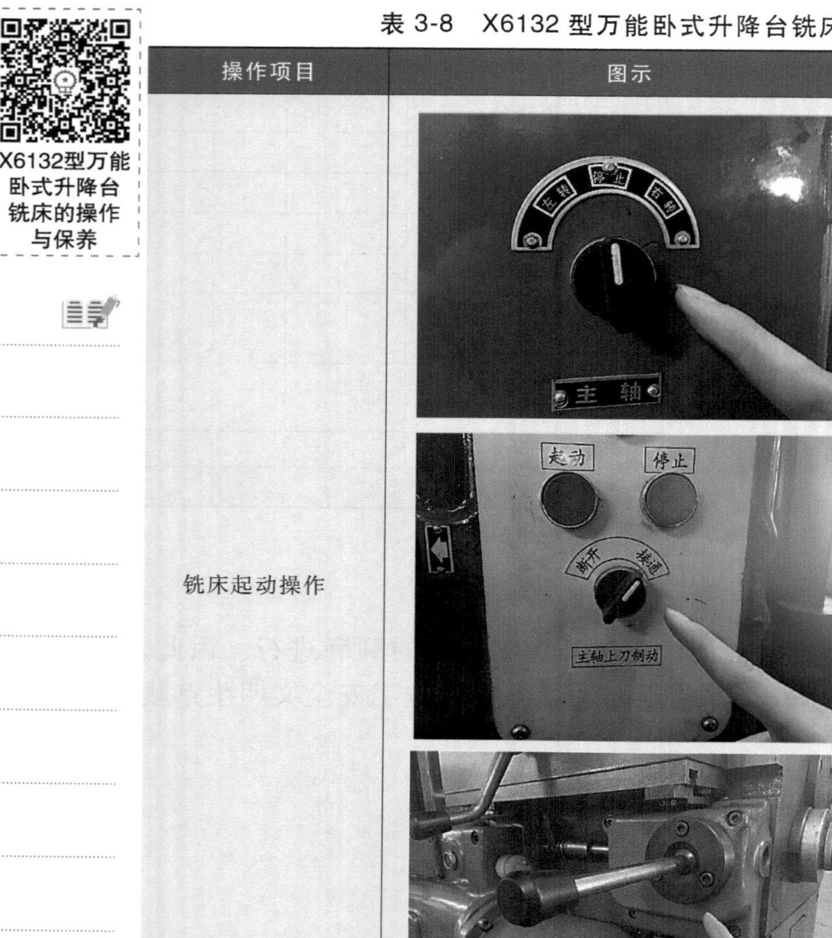	1. 起动前，检查铣床主轴换向转换开关是否处于停止状态，主轴上刀制动开关是否处于“接通”位置，手动进给离合器和工作台自动进给手柄是否处于空档位置，主轴转速盘、进给速度盘是否处于低速状态，急停按钮是否处于按下状态，确认后，接通电源

（续）

操作项目	图示	操作说明
铣床起动操作	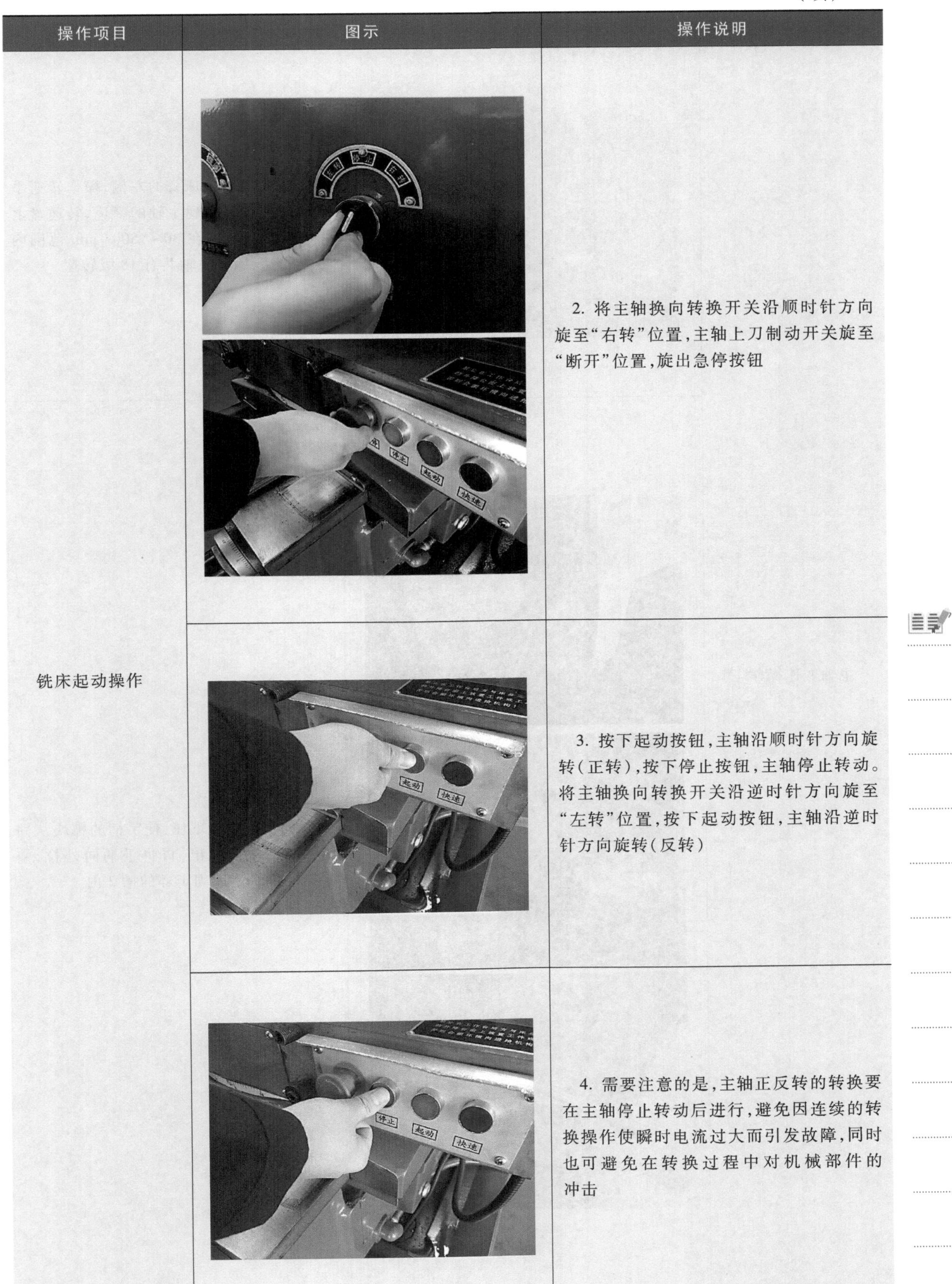	2. 将主轴换向转换开关沿顺时针方向旋至“右转”位置，主轴上刀制动开关旋至“断开”位置，旋出急停按钮
		3. 按下起动按钮，主轴沿顺时针方向旋转（正转），按下停止按钮，主轴停止转动。将主轴换向转换开关沿逆时针方向旋至“左转”位置，按下起动按钮，主轴沿逆时针方向旋转（反转）
		4. 需要注意的是，主轴正反转的转换要在主轴停止转动后进行，避免因连续的转换操作使瞬时电流过大而引发故障，同时也可避免在转换过程中对机械部件的冲击

（续）

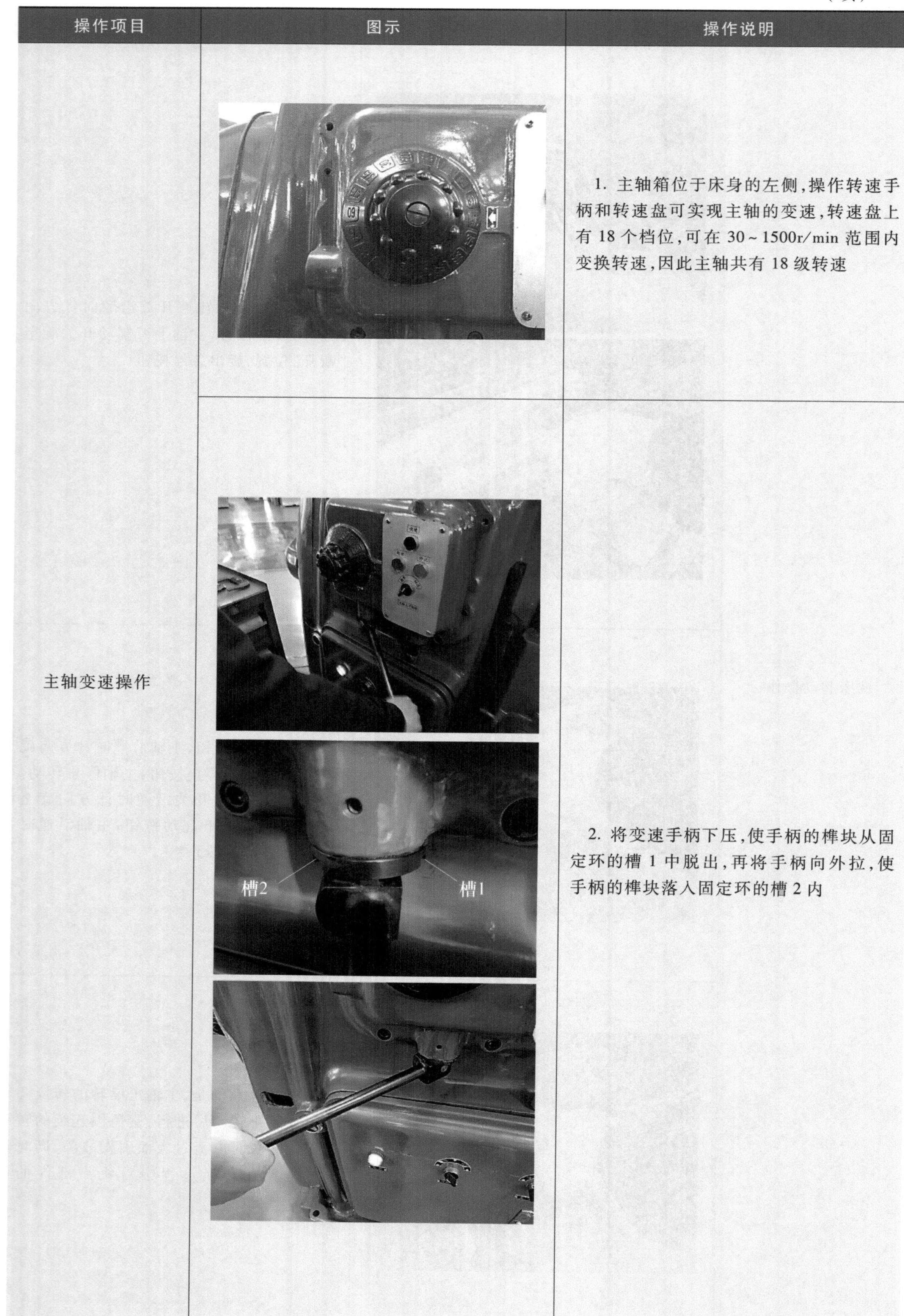

操作项目	图示	操作说明
主轴变速操作		1. 主轴箱位于床身的左侧，操作转速手柄和转速盘可实现主轴的变速，转速盘上有 18 个档位，可在 30～1500r/min 范围内变换转速，因此主轴共有 18 级转速
		2. 将变速手柄下压，使手柄的榫块从固定环的槽 1 中脱出，再将手柄向外拉，使手柄的榫块落入固定环的槽 2 内

（续）

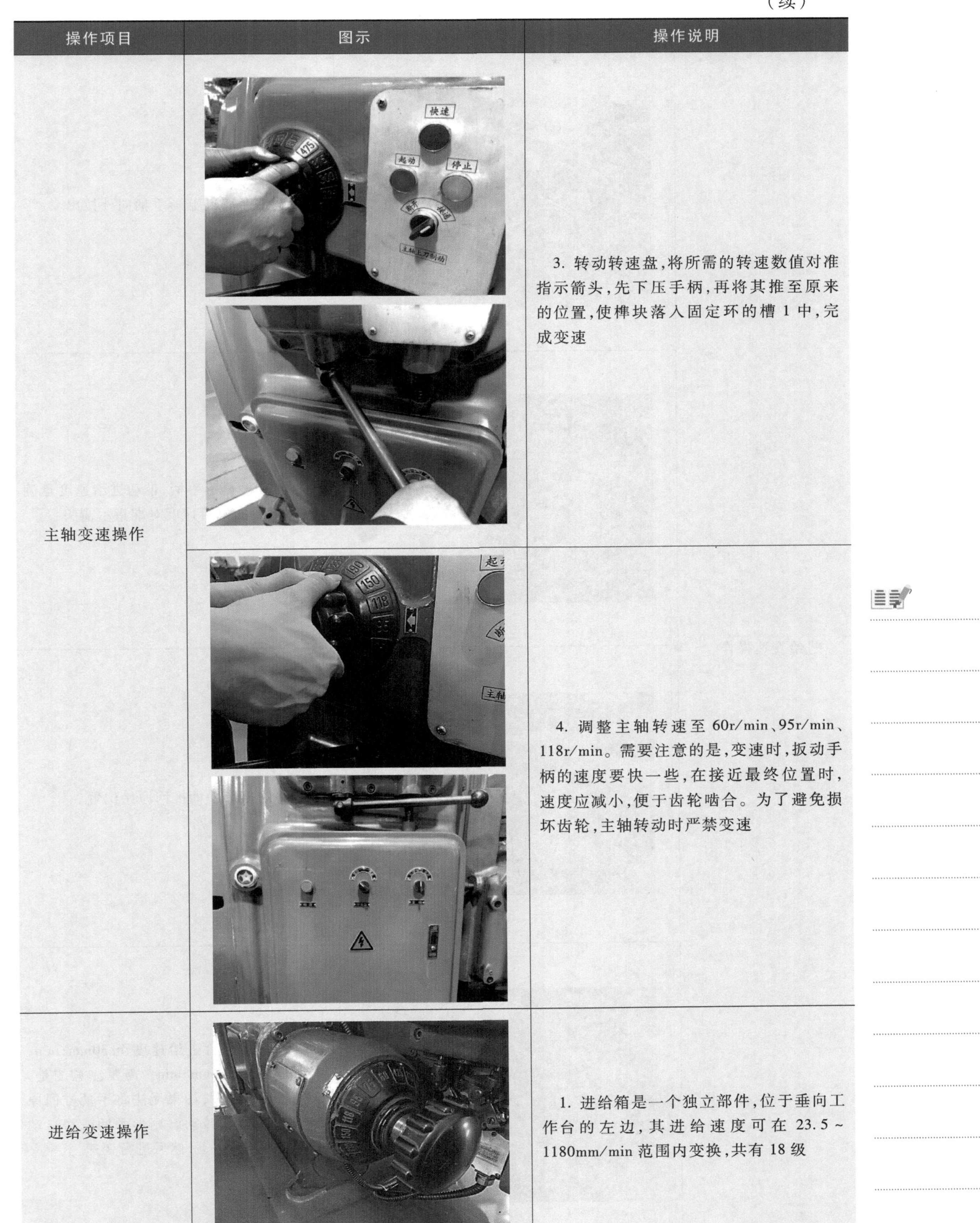

操作项目	图示	操作说明
主轴变速操作		3. 转动转速盘，将所需的转速数值对准指示箭头，先下压手柄，再将其推至原来的位置，使榫块落入固定环的槽 1 中，完成变速
		4. 调整主轴转速至 60r/min、95r/min、118r/min。需要注意的是，变速时，扳动手柄的速度要快一些，在接近最终位置时，速度应减小，便于齿轮啮合。为了避免损坏齿轮，主轴转动时严禁变速
进给变速操作		1. 进给箱是一个独立部件，位于垂向工作台的左边，其进给速度可在 23.5～1180mm/min 范围内变换，共有 18 级

（续）

操作项目	图示	操作说明
进给变速操作	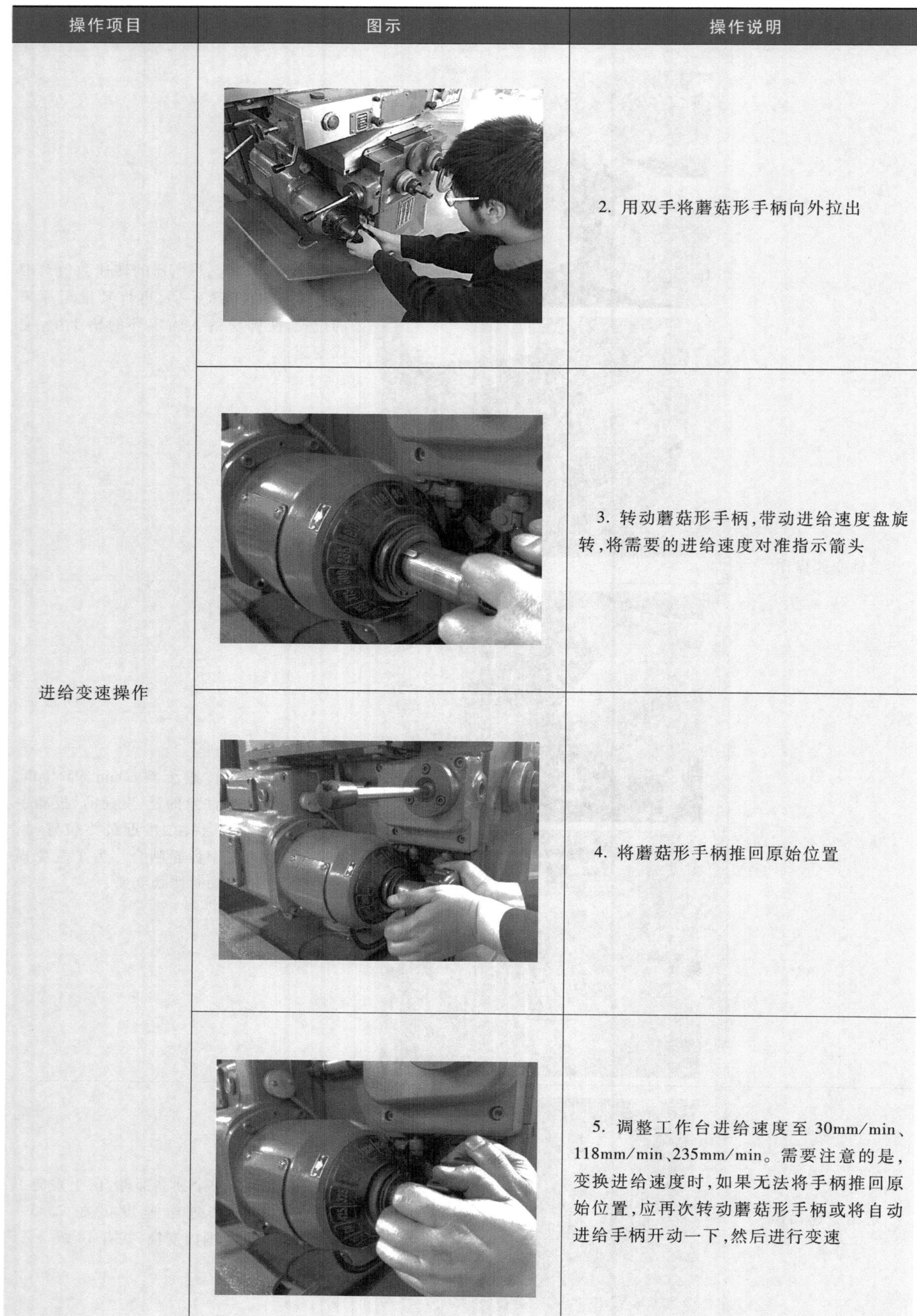	2. 用双手将蘑菇形手柄向外拉出
		3. 转动蘑菇形手柄，带动进给速度盘旋转，将需要的进给速度对准指示箭头
		4. 将蘑菇形手柄推回原始位置
		5. 调整工作台进给速度至 30mm/min、118mm/min、235mm/min。需要注意的是，变换进给速度时，如果无法将手柄推回原始位置，应再次转动蘑菇形手柄或将自动进给手柄开动一下，然后进行变速

（续）

操作项目	图示	操作说明
工作台手动进给操作	 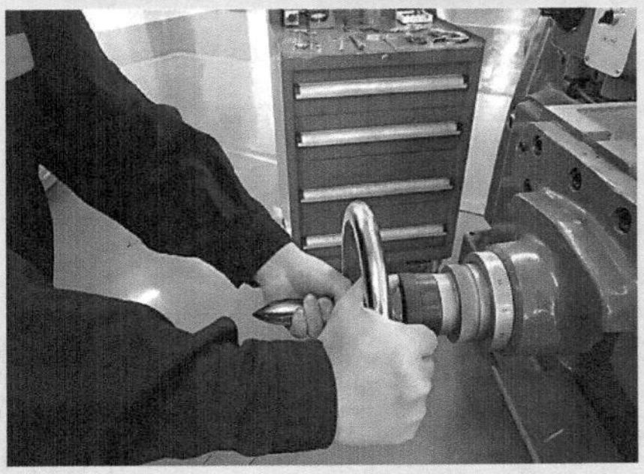 纵向手动进给手柄　垂向手动进给手柄　横向手动进给手柄	1. 纵向手动进给。工作台纵向手动进给手柄在工作台的左侧，手动进给时，右手握手柄稍用力向里推，接通手动进给离合器，左手扶住并转动手轮，速度要均匀适当。沿顺时针方向转动手柄，工作台向右移动进给；反之，工作台向左移动进给
		2. 横向手动进给。工作台横向手动进给手柄在垂向工作台的前面，手动进给时，将手柄离合器接通，右手握手柄，左手扶住并转动手轮，沿顺时针方向转动手柄，工作台向前移动进给；反之，工作台向后移动进给
		3. 垂向手动进给。工作台垂向进给手柄在垂向工作台前面左侧，手动进给时，将手柄离合器接通，双手握手柄，沿顺时针方向转动手柄，工作台上升；反之，工作台下降
刻度盘的识读	 0.5mm　0　5.5	1. 纵向刻度盘圆周共有 120 格，每转一格，工作台向左或向右移动 0.05mm；每转一周，工作台向左或向右移动 6mm

（续）

操作项目	图示	操作说明
刻度盘的识读		2. 横向刻度盘圆周共有120格，每转一格，工作台向前或向后移动0.05mm；每转一周，工作台向前或向后移动6mm
		3. 垂向刻度盘圆周共有40格，每转一格，工作台向上或向下移动0.05mm；每转一周，工作台向上或向下移动2mm
工作台自动进给操作		1. 工作台纵向、横向及垂向自动进给操纵手柄均有两副，是联动的复式操纵机构

（续）

操作项目	图示	操作说明
工作台自动进给操作		2. 纵向自动进给操纵手柄有三个位置，即向右进给、向左进给和停止
		3. 横向和垂向自动进给由同一手柄操纵，该操纵手柄有五个位置，即向前进给、向后进给、向上进给、向下进给和停止

二、铣床的润滑

1. X6132 型万能卧式升降台铣床润滑要求

X6132 型万能卧式升降台铣床的主轴变速机构和进给变速机构采用自动润滑，起动机床后，机床流油指示器（油标）显示润滑情况。纵向工作台丝杠、螺母以及导轨等运动部位采用手拉油泵润滑，其余导轨、丝杠两端轴承和刀杆支架轴承等采用油枪注油润滑。

X6132 型万能卧式升降台铣床的润滑要求如图 3-3 所示。

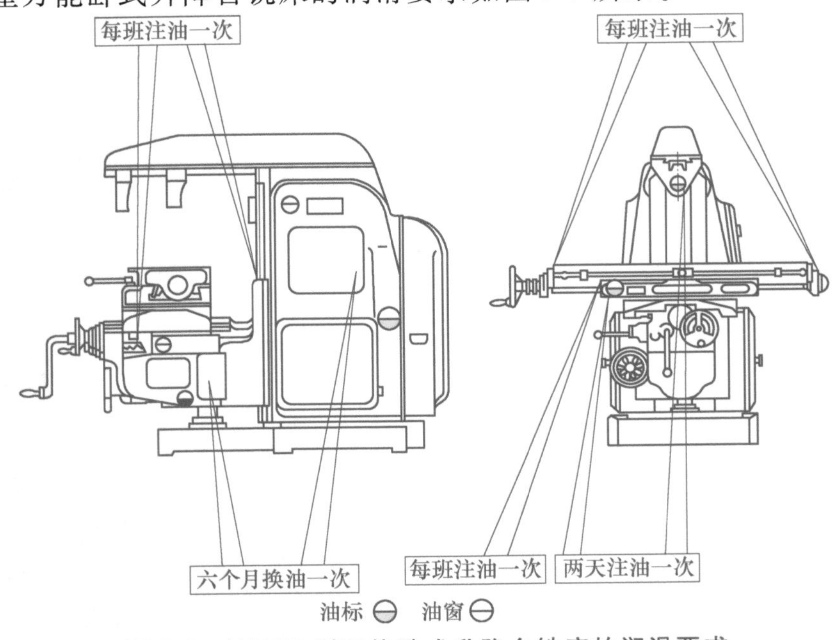

图 3-3 X6132 型万能卧式升降台铣床的润滑要求

根据图 3-2 所示的铣床润滑要求，必须按期、按油质对铣床各润滑点进行润滑，以保持其良好的使用性能。X6132 型万能卧式升降台铣床常用的润滑方式见表 3-9。

表 3-9　X6132 型万能卧式升降台铣床常用的润滑方式

润滑方式	注油部位	润滑要求	图示
弹子油杯注油润滑	垂向导轨、纵向工作台两端轴承	每班注油一次，注油时将油嘴压住弹子后注入	
浇油润滑	横向丝杠、导轨滑动表面	每班注油一次，用油壶直接注油于丝杠、导轨表面，并移动横向工作台，使整个丝杠、导轨表面都接触到润滑油	
油泵循环润滑	纵向工作台运动部位	每班润滑工作台三次，每次拉压八回，手动油泵在纵向工作台左下方，注油时，选择纵向自动进给方式，使工作台往复移动的同时，拉压手动油泵，使润滑油流至纵向工作台运动部位	
直接注入	手动油泵油池、刀杆支架、上油池	两天注油一次，旋开油池盖，注入润滑油至油液液面与油标线平齐	
	主轴箱油池、进给箱油池	六个月调换一次，由机修人员负责	

2. 润滑油的使用要求

1）使用的润滑油油质应清洁无杂质，一般使用 L-AN32 全损耗系统用油。

2）带油标的油池共有四个，即主轴箱、进给箱、手动油泵和刀杆支架上油池，要经常观察油池内的油量，当油量低于油标线时，应及时补足。

3）输油窗有两个，即主轴箱输油窗、进给箱输油窗。起动铣床后，观察输油窗是否有油流动，如果没有应及时处理。

三、铣床的日常保养

1）平时要注重铣床的润滑，操作人员应根据润滑要求，定期加注润滑油。

2）开机之前，应先检查各部件，例如各手柄、按钮是否在规定的位置，各部件是否灵敏等。

3）安装夹具和工件时应轻放，不允许在工作台面上放置工具、量具和工件等。

4）在操作中应时刻观察铣削情况，如果发现异常现象，应立即停机检查。

5）操作完毕后，应清除铣床上及周围的切屑等杂物，关闭电源，擦净机床，在滑动部位加注润滑油，整理工具、夹具和量具等，做好交接班工作。

任务实施

一、任务分析

铣床的操作与保养内容包括铣床的起动、主轴变速、进给变速、工作台手动进给操作、刻度盘的识读、工作台自动进给操作、观察油窗工作状态、关闭铣床电源、清理工作现场、各部位的润滑等，本任务要求学生在铣床基本操作训练与日常保养训练过程中，结合铣床操作说明书和相关规定，合作完成各项操作，做到安全、文明操作。

二、任务准备

X6132 型万能卧式升降台铣床、铣床日常保养项目表和日常保养工具。

三、操作铣床

铣床具体操作项目、内容及要求见表 3-10。

表 3-10 铣床操作项目、内容及要求

操作项目	操作内容及要求
铣床起动操作	1. 合上铣床电源总开关 2. 将主轴换向转换开关旋至“右转”位置,主轴上刀制动开关旋至“断开”位置 3. 旋出急停按钮 4. 按下起动按钮 5. 使主轴沿顺时针方向旋转(正转)、停止(按下停止按钮)和沿逆时针方向旋转(反转)。反转时主轴换向转换开关旋至“左转”位置 6. 关闭铣床电源总开关
主轴变速操作	调整主轴转速至 47.5r/min、150r/min 和 235r/min

（续）

操作项目	操作内容及要求
进给变速操作	调整工作台纵向进给速度至 23.5mm/min、150mm/min 和 300mm/min
工作台手动进给操作	双手操纵纵向、横向和垂向进给手柄，使工作台移动，在移动过程中，要保持移动速度均匀
刻度盘识读及操作	1. 摇动纵向工作台手轮，使工作台向左移动 20mm，再向右移动 20mm 2. 摇动横向工作台手轮，使工作台向前移动 5mm，再向后移动 5mm 3. 摇动垂向工作台手轮，使工作台上升 8mm，再下降 8mm 注意：在工作台的移动过程中，必须消除工作台与螺母之间的传动间隙对移动尺寸的影响
工作台自动进给操作	1. 检查各进给方向的紧固螺钉、紧固手柄是否松开 2. 检查各进给方向自动进给停止挡铁是否牢固地安装在限位柱范围内 3. 检查工作台在各进给方向是否处于中间位置 4. 起动主轴 5. 使工作台分别沿纵向、横向和垂向做自动进给，检查进给油窗是否甩油 6. 使工作台停止进给，主轴停转 7. 练习完毕后，认真擦拭机床，并使工作台在进给方向处于中间位置，各手柄恢复原来位置

四、铣床日常保养

铣床的日常保养过程见表 3-11。

表 3-11 铣床日常保养过程

步骤	保养内容	图示
1	观察油窗 检查主轴箱、进给箱输油窗是否有油流动，如果没有应及时提出报修申请	
2	关闭铣床电源 切断铣床控制箱总电源、主电动机电源，将铣床主轴换向开关旋至中间位置，上刀制动开关旋至“接通”位置，按下急停按钮，确保在安全的工作环境中完成铣床的日常保养	
3	清理工作现场 用毛刷和专用工具将铣床工作台及导轨面上的切屑清除干净，清理铣床盛液盘，打扫工作场地卫生，保持场地干净和整齐	

（续）

步骤	保养内容	图示
4	各部位的润滑 按照需要润滑的部位和要求，采用不同的润滑方式对铣床各导轨滑动表面、纵向工作台丝杠、螺母以及导轨等运动部位，丝杠两端轴承和刀杆支架轴承，手动油泵油池、刀杆支架上油池等进行润滑	
5	各部件归位 将纵向、垂向工作台置于中间位置，横向工作台置于与导轨面对齐的位置，各手动进给离合器和工作台自动进给手柄置于空档位置，松开各进给紧固手柄	
6	整理、整顿现场物品 对铣床上和工具箱中的物品进行清理和归类，将用不到的物品清出现场，对需要的物品按照摆放要求分类摆放，合理布置，养成良好的物品摆放习惯，提高工作效率	 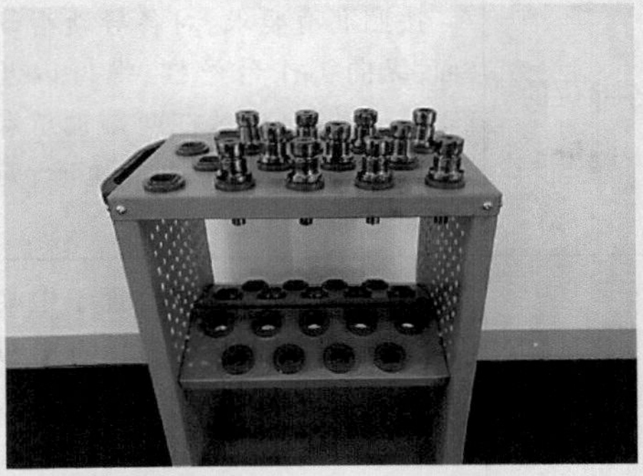  成品　毛坯

任务评价

根据表 3-12 所列内容对任务完成情况进行评价。

表 3-12　操作与保养铣床评分标准

序号	实训名称	实训内容及要求	配分	评分标准	实施状况	自评	师评
1	铣床起动操作	按顺序起动和停止铣床	5	错误不得分			
2	主轴变速操作	调整主轴转速至 47.5r/min、150r/min 和 235r/min	5	错误不得分			
3	进给变速操作	调整工作台纵向进给速度至 23.5mm/min、150mm/min 和 300mm/min	5	错误不得分			
4	工作台手动进给操作	双手操纵纵向、横向和垂向进给手柄，使工作台移动，保持移动速度均匀	10	不按要求操作不得分			
5	刻度盘识读及操作	按照要求操作刻度盘	10	按操作情况酌情扣分			
6	工作台自动进给操作	按操作步骤进行工作台的纵向、横向和垂向自动进给	10	不按步骤操作不得分			
7	了解铣床工作状态	观察铣床输油窗，判断铣床各输油窗工作是否正常	5	错误不得分			
8	关闭铣床电源	切断铣床总电源、主电动机电源等，确保在安全的环境中进行铣床的保养工作	5	违反不得分			
9	清理工作现场	将铣床上的切屑清除干净，打扫工作场地卫生，保持场地干净和整齐	5	按清除、清理情况酌情扣分			
10	各部位的润滑	按照润滑要求，对各导轨滑动表面、纵向工作台丝杠、螺母以及导轨等运动部位，丝杠两端轴承和刀杆支架轴承，手动油泵油池、刀杆支架上油池等进行润滑	5	按润滑情况酌情扣分			
11	各部件归位	将纵向、垂向工作台置于中间位置，横向工作台置于与导轨面对齐的位置，各手柄置于空档位置，松开各进给紧固手柄	10	按归位情况酌情扣分			
12	整理、整顿现场物品	清理及合理摆放物品	5	按清理、摆放情况酌情扣分			
13	安全文明生产	安全装备齐全	10	违反不得分			
14		规范操作	10	违反操作规范酌情扣分			
合计配分			100	合计得分			

实践经验

1）只要求铣床工作台快速移动，主轴不旋转。应旋出急停按钮，将主轴换向转换开关旋至“停止”位置，按下“起动”按钮，扳动工作台自动进给操纵手柄，再按住“快速”按钮，工作台即沿该方向做快速进给运动，松开“快速”按钮，即停止快速移动，操作中应注意机床安全。

2）变换主轴转速时，若齿轮的啮合位置不正确，手柄难以扳到位。此时可一边用扳手套在立铣头拉杆上方的方榫上，用手转动主轴，一边扳动变速手柄，直到手柄扳到所需位置。

3）铣床运转 500h 后，应进行一级保养。一级保养由操作人员负责，在维修人员的配合下进行。

项目四　铣削压板

项目描述

对于较大或形状特殊的工件，在铣床上安装时，常用压板（图 4-1）将其压紧在工作台上进行加工，起到夹紧和定位的作用。压板作为一种夹具，在铣削加工中被广泛应用。根据压板零件的加工特点，将本项目拆分成铣削压板六面、铣削压板斜面两个任务，将铣削压板封闭沟槽作为拓展任务。本项目主要学习以平面、斜面为特征的零件加工工艺的识读，以及加工和检测的方法。

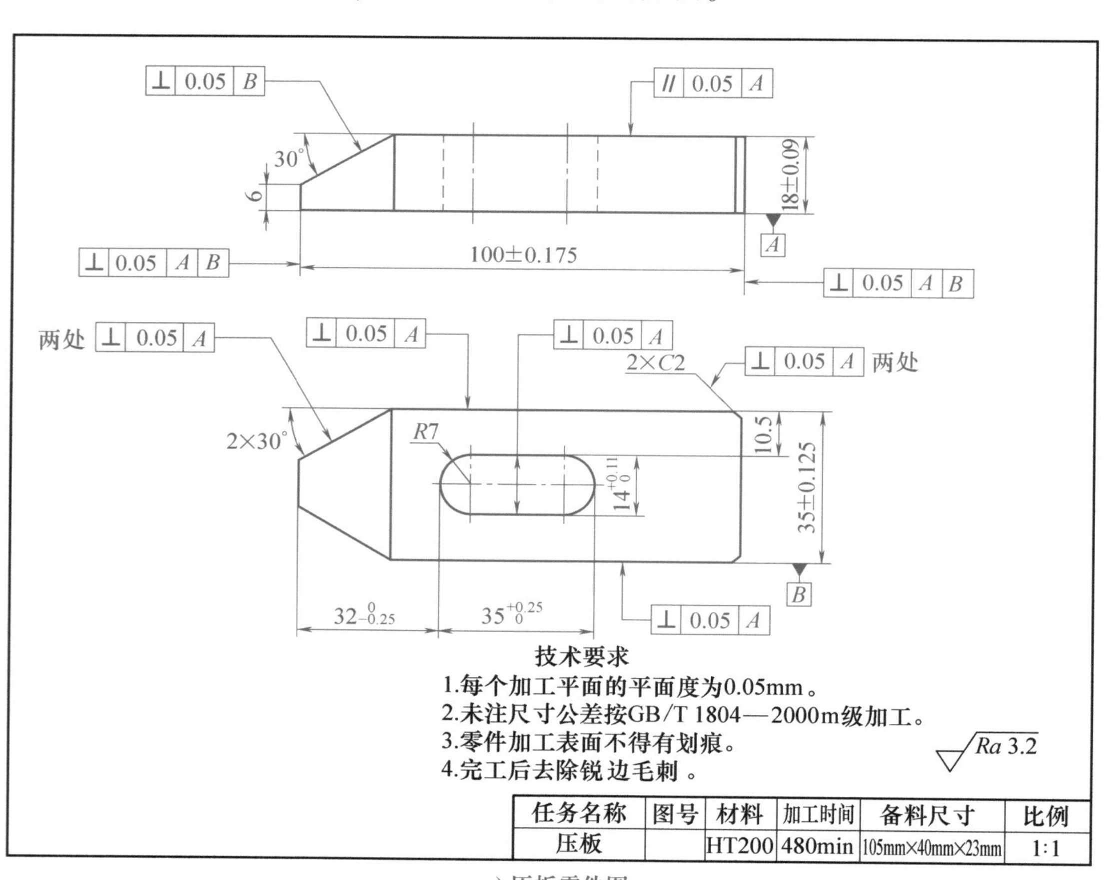

a) 压板零件图

图 4-1　压板

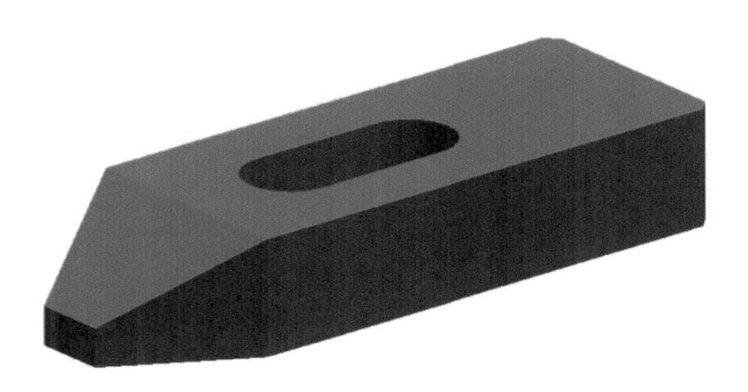

b) 压板实物图

图 4-1　压板（续）

项目目标

1. 能正确安装板类零件。
2. 能正确选择与安装压板加工刀具。
3. 能识读压板六面、压板斜面的加工工序卡片。
4. 能独立操作铣床进行压板六面、压板斜面的加工。
5. 能对加工的板类零件进行质量检测和分析。
6. 能养成规范操作铣床的习惯。

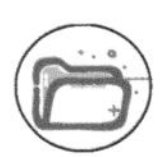

素养目标

能高质量地完成加工任务并分享经验，共同提升铣工基本操作技能。

任务一　铣削压板六面

任务引入

由三组互相平行且相邻面垂直的平面构成压板的基本表面，简称压板六面，如图 4-2 所示，这些平面能在压板的使用中起到与被压工件较好接触，有助于压紧工件的作用。本任务是铣削压板六面，通过正确安装工件与平面加工刀具，识读压板六面加工工序卡片，铣削与检测压板六面等实践环节，要求学生学会压板六面的铣削加工技术。

图 4-2　压板六面

任务目标

1. 了解常用铣刀的材料、种类和应用。
2. 掌握面铣刀的安装方法。
3. 能在机用平口钳上装夹工件。
4. 了解铣削用量的选用原则。

5. 掌握铣削工件的方法。

6. 熟悉压板六面的加工工序，明确加工步骤及加工需要的刀具、铣削用量等。

7. 能使用游标卡尺、刀口形直尺和外径千分尺等量具检测压板六面，判断零件是否合格，并简单分析压板六面的加工质量。

知识准备

一、铣刀的材料

常用铣刀切削部分的材料有高速钢和硬质合金两大类。高速钢一般用于制造形状较复杂的低速切削用铣刀，而硬质合金多用于制造高速切削用铣刀。

二、铣刀的种类

铣刀是一种多刃刀具，刀齿均匀分布在旋转表面或端面上。机械加工中常用铣刀的种类、特点及用途见表 4-1。

表 4-1　机械加工中常用铣刀的种类、特点及用途

铣刀种类	图示	特点及用途
圆柱铣刀		圆柱铣刀是用高速钢制造成的整体式结构，用于在卧式铣床上铣削平面
镶齿套式面铣刀		用于在立式铣床上加工大平面，生产率高
可转位面铣刀		
立铣刀		立铣刀的端面中心有一个凹槽，因此不能做轴向进给，主要用于加工沟槽、台阶面和侧面等
键槽铣刀		键槽铣刀的端面切削刃延至中心，加工时可以轴向进给钻孔达到槽深，再沿键槽方向铣出键槽全长，主要用于铣削平键键槽和半圆键键槽

三、镶齿套式面铣刀的安装

1. 内孔带键槽的镶齿套式面铣刀的安装

安装时，选择圆柱面上带键槽并装有键的刀杆，如图 4-3 所示，先擦净刀杆锥柄和铣床主轴锥孔，使刀杆凸缘上的槽对准主轴端部的键，用拉紧螺杆拉紧刀杆，然后擦净铣刀内孔、端面、刀杆圆柱面，双手托住铣刀两端面，使铣刀上的槽对准刀杆上的键，装上铣刀，旋入紧固螺钉，并用叉形扳手紧固铣刀。

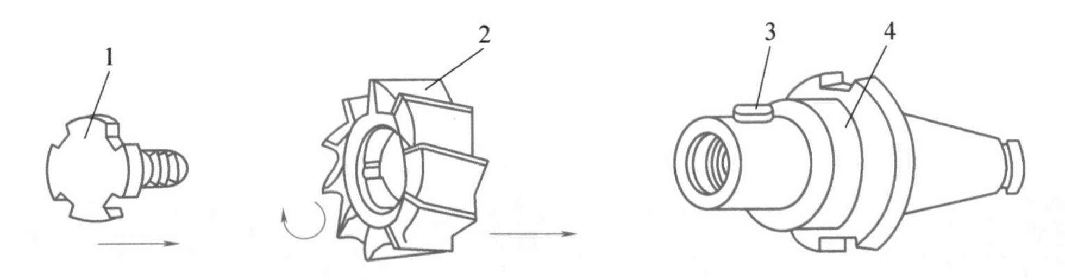

图 4-3　内孔带键槽的镶齿套式面铣刀的安装

1—紧固螺钉　2—铣刀　3—键　4—刀杆

2. 端面带槽的镶齿套式面铣刀的安装

端面带槽的镶齿套式面铣刀用配有凸缘、端面带键的刀杆安装，如图 4-4 所示，先将刀杆在铣床主轴锥孔内拉紧，将凸缘装在刀杆上，并使凸缘上的槽对准主轴端部的键，然后装入铣刀，使铣刀端面上的槽对准凸缘端面上的键，再旋入紧固螺钉，用叉形扳手紧固铣刀。

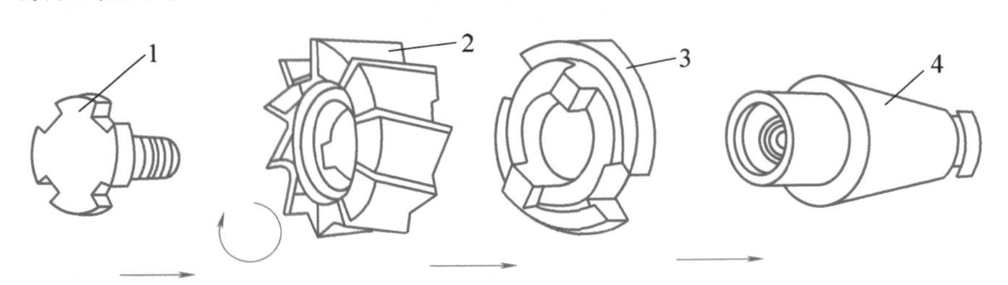

图 4-4　端面带槽的镶齿套式面铣刀的安装

1—紧固螺钉　2—铣刀　3—凸缘　4—刀杆

用以上结构形式的刀杆，可以安装直径较大的面铣刀，也可以安装直径小于 160mm 的铣刀盘。

四、用机用平口钳装夹工件

机用平口钳是铣床上用来装夹工件的附件。铣削一般长方体工件的平面、台阶面、斜面和轴类工件上的键槽时，都可以用机用平口钳装夹。

五、铣削用量的选择

选择铣削用量的原则是在保证加工质量、降低加工成本和提高生产率的前提下，使背吃刀量和侧吃刀量、进给量、铣削速度的乘积最大。这时工序的切削工时最短。

粗铣时，在机床动力和工艺系统刚性允许并具有合理的铣刀寿命的条件下，依次选择背吃刀量、侧吃刀量、进给量、铣削速度。在铣削用量中，背吃刀量和侧吃刀量对铣刀寿命的影响最小，进给量次之，铣削速度影响最大。因此，在选择铣削用量时，应尽可能选择较大的背吃刀量和侧吃刀量，然后按工艺装备和技术条件选择允许的较大的每齿进给量，最后根据铣刀寿命选择允许的铣削速度。

精铣时，为了保证加工精度和表面质量，切削层宽度应尽量一次铣出，切削层深度一般在0.5mm左右，再根据表面质量要求选择合适的每齿进给量，最后根据铣刀寿命选择铣削速度。

常用铣刀背吃刀量 a_p 的推荐值见表4-2；每齿进给量 f_z 的推荐值见表4-3；铣削速度 v_c 的推荐值见表4-4。

表4-2　背吃刀量 a_p 的推荐值　（单位：mm）

工件材料	高速钢铣刀		硬质合金铣刀	
	粗铣	精铣	粗铣	精铣
铸铁	5~7	0.5~1	10~18	1~2
软钢	<5	0.5~1	<12	1~2
中硬钢	<4	0.5~1	<7	1~2
硬钢	<3	0.5~1	<4	1~2

表4-3　每齿进给量 f_z 的推荐值　（单位：mm/z）

刀具名称	高速钢铣刀		硬质合金铣刀	
	铸铁件	钢件	铸铁件	钢件
镶齿套式面铣刀	0.15~0.2	0.06~0.1	0.2~0.5	0.08~0.20
立铣刀	0.08~0.15	0.03~0.06	0.2~0.5	0.08~0.20
圆柱铣刀	0.12~0.2	0.1~0.15	0.2~0.5	0.08~0.20

表4-4　铣削速度 v_c 的推荐值　（单位：m/min）

工件材料	高速钢铣刀	硬质合金铣刀	说明
灰铸铁	14~22	70~100	粗铣时取最小值，精铣时取最大值
中碳钢	20~35	120~150	工件材料的强度和硬度较高时取小值，反之取大值；刀具材料耐热性好时取大值，反之取小值
工具钢	12~23	45~83	
铝合金	112~300	400~600	

六、铣削方法

在铣床上铣削工件时，由于铣刀的结构不同，在工件上加工的部位有所不同，所以采用的铣削方法也不同，根据铣刀在切削时切削刃与工件接触的位置不同，铣削方法可分为周边铣削、端面铣削和周边端面铣削三种。

1. 周边铣削

周边铣削简称周铣（圆周铣），是用铣刀周边齿刃进行铣削。周铣时，铣刀的旋转轴线与工件被加工表面平行，如图 4-5 所示。

周铣有顺铣与逆铣两种方式。顺铣是铣削时，在铣刀与工件已加工表面的切点处，铣刀旋转切削刃的运动方向与工件进给方向相同的铣削；逆铣是铣削时，在铣刀与工件已加工表面的切点处，铣刀旋转切削刃的运动方向与工件进给方向相反的铣削。如图 4-6a 所示，顺铣时，工作台进给方向 v_f 与其水平方向的铣削分力 F_f 方向相同，F_f 作用在丝杠和螺母的间隙上。当 F_f 大于工作台滑动的摩擦力时，F_f 将工作台推动一段距离，使工作台发生间歇性窜动，会啃伤工件，损坏刀具，甚至损坏机床。如图 4-6b 所示，逆铣时的工作台进给方向 v_f 与其水平方向上的铣削分力 F_f 方向相反，F_f 作用在丝杠与螺母的接合面上，工作台在进给运动中不会发生窜动现象，即水平方向上的铣削分力 F_f 不会拉动工作台，因此在一般情况下都采用逆铣。

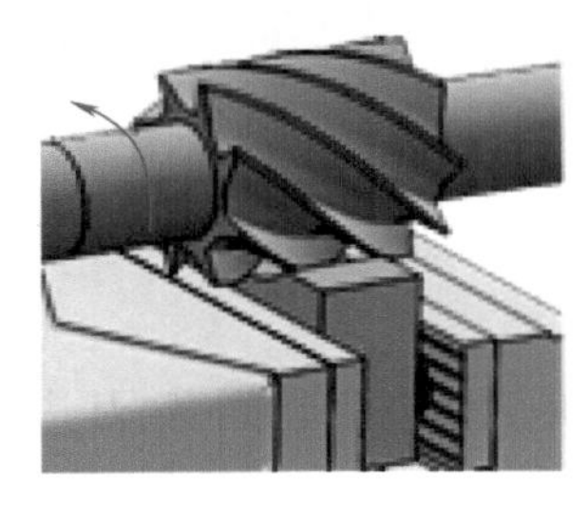

a) 在卧式铣床上周铣

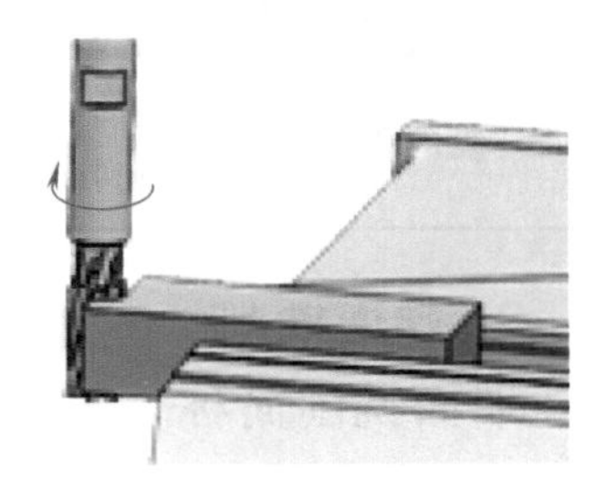

b) 在立式铣床上周铣

图 4-5　圆周铣

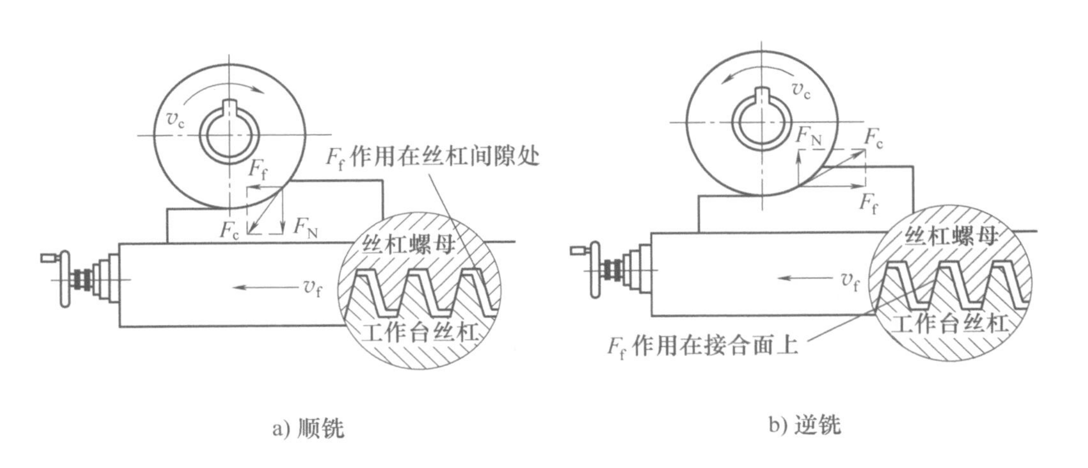

a) 顺铣　　b) 逆铣

图 4-6　周铣时的切削力对工作台的影响

周铣时顺铣与逆铣的区别见表 4-5。

表 4-5　顺铣与逆铣的区别

比较项目	顺铣	逆铣
刀具寿命	切削刃一开始就切入工件，铣刀后刀面与工件已加工表面的挤压、摩擦小，切削刃磨损慢，故切削刃比逆铣时磨损小，铣刀寿命较长	由于切削刃不是绝对锋利，均有切削刃钝圆半径，所以在切削开始时不能立即切入工件，而是在工件已加工表面上挤压滑行一小段距离，刀齿磨损快，刀具寿命缩短
消耗动力	切削厚度比逆铣大，切屑短而厚且变形小，可节省铣床功率的消耗；消耗在工件进给运动上的动力较小	消耗在工件进给运动上的动力较大
表面质量	加工表面上没有硬化层，因此容易切削，工件加工表面质量较好	加工表面上有前一刀齿加工时造成的硬化层，因而不易切削，会降低加工表面质量

（续）

比较项目	顺铣	逆铣
表面硬皮的影响	对表面有硬皮的毛坯,顺铣时刀齿一开始就切到硬皮,切削刃易损坏	无此问题

2. 端面铣削

端面铣削简称端铣，是用铣刀端面齿刃进行铣削。端铣时，铣刀的旋转轴线与工件被加工表面垂直，如图 4-7 所示。

端铣根据铣刀与工件之间的相对位置不同，分为对称铣削与非对称铣削两种。

（1）对称铣削　对称铣削是指铣削的侧吃刀量 a_e 对称于铣刀轴线的端面铣削，如图 4-8 所示。在工件铣削层宽度上以铣刀轴线为界，铣刀先切入工件的一边称为切入边，铣刀切出工件的一边称为切出边。切入边为逆铣，切出边为顺铣。对称铣削时，切入边与切出边所占的工件铣削层宽度相等。对称铣削具有最大的均匀切削厚度，可避免铣刀切入工件时对工件表面产生的挤压和滑行，铣刀寿命长，适用于工件宽度接近面铣刀的直径且铣刀刀齿较多的情况。

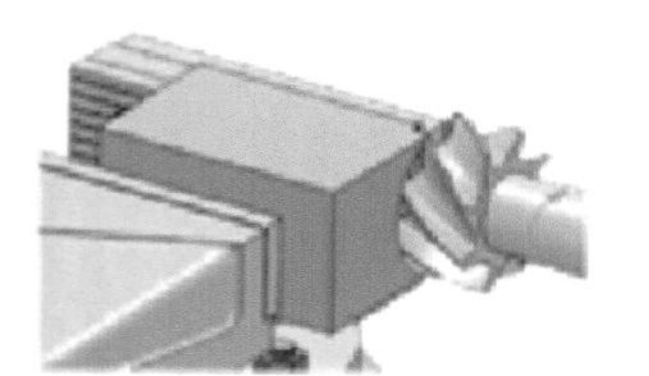

a) 在卧式铣床上端铣

b) 在立式铣床上端铣

图 4-7　端铣

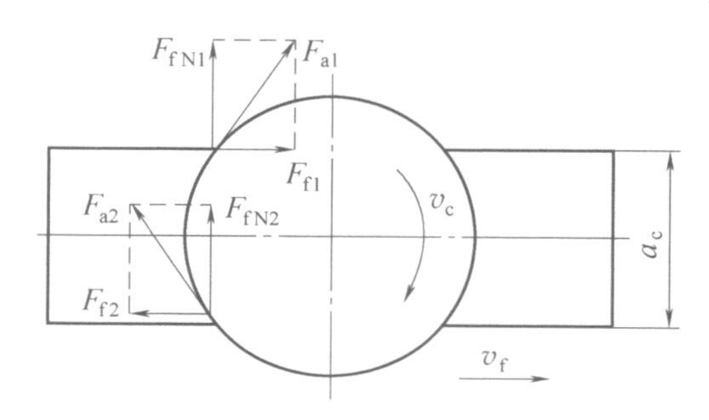

图 4-8　端面铣削时的对称铣削

（2）非对称铣削　铣削的侧吃刀量 a_e 不对称于铣刀轴线的端面铣削。按铣刀切入边和切出边所占的比例不同，非对称铣削又分为非对称顺铣和非对称逆铣两种，如图 4-9 所示。

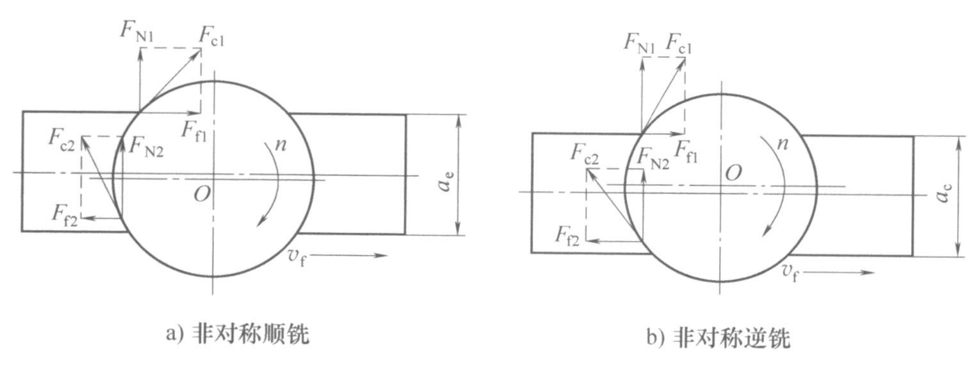

a) 非对称顺铣　　b) 非对称逆铣

图 4-9　端面铣削时的非对称铣削

1）非对称顺铣是指顺铣部分（切出边的宽度）所占的比例较大的端面铣削，如图 4-9a 所示。这种铣削方式一般很少采用，但用于铣削不锈钢和耐热合金钢时，可减小硬质合金刀具的剥落和磨损，适用于铣削难加工的材料。

2）非对称逆铣是指逆铣部分（切入边的宽度）所占的比例较大的端面铣削，如图 4-9b 所示。非对称逆铣切削平稳，切入时切屑厚度薄，减小了切削刃受到的冲击，从而延长了刀具寿命，提高了加工表面质量，适用于加工碳钢、低合金钢及较窄的工件，端铣时常用非对称逆铣。

3. 周边端面铣削

周边端面铣削是用铣刀周边齿刃和端面齿刃同时进行的铣削。铣削时，工件会同时形成两个或两个以上的已加工表面，如图 4-10 所示。

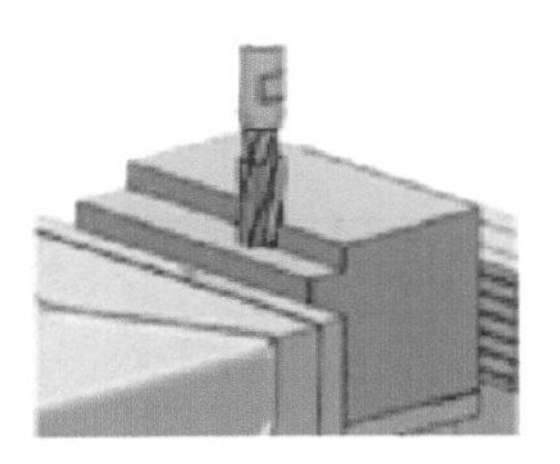

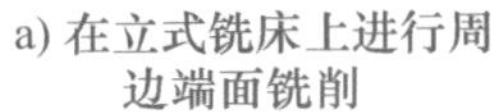

a) 在立式铣床上进行周边端面铣削

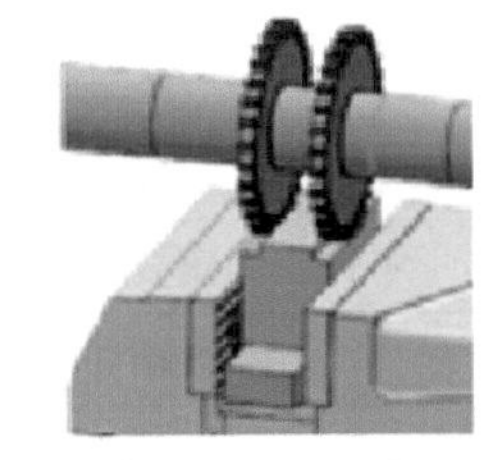

b) 在卧式铣床上进行周边端面铣削

图 4-10　周边端面铣削

任务实施

一、任务描述

本任务是铣削压板六面。要求会识读图 4-11 所示的压板六面零件图，读懂压板六面加工工序卡片，学会铣削压板的六个平面。

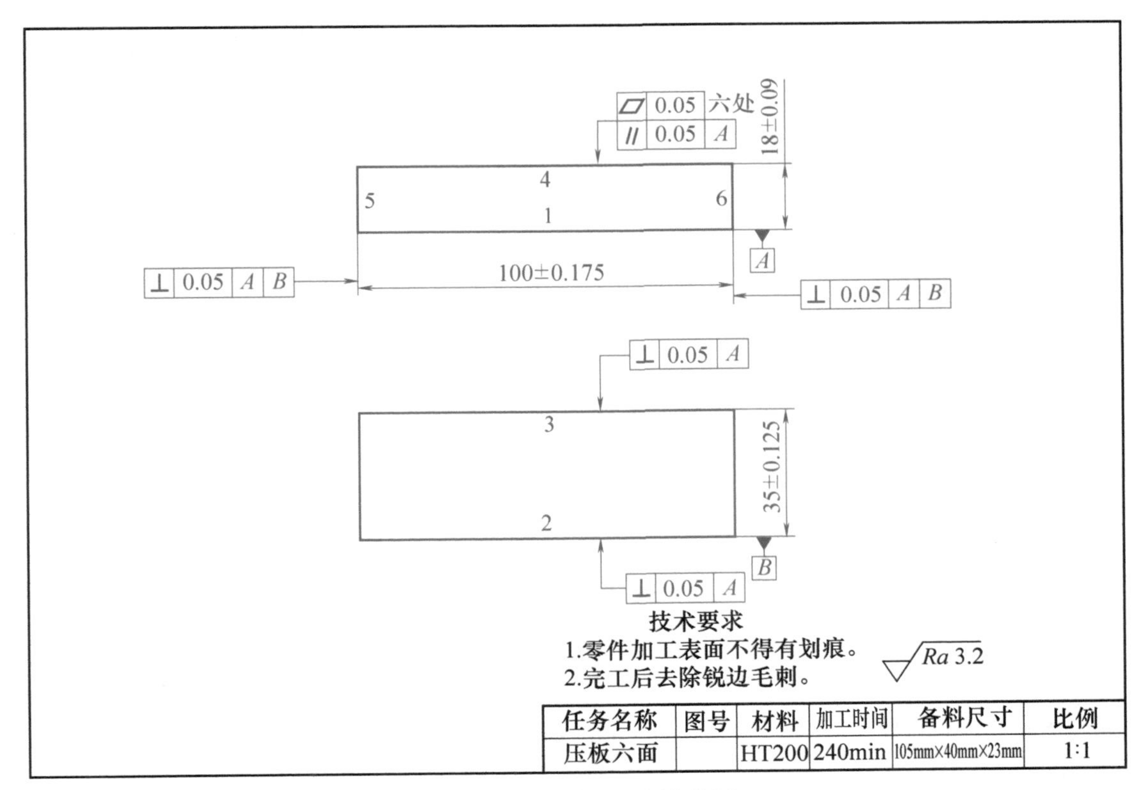

图 4-11　压板六面零件图

二、零件图识读

本任务为铣削压板六面，请仔细识读图 4-11 所示压板六面零件图并填写表 4-6。

表 4-6　零件图信息

识读内容	读到的信息
零件名称	
零件材料	
零件形状	
零件图中重要的尺寸或几何公差	
表面粗糙度值	
技术要求	

三、工艺分析

通过识读压板六面零件图，得出该零件主要加工要素是六个平面。根据形状、尺寸和几何公差的要求，用机用平口钳装夹工件。由于压板各个平面都有平面度要求，所以选择外径大于 35mm 的面铣刀加工六个平面。各相邻平面之间有垂直度要求，两大平面之间有平行度要求，因此选择零件上较大的平面或图样上的设计基准面作为定位基准面。加工时，应首先加工出这个基准面，并将该平面作为加工其余各平面的基准面。加工过程中，这个基准面应靠向机用平口钳的固定钳口或钳体导轨面，以保证其余各个加工平面对这个基准面的垂直度和平行度要求。本任务选择设计基准面 1 作为定位基准面。另外，为了保证第 5 个平面和第 6 个平面对第 2 个平面的垂直度，在铣削时，必须要用直角尺或百分表找正第 2 个平面（基准面）与钳体导轨面垂直。压板六面的加工方案是先铣削基准面 1，然后依次完成垂直面 2、垂直面 3、平行面 4、端面 5 和端面 6 的铣削。

四、加工准备

立铣头
零位校正

1. 设备

X6132 型万能卧式升降台铣床（安装万能立铣头）。

2. 工件

材料：HT200，备料尺寸：105mm×40mm×23mm，数量：1 件/人。

3. 工具、量具、刀具和夹具

1）工具：16mm×16mm 平口钳扳手、10 寸活扳手、1.5～10mm 内六角扳手套装、22～26mm 叉形扳手、平行垫铁（25mm×25mm×125mm、8mm×12mm×125mm、10mm×25mm×125mm、5mm×12mm×125mm）、护口片、400mm×600mm 平台、ϕ20mm×150mm 铜棒、500g 锤子、300mm 划线盘、0～10mm 百分表（包括表座和表杆等配件）、0.01～0.1mm 铜片、铁屑铲子、1.5 寸毛刷、棉布等。

2）量具：游标卡尺（0～150mm）、游标深度卡尺（0～150mm）、外径千分尺（0～25mm）、125mm（0 级）刀口形直尺、100mm×63mm 直角尺、0.02～1.0mm 塞尺。

3）刀具：ϕ50mm（外径）×25 mm（长度）×22 mm（内径）×14（齿数）高速钢镶齿套式面铣刀、6in 扁锉。

4）夹具：钳口宽度为136mm的机用平口钳。

五、识读压板六面加工工序卡片

压板六面加工工序卡片见表4-7。

表4-7 压板六面加工工序卡片

铣工加工工序卡片				零件名称	零件图号		材料牌号
				压板六面			HT200
工序号	工序内容	加工场地	设备名称	设备型号	夹具名称		
1	铣削	金属切削车间	万能卧式升降台铣床	X6132（安装万能立铣头）	回转型机用平口钳		
工步号	工步内容		刀具号	主轴转速/(r/min)	进给量/(mm/min)	背吃刀量/mm	进给次数
1	安装并找正机用平口钳		—	—	—	—	—
2	检查毛坯尺寸，夹持105mm×40mm×23mm毛坯平面2和3，以平面2作为定位基准，与机用平口钳固定钳口贴紧，平面4与平行垫铁贴紧，余量层高出钳口上平面5mm，找正并夹紧		—	—	—	—	—
3	选择并安装铣刀		T1	—	—	—	—
4	粗铣基准面1，留0.5mm精铣余量		T1	235	118	2	1
5	精铣基准面1，保证其0.05mm平面度至合格，厚度尺寸铣至20.5mm		T1	375	75	0.5	1
6	夹持基准面1和毛坯平面4，以基准面1作为定位基准，与机用平口钳固定钳口贴紧，平面3与平行垫铁贴紧，余量层高出钳口上平面5mm，找正并夹紧		—	—	—	—	—
7	粗铣垂直面2，留0.5mm精铣余量		T1	235	118	2	1
8	精铣垂直面2，保证其0.05mm平面度和对基准面1的0.05mm垂直度至合格，宽度尺寸铣至37.5mm		T1	375	75	0.5	1
9	夹持基准面1和毛坯平面4，以基准面1和垂直面2作为定位基准，分别与机用平口钳固定钳口和钳体导轨面上的平行垫铁贴紧，余量层高出钳口上平面5mm，找正并夹紧		—	—	—	—	—
10	粗铣垂直面3，留0.5mm精铣余量		T1	235	118	2	1
11	精铣垂直面3，保证其0.05mm平面度，35mm宽度尺寸和对基准面1的0.05mm垂直度至合格		T1	375	75	0.5	1

（续）

工步号	工步内容	刀具号	主轴转速/(r/min)	进给量/(mm/min)	背吃刀量/mm	进给次数
12	夹持垂直面2和3，以基准面1和垂直面2作为定位基准，分别与钳体导轨面上的平行垫铁和固定钳口贴紧，余量层高出钳口上平面5mm，找正并夹紧	—	—	—	—	—
13	粗铣平行面4，留0.5mm精铣余量	T1	235	118	2	1
14	精铣平行面4，保证其0.05mm平面度，18mm厚度尺寸和对基准面1的0.05mm平行度至合格	T1	375	75	0.5	1
15	夹持基准面1和平行面4，以基准面1作为定位基准并贴紧机用平口钳固定钳口，钳体导轨面上垫好平行垫铁，用直角尺或百分表找正垂直面2与钳体导轨面垂直并夹紧	—	—	—	—	—
16	粗铣端面5，留0.5mm精铣余量	T1	235	118	2	1
17	精铣端面5，保证其0.05mm平面度，以及对基准面1和垂直面2的0.05mm垂直度至合格，长度尺寸铣至102.5mm	T1	375	75	0.5	1
18	夹持基准面1和平行面4，以基准面1作为定位基准，与机用平口钳固定钳口贴紧，钳体导轨面上垫好平行垫铁，用直角尺或百分表找正垂直面2与钳体导轨面垂直并夹紧	—	—	—	—	—
19	粗铣端面6，留0.5mm精铣余量	T1	235	118	2	1
20	精铣端面6，保证其0.05mm平面度，100mm长度尺寸和对基准面1和垂直面2的0.05mm垂直度至合格	T1	375	75	0.5	1
21	去除锐边毛刺	T2	—	—	—	—
编制	审核		批准		共　页	第　页

铣削压板六面刀具卡片见表4-8。

表4-8　铣削压板六面刀具卡片

序号	刀具号	刀具名称	刀具种类	刀具规格	刀具材料
1	T1	镶齿套式面铣刀	铣削平面用铣刀	ϕ50mm×25mm×22mm×14齿	高速钢
2	T2	锉刀	扁锉	6in	碳素工具钢
编制		审核	批准	共　页	第　页

六、压板六面加工过程

压板六面加工过程见表 4-9。

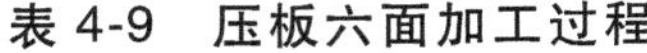

表 4-9 压板六面加工过程

步骤	加工内容	加工图示	说明
1	夹持毛坯平面 2 和 3，粗、精铣基准面 1	面铣刀 压板六面 护口片 平行垫铁 机用平口钳 0.05 20.5 1 2 3 4	检查毛坯尺寸，在钳口上垫护口片，夹持毛坯平面 2 和 3，以平面 2 作为粗基准，靠向机用平口钳固定钳口，余量层高出钳口上平面 5mm，夹紧后，用 ϕ50mm 面铣刀以对称铣削的方式粗、精铣基准面 1，保证其 0.05mm 平面度至合格
2	夹持基准面 1 和毛坯平面 4，粗、精铣垂直面 2	面铣刀 压板六面 圆棒 平行垫铁 机用平口钳 0.05 ⊥ 0.05 A 37.5 A 1 2 3 4	夹持基准面 1 和毛坯平面 4，以基准面 1 作为定位基准，与机用平口钳固定钳口贴紧，在活动钳口加圆棒找正并夹紧，遵循基准统一原则，避免基准变换所产生的位置精度误差，用 ϕ50mm 面铣刀以非对称逆铣的方式粗、精铣垂直面 2，保证其 0.05mm 平面度和对基准面 1 的 0.05mm 垂直度至合格
3	夹持基准面 1 和毛坯平面 4，粗、精铣垂直面 3	面铣刀 压板六面 圆棒 平行垫铁 机用平口钳 0.05 ⊥ 0.05 A 35±0.125 A 1 2 3 4	夹持基准面 1 和毛坯平面 4，以基准面 1 作为定位基准，与机用平口钳固定钳口贴紧，用 ϕ50mm 面铣刀以非对称逆铣的方式粗、精铣垂直面 3，保证其 0.05mm 平面度、35mm 宽度尺寸和对基准面 1 的 0.05mm 垂直度至合格

(续)

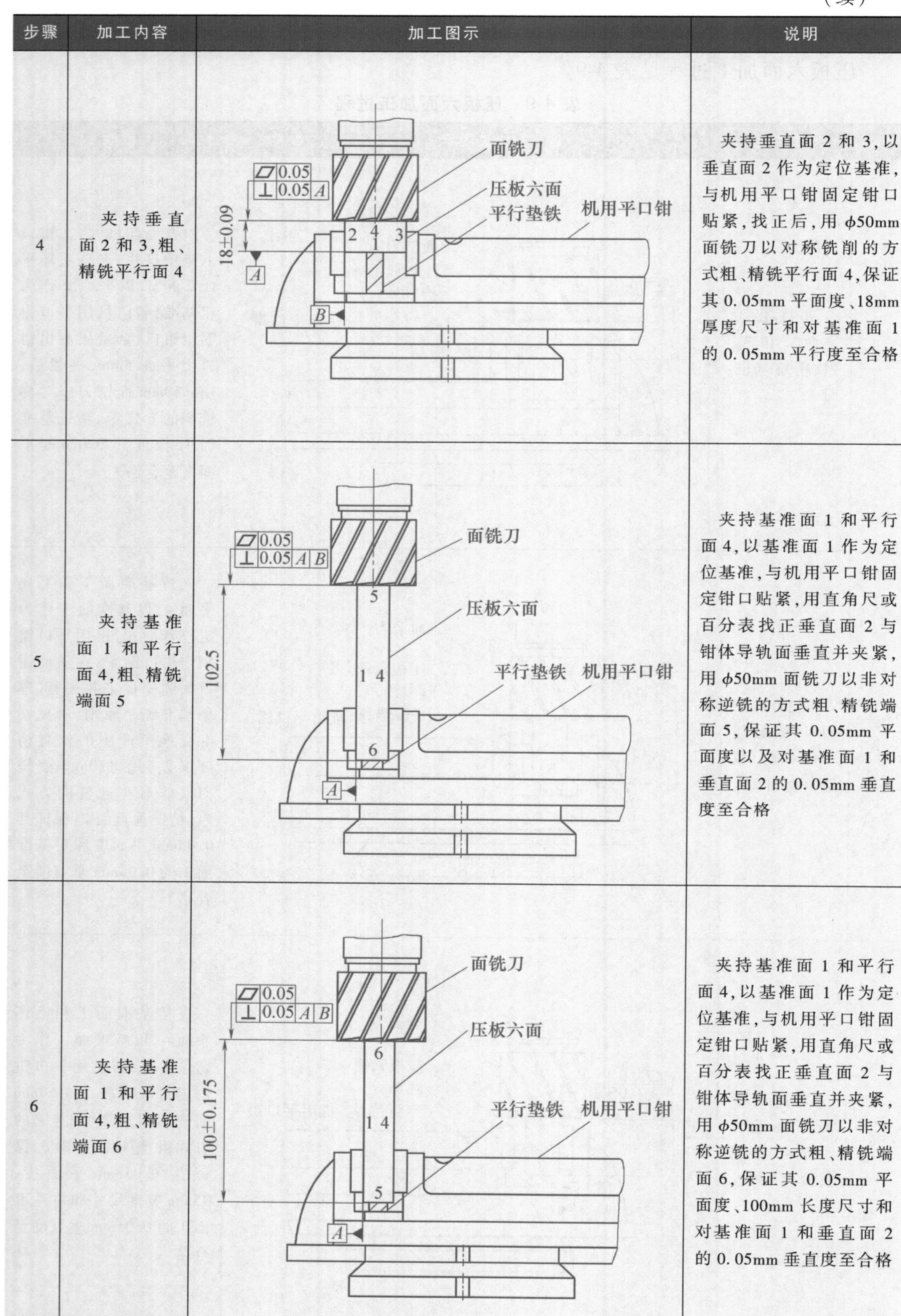

步骤	加工内容	加工图示	说明
4	夹持垂直面2和3，粗、精铣平行面4		夹持垂直面2和3，以垂直面2作为定位基准，与机用平口钳固定钳口贴紧，找正后，用 ϕ50mm面铣刀以对称铣削的方式粗、精铣平行面4，保证其0.05mm平面度、18mm厚度尺寸和对基准面1的0.05mm平行度至合格
5	夹持基准面1和平行面4，粗、精铣端面5		夹持基准面1和平行面4，以基准面1作为定位基准，与机用平口钳固定钳口贴紧，用直角尺或百分表找正垂直面2与钳体导轨面垂直并夹紧，用 ϕ50mm面铣刀以非对称逆铣的方式粗、精铣端面5，保证其0.05mm平面度以及对基准面1和垂直面2的0.05mm垂直度至合格
6	夹持基准面1和平行面4，粗、精铣端面6		夹持基准面1和平行面4，以基准面1作为定位基准，与机用平口钳固定钳口贴紧，用直角尺或百分表找正垂直面2与钳体导轨面垂直并夹紧，用 ϕ50mm面铣刀以非对称逆铣的方式粗、精铣端面6，保证其0.05mm平面度、100mm长度尺寸和对基准面1和垂直面2的0.05mm垂直度至合格

（续）

步骤	加工内容	加工图示	说明
7	去除锐边毛刺		用 6in 扁锉去除各个面的锐边毛刺

任务评价

根据表 4-10 所列内容对任务完成情况进行评价。

表 4-10　铣削压板六面评分标准

序号	检测名称	检测内容及要求	配分	评分标准	检测结果	自评	师评
1	长度	100mm±0. 175mm	10	超差不得分			
2	宽度	35mm±0. 125mm	10	超差不得分			
3	厚度	18mm±0. 09mm	10	超差不得分			
4	平面度	0. 05mm(6 处)	3×6	超差不得分			
5	平行度	0. 05mm	2	超差不得分			
6	垂直度	0. 05mm(6 处)	4×6	超差不得分			
7	表面粗糙度值	*Ra*3. 2μm(6 处)	1×6	降级不得分			
8	毛刺	去除锐边毛刺		每发现一处扣 1 分			
9	安全文明生产	安全装备齐全	5	违反不得分			
10		工具、量具、刀具规范摆放与使用	5	不按规定摆放、不正确使用，酌情扣分			
11		安全、文明操作	5	违反安全文明操作规程，酌情扣分			
12		设备保养与场地清洁	5	操作后没有做好设备与工具、量具、刀具的清理、整理、保洁工作，不正确处置废弃物品，酌情扣分			
合计配分			100	合计得分			

实践经验

1）铣削过程中，每次重新装夹工件前，应及时用锉刀修整工件上的锐边，否则会影响工件装夹。

2）铣削过程中，不使用的进给机构应紧固，加工结束后再松开。

3）进给结束，工件不能立即在旋转的铣刀下退回，应先降落工作台再退出。

4）工件装夹要牢固，否则铣削过程中稳定性差，铣出的平面不平。

5）在铣削过程中，如果发现铣出的平面与基准面不垂直，要用百分表检测，并在机用平口钳固定钳口和工件基准面间垫钢片或薄铜片，钢片或薄铜片的厚度等于百分表读数的差值乘以机用平口钳钳口铁的高度再除以百分表移动的距离。当加工面与基准面间的夹角小于90°时，应在上面垫钢片或薄铜片，如图4-12a所示；当加工面与基准面间的夹角大于90°时，应在下面垫钢片或薄铜片，如图4-12b所示。

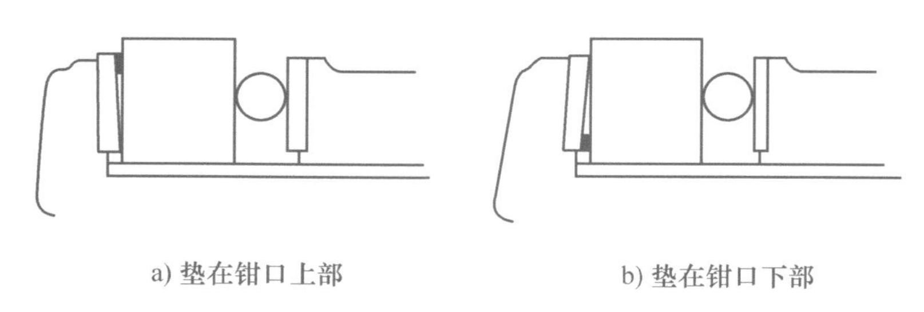

a) 垫在钳口上部　　b) 垫在钳口下部

图4-12　垫钢片或薄铜片控制垂直度

任务二　铣削压板斜面

任务引入

压板共有三个斜面，如图4-13所示。压板斜面起到美观和在使用中减小接触面积的作用，特别是前后两个30°斜面在压紧工件时，可以减小压紧部位的接触面积，正确定位和固定工件。本任务是铣削压板斜面，通过正确安装工件与斜面加工刀具、识读压板斜面加工工序卡片、铣削与检测压板斜面，以及进行压板斜面的质量分析等实践环节，要求学生学会压板斜面的铣削加工技术。

图4-13　压板斜面

任务目标

1. 了解斜面的定义和在图样上的表示方法。
2. 能装卸锥柄立铣刀。
3. 能把铣刀调成要求的角度铣削斜面。
4. 能用游标万能角度尺测量斜面角度。
5. 熟悉压板斜面的加工工序，明确加工步骤及加工需要的刀具、切削用量等。
6. 能使用游标卡尺、游标万能角度尺和直角尺检测压板斜面，判断零件是否合格，并简单分析压板斜面的加工质量。

知识准备

一、斜面及其在图样上的表示方法

斜面是指零件上与基准面成倾斜的平面，它们之间相交成一个角度，通常在图样上用以下两种方法表示：

1）斜度大的斜面用度数（°）表示，如图 4-14a 所示，零件斜面与基准面的夹角为 $\beta=30°$。

2）斜度小的斜面一般用比值 s 表示，如图 4-14b 表示，零件在 50mm 的长度上，两端尺寸相差 1mm，用“∠1∶50”表示。

a) 斜度大的斜面表示方法　　b) 斜度小的斜面表示方法

图 4-14　斜面斜度的表示方法

以上两种表示方法之间的数学关系可用下式表示

$$s=\tan\beta$$

式中　s——斜度，用符号∠或比值表示；

β——斜面与基准面之间的夹角（°）。

二、锥柄立铣刀的装卸

锥柄立铣刀的柄部一般采用莫氏锥度，按铣刀直径的大小制成不同号数的锥柄。常用的有 Morse No. 1、Morse No. 2、Morse No. 3、Morse No. 4 等。

1. 锥柄立铣刀的安装

如图 4-15 所示，先用棉布将主轴锥孔和立铣刀锥柄擦拭干净，左手垫棉纱握住立铣刀，将立铣刀锥柄直接插入主轴锥孔，再旋入拉紧螺杆，然后使用专用的拉杆扳手将立铣刀拉紧。当立铣刀柄部的锥度与主轴锥孔锥度不同时，需要借助中间锥套安装立铣刀。中间锥套的外圆锥锥度与主轴锥孔锥度相同，而内圆锥锥度与铣刀

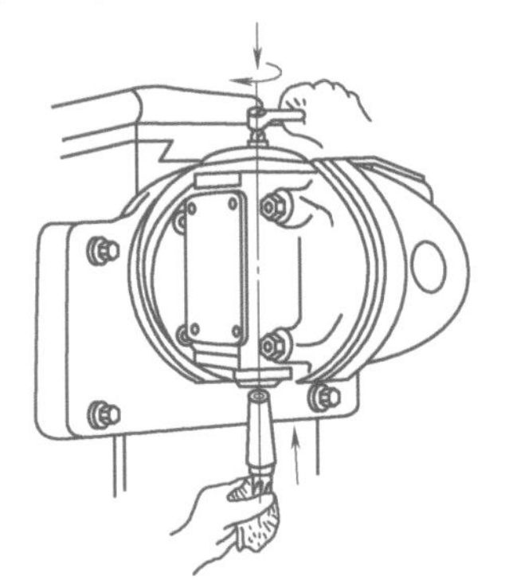

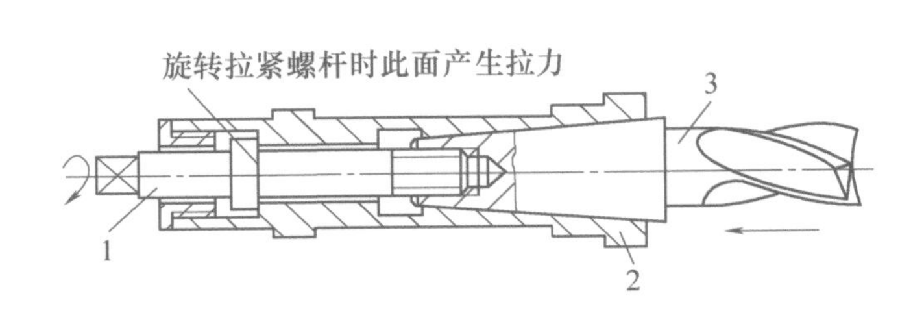

图 4-15　锥柄立铣刀的安装

1—拉紧螺杆　2—主轴　3—立铣刀

锥柄锥度一致。安装时，先将立铣刀插入中间锥套，再将中间锥套连同立铣刀一起装入主轴锥孔，然后旋紧拉紧螺杆，紧固铣刀。

2．锥柄立铣刀的拆卸

拆卸锥柄立铣刀时，先将主轴转速调到最低或将主轴锁紧，然后用拉杆扳手旋松拉紧螺杆，如图 4-16 所示，当螺杆上台阶端面上升到贴平主轴端部背帽的下端面后，继续用力旋转拉紧螺杆，拉紧螺杆将立铣刀向下推动，松开锥面配合后用左手轻托立铣刀，继续旋转拉紧螺杆，直到取下立铣刀。

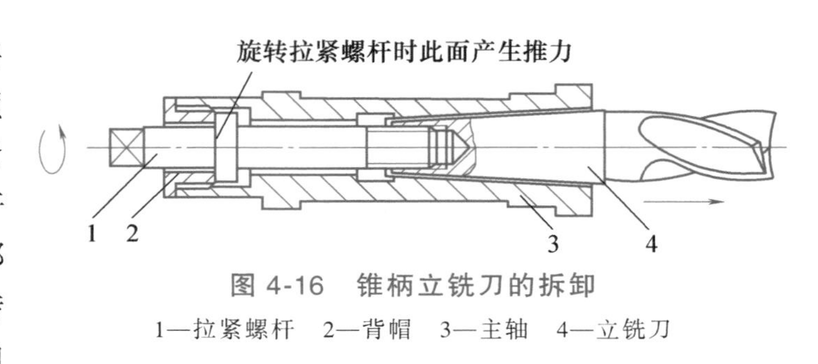

图 4-16　锥柄立铣刀的拆卸

1—拉紧螺杆　2—背帽　3—主轴　4—立铣刀

三、斜面的铣削方法

铣削斜面实质上也是铣削平面，只是把工件或铣刀倾斜一个角度进行铣削，或者采用角度铣刀进行铣削的一种加工方法。下面介绍倾斜铣刀角度铣削斜面的方法。

用机用平口钳装夹工件时，根据工件的安装情况和所用刀具的不同，通常有以下两种加工方法。

1．工件的基准面与工作台台面平行装夹

用立铣刀的圆周刃铣削斜面时，立铣头应扳转的角度 $\alpha=90°-\theta$，如图 4-17 所示。用面铣刀或立铣刀的端面刃铣削斜面时，立铣头应扳转的角度 $\alpha=\theta$，如图 4-18 所示。

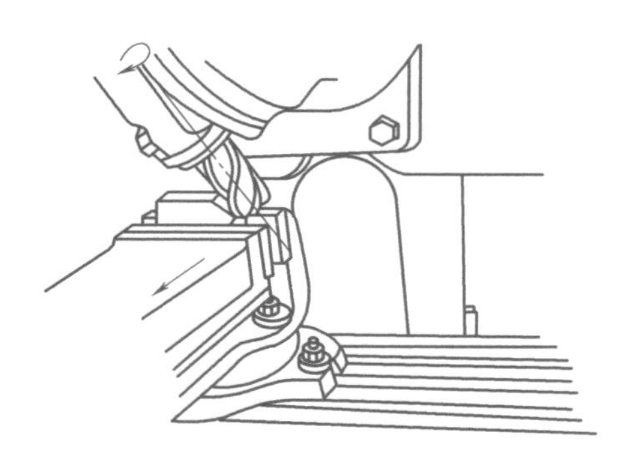

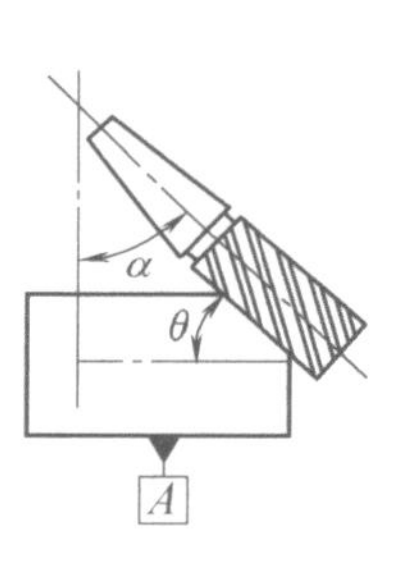

图 4-17　工件基准面与工作台台面平行，用立铣刀圆周刃铣削斜面

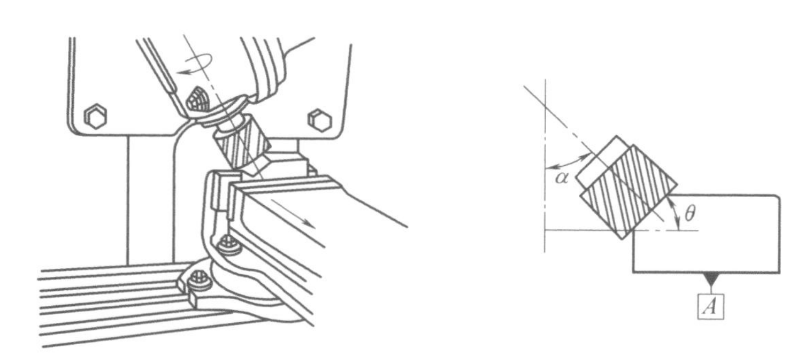

图 4-18　工件基准面与工作台台面平行，用面铣刀或立铣刀端面刃铣削斜面

2. 工件的基准面与工作台台面垂直装夹

用立铣刀圆周刃铣削斜面时，立铣头应扳转的角度 $\alpha=\theta$，如图 4-19 所示。用面铣刀或立铣刀的端面刃铣削斜面时，立铣头应扳转的角度 $\alpha=90°-\theta$，如图 4-20 所示。

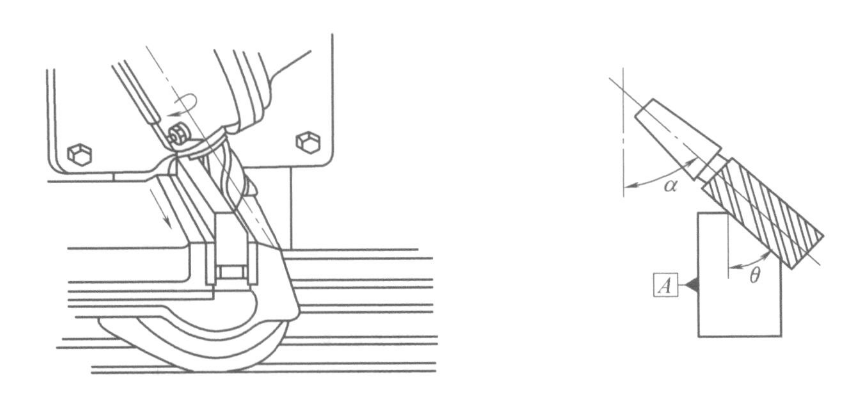

图 4-19　工件基准面与工作台台面垂直，用立铣刀圆周刃铣削斜面

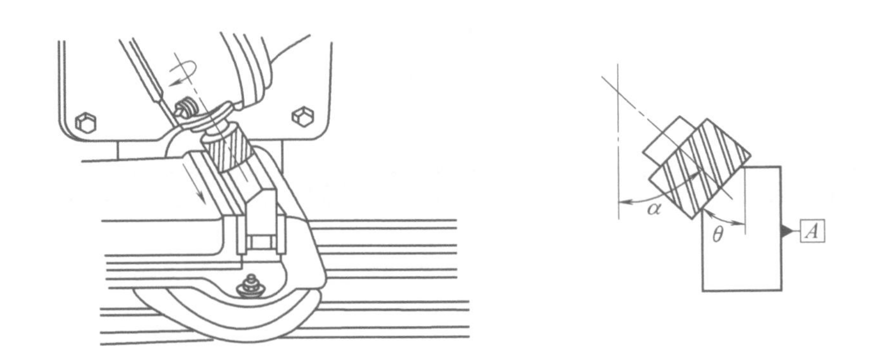

图 4-20　工件基准面与工作台台面垂直，用面铣刀或立铣刀端面刃铣削斜面

四、斜面角度的检测

斜面加工完成后，除了要检测斜面的尺寸和表面质量以外，主要检测斜面的角度，对精度要求不高的斜面，可用游标万能角度尺检测。

任务实施

一、任务描述

本任务是铣削压板斜面。要求会识读图 4-21 所示的压板斜面零件图，读懂压板斜面加工工序卡片，学会用倾斜铣刀的方法铣削压板斜面。

二、零件图识读

本任务为铣削压板斜面，请仔细识读图 4-21 所示压板斜面零件图并填写表 4-11。

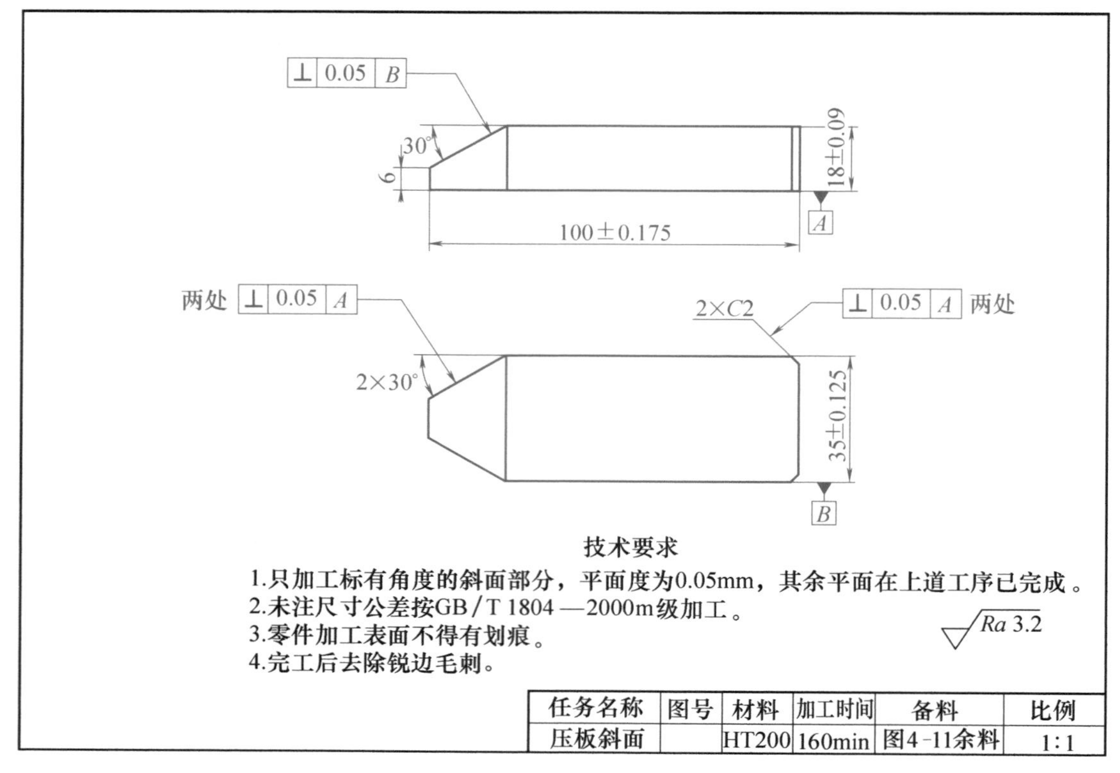

图 4-21　压板斜面零件图

表 4-11　零件图信息

识读内容	读到的信息
零件名称	
零件材料	
零件形状	
零件图中重要的尺寸或几何公差	
表面粗糙度值	
技术要求	

三、工艺分析

通过识读压板斜面零件图，得出该零件主要加工要素是三个斜面和倒角。根据图样形状和尺寸要求，工件可用机用平口钳装夹。30°斜面具有一定的宽度，为了方便加工，选用面铣刀及倾斜铣刀角度进行铣削，以保证加工过程中不产生接刀，平面光整。45°倒角选用立铣刀及倾斜铣刀角度进行铣削。铣削过程中，应找正固定钳口和压板六面体，以保证铣出斜面的垂直度。压板斜面的加工方案是先夹持压板垂直面 3 和垂直面 2，铣削 30°斜面，再夹持压板基准面 1 和平行面 4，铣削两个 30°斜面，最后夹持压板基准面 1 和平行面 4，铣削两个 45°倒角。

四、加工准备

1. 设备

X6132 型万能卧式升降台铣床（安装万能立铣头）。

2. 工件

材料：HT200，备料：图 4-11 余料，数量：1 件/人。

3. 工具、量具、刀具和夹具

1）工具：16mm×16mm 平口钳扳手、10 寸活扳手、22～24mm 双头内六角花形扳手、22～26mm 叉形扳手、平行垫铁（30mm×30mm×125mm、13mm×12mm×125mm）、400mm×600mm 平台、ϕ20mm ×150mm 铜棒、8mm 尖头合金划针、0～10mm 百分表（包括表座和表杆等配件）、0.01～0.1mm 铜片、1.5 寸毛刷、铁屑铲子、棉布等。

2）量具：游标高度卡尺（0～200mm）、150mm 钢直尺、游标卡尺（0～150mm）、Ⅰ型游标万能角度尺（0°～320°）、75mm（0 级）刀口形直尺、63mm×40mm 直角尺、0.02～1.0mm 塞尺。

3）刀具：ϕ50mm（外径）×25mm（长度）×22mm（内径）×14（齿数）高速钢镶齿套式面铣刀、ϕ20mm（刃径）×39mm（刃长）×122mm（总长）×2 号（柄部莫氏号数）×3（齿数）高速钢锥柄立铣刀、6in 扁锉。

4）夹具：钳口宽度为 136mm 的机用平口钳。

五、识读压板斜面加工工序卡片

压板斜面加工工序卡片见表 4-12。

表 4-12 压板斜面加工工序卡片

铣工加工工序卡片				零件名称	零件图号		材料牌号
				压板斜面			HT200
工序号	工序内容	加工场地	设备名称	设备型号	夹具名称		
1	铣削	金属切削车间	万能卧式升降台铣床	X6132(安装万能立铣头)	回转型机用平口钳		
工步号	工步内容		刀具号	主轴转速/(r/min)	进给量/(mm/min)	背吃刀量/mm	进给次数
1	安装并找正机用平口钳		—	—	—	—	—
2	划 30°斜面加工界线和 45°倒角界线,夹持垂直面 3 和垂直面 2,并以垂直面 3 作为定位基准,与机用平口钳固定钳口贴紧,基准面 1 与钳体导轨面上的平行垫铁贴紧,端面 5 超出机用平口钳左侧 30mm 左右,平行面 4 高于机用平口钳钳口 5mm,找正并夹紧		—	—	—	—	—
3	沿逆时针方向转动立铣头至 30°,选择并安装铣刀		T1	—	—	—	—
4	粗铣 30°斜面并找正角度		T1	235	118	9.53	3

（续）

工步号	工步内容	刀具号	主轴转速/(r/min)	进给量/(mm/min)	背吃刀量/mm	进给次数
5	精铣30°斜面，铣至与斜面界线重合，保证其0.05mm平面度、对垂直面2的0.05mm垂直度、30°斜面角度和6mm厚度尺寸至合格	T1	375	75	0.86	1
6	夹持基准面1和平行面4，以基准面1作为定位基准，与机用平口钳固定钳口贴紧，垂直面2与钳体导轨面上的平行垫铁贴紧，端面5超出机用平口钳左侧30mm左右，垂直面3高于机用平口钳钳口5mm，找正并夹紧	—	—	—	—	—
7	粗铣30°斜面	T1	235	118	9.53	3
8	精铣30°斜面，铣至与斜面界线重合，保证其0.05mm平面度、对基准面1的0.05mm垂直度、30°斜面角度至合格	T1	375	75	0.86	1
9	夹持平行面4和基准面1，以平行面4作为定位基准，与机用平口钳固定钳口贴紧，垂直面3与钳体导轨面上的平行垫铁贴紧，端面5超出机用平口钳左侧30mm左右，垂直面2高于机用平口钳钳口5mm，找正并夹紧	—	—	—	—	—
10	粗铣30°斜面	T1	235	118	9.53	3
11	精铣30°斜面，铣至与斜面界线重合，保证其0.05mm平面度、对基准面1的0.05mm垂直度、30°斜面角度至合格	T1	375	75	0.86	1
12	夹持平行面4和基准面1，仍以平行面4作为定位基准，与机用平口钳固定钳口贴紧，垂直面3与钳体导轨面上的平行垫铁贴紧，端面6超出机用平口钳右侧15mm左右，垂直面2高于机用平口钳钳口5mm，找正并夹紧	—	—	—	—	—
13	沿逆时针方向转动立铣头至45°，选择并安装铣刀	T2	—	—	—	—
14	粗铣倒角 *C*2 并找正角度	T2	375	150	2.12	1
15	精铣倒角 *C*2，铣至与倒角界线重合，保证其0.05mm平面度、对基准面1的0.05mm垂直度、45°角度和2mm长度尺寸至合格	T2	600	95	0.7	1
16	夹持基准面1和平行面4，以基准面1作为定位基准，与机用平口钳固定钳口贴紧，垂直面2与钳体导轨面上的平行垫铁贴紧，端面6超出机用平口钳右侧15mm左右，垂直面3高于机用平口钳钳口5mm，找正并夹紧	—	—	—	—	—

（续）

工步号	工步内容	刀具号	主轴转速/（r/min）	进给量/（mm/min）	背吃刀量/mm	进给次数
17	粗铣另一个倒角	T2	375	150	2.12	1
18	精铣另一个倒角，铣至与倒角界线重合，保证其 0.05mm 垂直度、对基准面 1 的 0.05mm 垂直度、45° 角度和 2mm 长度尺寸至合格	T2	600	95	0.7	1
19	去除锐边毛刺	T3				
编制	审核		批准		共 页	第 页

压板斜面加工刀具卡片见表 4-13。

表 4-13 压板斜面加工刀具卡片

序号	刀具号	刀具名称	刀具种类	刀具规格	刀具材料
1	T1	面铣刀	铣削平面用铣刀	ϕ50mm×25mm×22mm×14 齿	高速钢
2	T2	立铣刀	铣削沟槽用铣刀	ϕ20mm×39 mm×122 mm×2 号莫氏锥柄×3 齿	高速钢
3	T3	锉刀	扁锉	6in	碳素工具钢
编制	审核	批准		共 页	第 页

六、压板斜面加工过程

压板斜面加工过程见表 4-14。

表 4-14 压板斜面加工过程

步骤	加工内容	加工图示	说明
1	夹持工件垂直面 3 和垂直面 2，粗、精铣 30°斜面	面铣刀 压板 机用平口钳 ⊥ 0.05 B 30° 6 A	划 30°斜面加工界线和 45°倒角界线，夹持工件垂直面 3 和垂直面 2，以垂直面 3 作为定位基准，与机用平口钳固定钳口贴紧，余量层超出机用平口钳左侧 30mm，平行面 4 高于机用平口钳钳口 5mm，找正平行面 4 与工作台面平行，沿逆时针方向转动立铣头至 30°，分四次垂向调整铣削层深度，用 ϕ50mm 面铣刀粗、精铣 30° 斜面，保证其 0.05mm 平面度、对垂直面 2 的 0.05mm 垂直度、30°斜面角度和 6mm 厚度尺寸至合格

（续）

步骤	加工内容	加工图示	说明
2	夹持工件基准面 1 和平行面 4，粗、精铣 30°斜面	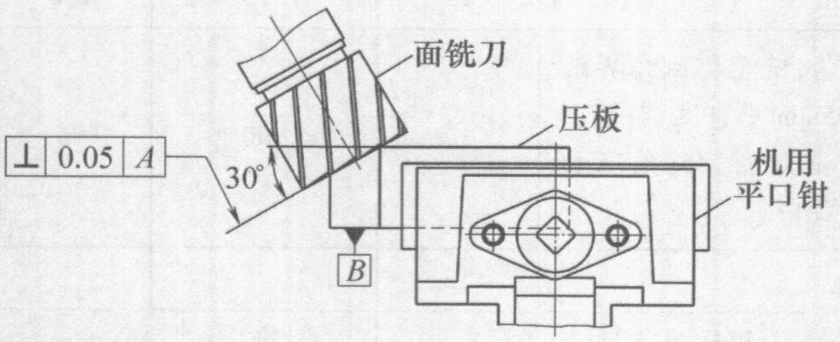 面铣刀；压板；机用平口钳；⊥ 0.05 A；30°；B	夹持工件基准面 1 和平行面 4，以基准面 1 作为定位基准，与机用平口钳固定钳口贴紧，找正垂直面 3 与工作台面平行，分四次垂向调整铣削层深度，用 ϕ50mm 面铣刀粗、精铣 30°斜面，保证其 0.05mm 平面度、对基准面 1 的 0.05mm 垂直度、30°斜面角度至合格
3	夹持工件平行面 4 和基准面 1，粗、精铣 30°斜面	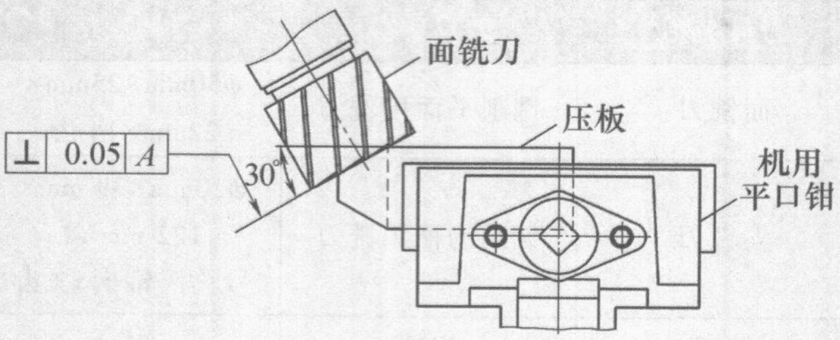 面铣刀；压板；机用平口钳；⊥ 0.05 A；30°	夹持工件平行面 4 和基准面 1，以平行面 4 作为定位基准，与机用平口钳固定钳口贴紧，找正垂直面 2 与工作台面平行，分四次垂向调整铣削层深度，用 ϕ50mm 面铣刀粗、精铣 30°斜面，保证其 0.05mm 平面度、对基准面 1 的 0.05mm 垂直度、30°斜面角度至合格
4	夹持工件平形面 4 和基准面 1，粗、精铣倒角 $C2$	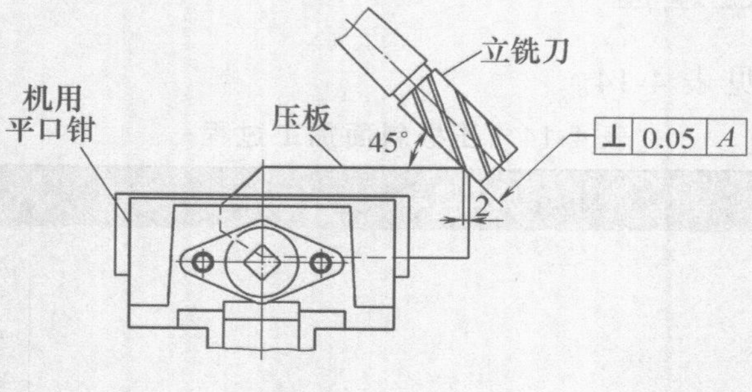 立铣刀；机用平口钳；压板；45°；⊥ 0.05 A；2	夹持工件平行面 4 和基准面 1，仍以平行面 4 作为定位基准，与机用平口钳固定钳口贴紧，找正垂直面 2 与工作台面平行，沿逆时针方向转动立铣头至 45°，分两次纵向调整铣削层深度，用 ϕ20mm 锥柄立铣刀粗、精铣 45°倒角，保证其 0.05mm 平面度、对基准面 1 的 0.05mm 垂直度、45°角度和 2mm 长度尺寸至合格
5	夹持工件基准面 1 和平行面 4，粗、精铣另一个倒角 $C2$	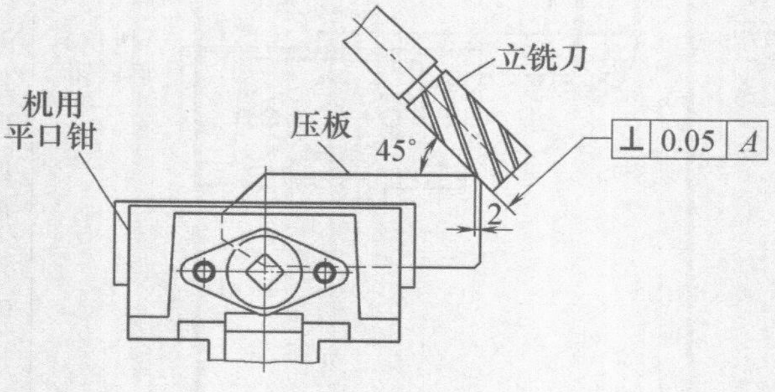 立铣刀；机用平口钳；压板；45°；⊥ 0.05 A；2	夹持工件基准面 1 和平行面 4，以基准面 1 作为定位基准，与机用平口钳固定钳口贴紧，找正垂直面 3 与工作台面平行，分两次纵向调整铣削层深度，用 ϕ20mm 锥柄立铣刀粗、精铣 45°倒角，保证其 0.05mm 平面度、对基准面 1 的 0.05mm 垂直度、45°角度和 2mm 长度尺寸至合格

（续）

步骤	加工内容	加工图示	说明
6	去除锐边毛刺		用 6in 扁锉去除各个面的锐边毛刺

任务评价

根据表 4-15 所列内容对任务完成情况进行评价。

表 4-15　铣削压板斜面评分标准

序号	检测名称	检测内容及要求	配分	评分标准	检测结果	自评	师评
1	角度	30°（3 处）	10×3	超差不得分			
2		45°（2 处）	7×2	超差不得分			
3	高度	6mm	2	超差不得分			
4	长度	2mm（2 处）	2×2	超差不得分			
5	平面度	0.05mm（5 处）	2×5	超差不得分			
6	垂直度	0.05mm（5 处）	3×5	超差不得分			
7	表面粗糙度值	*Ra* 3.2μm（5 处）	1×5	降级不得分			
8	毛刺	去除锐边毛刺		每发现一处扣1分			
9	安全文明生产	安全装备齐全	5	违反不得分			
10		工具、量具、刀具规范摆放与使用	5	不按规定摆放、不正确使用，酌情扣分			
11		安全、文明操作	5	违反安全文明操作规程，酌情扣分			
12		设备保养与场地清洁	5	操作后没有做好设备与工具、量具、刀具的清理、整理、保洁工作，不正确处置废弃物品，酌情扣分			
合计配分			100	合计得分			

铣工常用工具、量具及使用方法

实践经验

1）装卸铣刀时，一定要将铣刀的接合面擦拭干净；使用完毕后要将铣刀擦拭干净，并涂上防锈油。绝对不允许用硬物敲打、撞击铣刀，以免切削刃受损。

2）铣削时，应注意铣刀的旋转方向是否正确，防止损坏铣刀。

3）用面铣刀或立铣刀端面刃铣削时，应注意顺铣和逆铣及进给方向，以免损坏铣刀。

4）切削力应靠向机用平口钳的固定钳口。

Ⅰ型游标万能角度尺的读数及使用方法

拓展任务

铣削压板封闭沟槽

铣削压板封闭沟槽的过程可扫描二维码观看视频学习。

铣削压板封闭沟槽

直柄铣刀的装卸

项目五　刨削加工

项目描述

金属材料的刨削加工是机械加工中常用的加工方法之一。熟悉刨床的结构和性能，安全、熟练地操作刨床，对保证加工质量和提高加工效率至关重要。根据刨削加工的特点，将本项目分为认识刨床、认知刨工安全文明生产和刨削六面体工件三个任务，学习内容包括刨床的结构与主要部件的功能、刨床的调整和操作、刨工安全文明生产规范和以平面为特征的零件加工工艺的识读，以及加工和检测的方法。

项目目标

1. 能说出 B6050 型牛头刨床主要部件的名称和功能。
2. 能规范、熟练地调整和操作 B6050 型牛头刨床。
3. 能规范执行刨工安全操作规程和文明生产规范。
4. 能做好刨削加工前的各项准备工作。
5. 能正确安装板类零件。
6. 能正确选择与安装平面刨削加工刀具。
7. 能识读平面刨削加工工序卡片。
8. 能独立操作刨床进行平面的刨削加工。
9. 能对加工的平面进行质量检测和分析。

素养目标

通过认识刨床、熟悉刨床、高质量地完成刨削加工任务，提升刨工操作技能。

任务一　认识刨床

任务引入

刨床是用刨刀对工件的平面、沟槽或成形表面进行刨削的直线运动机床。使用刨床加工，刀具较简单，生产率较低，主要用于单件、小批量生产中，在维修车间和模具车间应用较多，在大批量生产中往往被铣床所代替，但在机床床身导轨、机床镶条等较长、较窄零件表面的加工中，仍然较多使用刨床。学习本任务是对刨床的组成及各部分的作用、刨床的调整和操作等内容有一个初步的认识，为后续任务的学习做好充分准备。

任务目标

1. 了解刨削加工的基本内容。
2. 了解 B6050 型牛头刨床的用途和加工特点。
3. 掌握 B6050 型牛头刨床的组成和主要部件的功能。
4. 掌握 B6050 型牛头刨床的调整和操作方法。
5. 了解刨削的基本运动和刨削用量。

知识准备

刨削加工简介

一、刨削加工的基本内容

刨削是利用刨刀对工件做往复直线切削的加工方法。在刨床上使用各种不同的刨刀可以加工平面（如水平面、垂直面、斜面等），各种沟槽（如 T 形槽、V 形槽、燕尾槽）和各种成形面等。刨削加工的基本内容见表 5-1。

表 5-1　刨削加工的基本内容

序号	刨削内容	图示	说明
1	刨平面	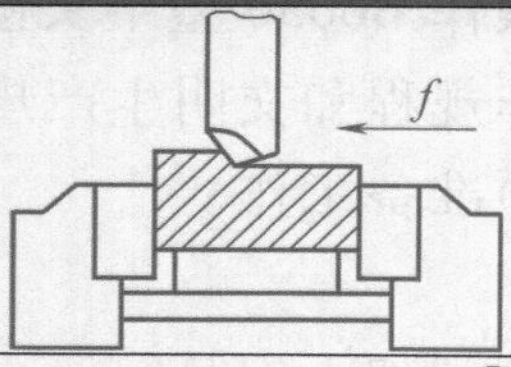 f	工件做横向间歇运动，平面刨刀做纵向往复直线运动
2	刨垂直面	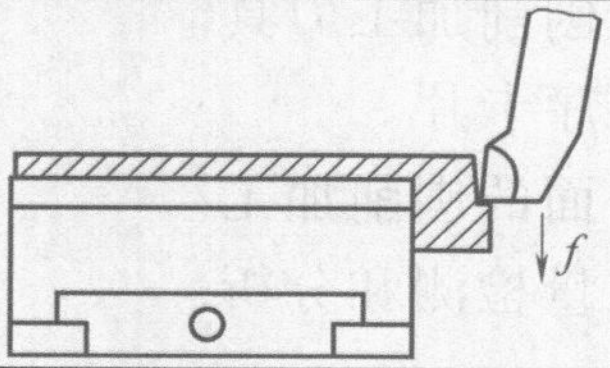 f	工件夹紧固定后，偏刀垂向进给并做纵向往复直线运动
3	刨台阶	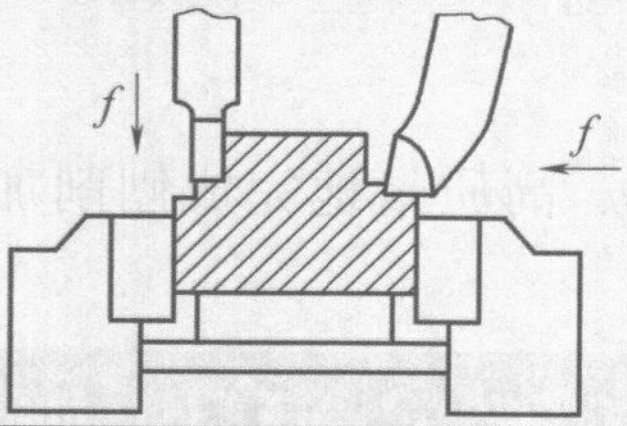 f f	工件做横向间歇运动，切刀、偏刀分别做纵向往复直线运动
4	刨直槽	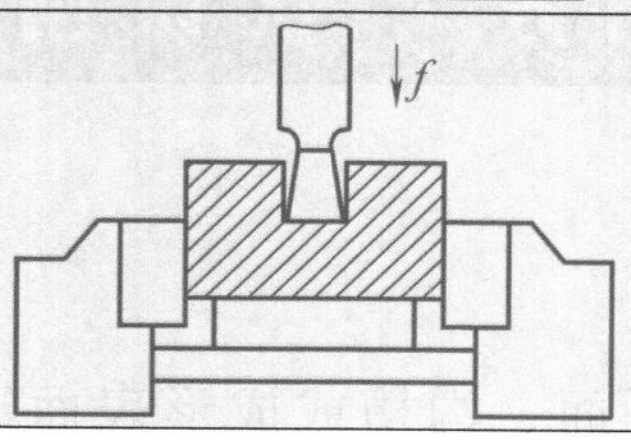 f	工件夹紧固定后，切刀垂向进给并做纵向往复直线运动

（续）

序号	刨削内容	图示	说明
5	刨斜面		工件做横向间歇运动，偏刀斜向进给并做纵向往复直线运动
6	刨燕尾槽		工件做横向间歇运动，角度刨刀斜向进给并做纵向往复直线运动
7	刨 T 形槽		工件做横向间歇运动，弯切刀做纵向往复直线运动
8	刨 V 形槽		精刨较小的 V 形槽时，用样板刀垂向进给并做纵向往复直线运动一次刨出
9	刨曲面		精刨时，工件做横向间歇运动，圆头刨刀垂向进给并做纵向往复直线运动
10	刨孔内键槽		工件夹紧固定后，内孔刨刀垂向进给并做纵向往复直线运动
11	刨齿条		精刨模数较小的齿条时，工件做横向间歇运动，可用全齿形样板刀做纵向往复直线运动一次刨出
12	刨复合表面		较复杂的导轨表面，可选择不同形状及尺寸的尖头刨刀、平头刨刀、刨槽刀、精刨刀、成形刀等刨刀在龙门刨床上进行刨削

二、常用刨床

刨床的种类有很多，有悬臂刨床、龙门刨床、插床、牛头刨床等。在工厂中常见的刨床是B6050型牛头刨床，如图5-1所示。B6050型牛头刨床是最大刨削长度为500mm的普通牛头刨床。

1. B6050型牛头刨床的用途

B6050型牛头刨床是一种典型的牛头刨床，刨削时利用机用平口钳或压板固定工件，通过刨刀与工件之间的相对运动，能刨出各种平面、曲面、沟槽及组合面等。

2. B6050型牛头刨床的加工特点

1）根据切削运动和具体的加工要求，刨床的结构比车床、铣床简单，价格低，调整和操作也较为方便。刨削所用的单刃刨刀与车刀基本相同，形状简单，制造、刃磨和安装皆较为方便。

2）刨削是断续的，每个往复行程中刨刀切入工件时，受较大的冲击力，刀具容易磨损，加工质量较差。

3）换向瞬间运动反向惯性大，致使刨削速度不能太快。由于刨削速度低和有一定的空行程，产生的切削热不高，故一般不需要加切削液。

4）单刃刨刀实际参加切削的切削刃长度有限，一个表面往往要经过多次行程才能加工出来，基本工艺时间较长。刨刀返回行程时不进行切削，加工不连续，增加了辅助时间，生产率较低。

5）刨削加工的尺寸公差等级为IT7~IT10，表面粗糙度值为$Ra1.6\sim6.3\mu m$。

3. B6050型牛头刨床主要部件的名称和用途

B6050型牛头刨床的外形和主要部件的名称如图5-1所示，其功用见表5-2。

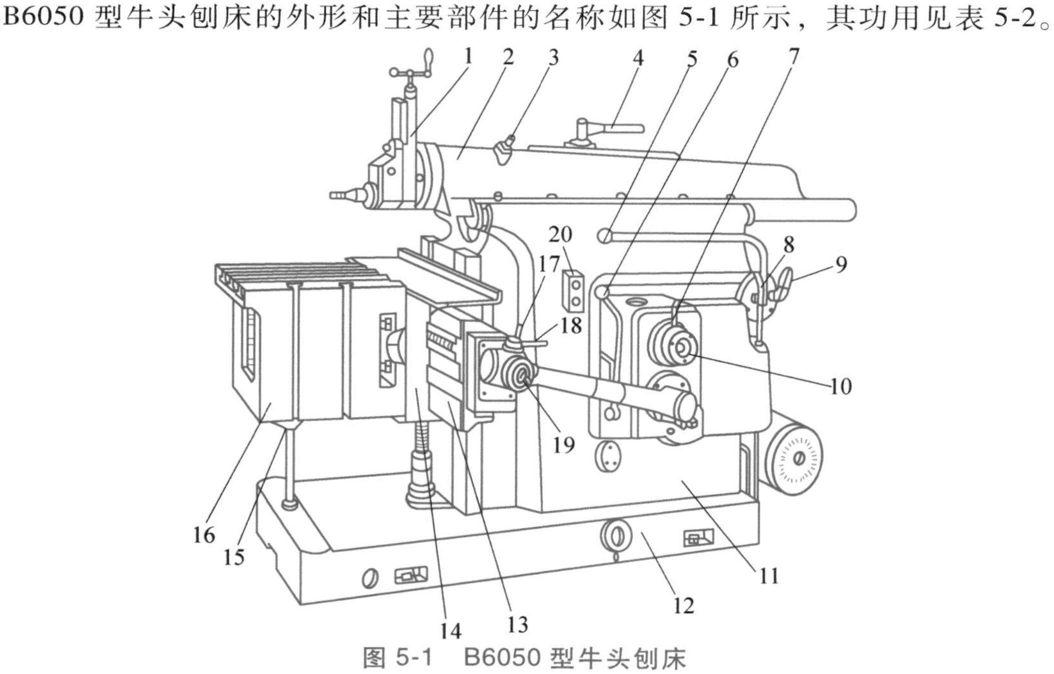

图5-1 B6050型牛头刨床

1—刀架 2—滑枕 3—调节滑枕起始位置方头 4—紧固手柄 5—操纵手柄 6—工作台快速移动手柄 7—进给量调节手柄 8、9—变速手柄 10—调节行程长度方头 11—床身 12—底座 13—横梁 14—工作台滑板 15—支承柱紧固螺钉 16—工作台 17—工作台横向或垂向进给转换手柄 18—进给运动换向手柄 19—工作台手动进给方头 20—电器按钮盒

表 5-2 B6050 型牛头刨床主要部件及功用

部件名称	功用
床身	用来安装和支持牛头刨床的各个部件,其顶面是燕尾形水平导轨,供滑枕做往复直线运动;前面的垂直导轨供横梁连同工作台一起做升降运动,床身内部中空,装有主运动变速机构和摆杆机构
底座	用来安装和支承床身,用地脚螺钉固定在地基上
横梁	安装在床身前部的导轨上,底部装有可使工作台升降的丝杠等传动装置
工作台	用于安装工件。它可以随横梁一起做垂直运动,也可以沿横梁做横向连续移动或横向间歇进给运动
滑枕	其前端装有刀架,用来带动刀架和刨刀沿床身水平导轨做往复直线运动。其往复运动的快慢及行程的长度和位置,均可根据加工需要进行调整
刀架	用来夹持刨刀,刨刀装夹在夹刀座的腰形孔内,并通过紧固螺钉夹紧,回程时拍板向前上方抬起,可减少刨刀与工件已加工表面之间的摩擦。转动刀架进给手柄,刀架可沿刻度盘上的导轨上下移动,以调整刨削深度,或在加工垂直面时实现进给运动
进给机构	通过调整进给运动换向手柄和工作台横向或垂向进给转换手柄来调整工作台的进给方向,通过调整进给量调节手柄来调整工作台横向和垂向的进给速度
变速机构	变换变速手柄的位置,可使滑枕在单位时间内获得不同的往复次数

4. B6050 型牛头刨床的调整和操作

B6050 型牛头刨床的常规调整和操作有以下几项。

(1) 工作台高低位置的调整　工作台位置的高低，是指工件装夹后最高处与滑枕导轨底面之间的距离，一般将两者距离调整为 40~70mm。调整的方法为：先将支承柱紧固螺钉松开，把进给运动换向手柄扳至空档位置，工作台横向或垂向进给转换手柄扳至垂向进给的位置，将曲柄摇手插入工作台手动进给方头中，沿顺时针方向转动摇手，工作台上升；反之，工作台下降。工作台高低位置确定后，将支承柱紧固螺钉拧紧。

(2) 刀架的调整及刻度盘识读　根据加工需要，刀架和拍板座可偏转一定的角度。如图 5-2 所示，用扳手松开螺母 2，刀架可以绕刻度转盘 3 做±60°的偏转；松开压紧螺母 8，拍板座 7 可以绕弧形槽做±15°的偏转；刀架和拍板座偏转位置确定后，要将螺母拧紧。

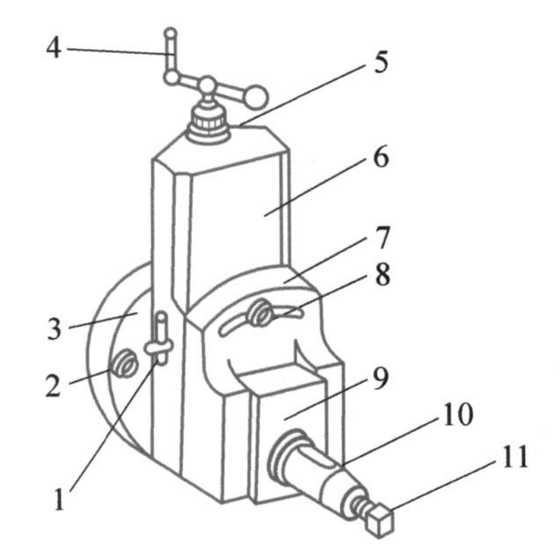

图 5-2 牛头刨床刀架

1—紧固手柄 2—螺母 3—刻度转盘 4—刀架手柄 5—刻度环 6—刀架滑板 7—拍板座 8—压紧螺母 9—拍板 10—夹刀座 11—紧固螺钉

刀架可上下移动，沿顺时针方向转动刀架手柄 4，刀架向下移动；反之，刀架向上移动。刻度环 5 的圆周面上均匀刻有 80 格刻线，每转动一格，刀架向上或向下移动 0.05mm，每转动一圈，则移动 4mm，用来控制背吃刀量。紧固螺钉用于锁紧刀架滑板。

(3) 滑枕行程长度的调整　滑枕行程长度是滑枕在运动过程中相对移动的距离，必须根据被加工工件的长度进行相应的调整。如图 5-3 所示，调整时先松开滚花压紧螺母 3，将曲柄摇手插入调节行程长度方头，沿顺时针方向转动曲柄摇手，行程长度增大；反之，行程长度缩短。检查滑枕行程长度时，将变速手柄和操纵手柄向外拉，再用曲柄摇手转动机床右侧后下端的方头，使滑枕往复移动，观察滑枕的行程长度是否合适，调整后再将滚花压紧螺母拧紧，使滑枕行程长度在加工中不再变动。

（4）滑枕起始位置的调整　根据被加工工件装夹在工作台上的前后位置，调整滑枕的前后位置。如图 5-4 所示，调整时先松开滑枕上部的紧固手柄，将曲柄摇手插入调节滑枕起始位置方头，沿顺时针方向转动曲柄摇手时，滑枕位置向后；反之，滑枕位置向前。位置调整好后，将紧固手柄扳紧。滑枕起始位置是否合适，可通过用曲柄摇手转动床身右侧后下端的方头，使滑枕往复移动来确定。

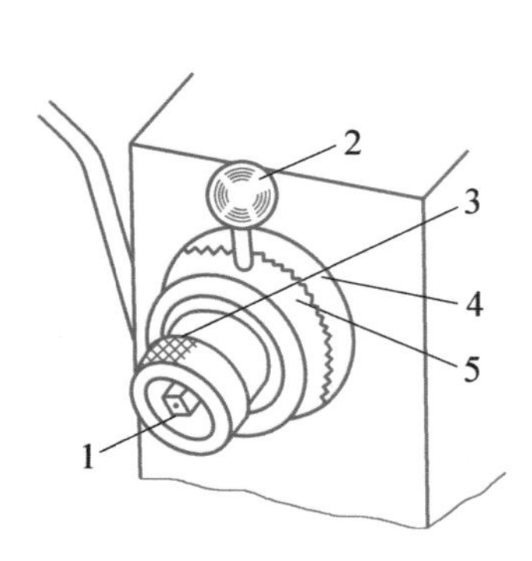

图 5-3　滑枕行程长度和进给量调整机构

1—调节行程长度方头　2—进给量调节手柄　3—滚花压紧螺母　4—固定齿盘　5—活动齿盘

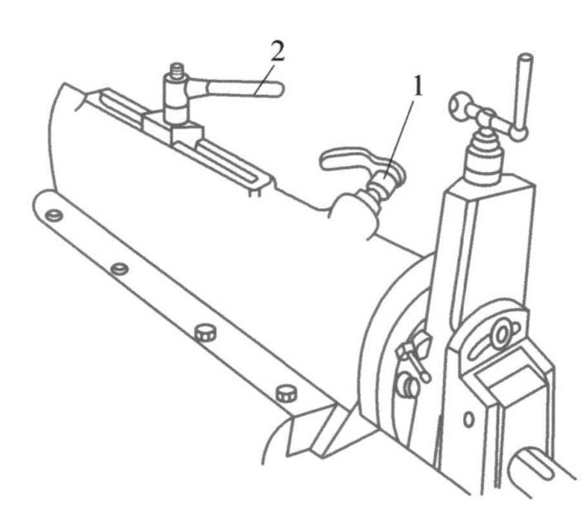

图 5-4　滑枕起始位置调整机构

1—调节滑枕起始位置方头　2—紧固手柄

（5）滑枕行程速度的调整　根据工件的加工要求、工件材料、刀具材料和滑枕行程长度确定滑枕的行程速度。变换滑枕行程速度必须在停车时进行。如图 5-5 所示，通过改变变速手柄的位置，即可得到不同的速度。若不能将变速手柄扳动到位，可点动刨床，再试着推、拉手柄，直至到位。B6050 型牛头刨床滑枕的移动速度共有 9 级，以每分钟的往复次数表示。

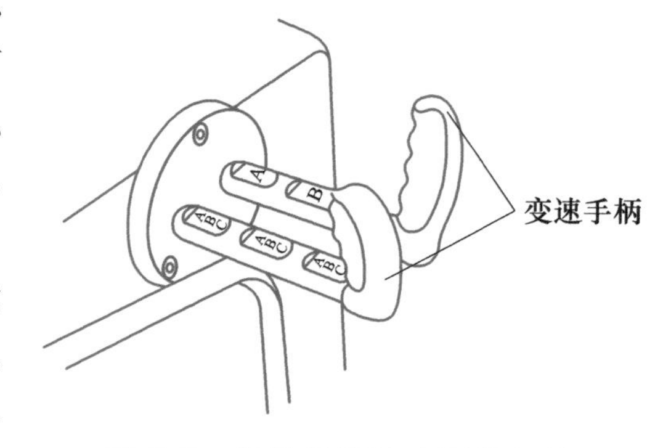

图 5-5　滑枕行程速度调整机构

（6）进给量大小的调整　根据背吃刀量的大小和刨床刚度等，确定进给量的大小。B6050 型牛头刨床进给量共有 16 级，横向水平进给量为 0.125～2mm/往复行程，垂向进给量为 0.08～1.28mm/往复行程。如图 5-3 所示，沿顺时针方向转动手柄，带动活动齿盘一起转动，活动齿盘上有一条刻线，此刻线对准固定齿盘上的数字“1”即为最小进给量，如果此刻线对准数字“16”即为最大进给量。进给量调整好后，在弹簧的作用下，活动齿盘与固定齿盘会紧紧咬合，加工时不会移动。

（7）工作台手动进给操作

1）横向手动进给。如图 5-6 所示，沿逆时针方向转动工作台横向或垂向进给转换手柄至横向进给的位置，将进给运动换向手柄扳至空档位置，沿顺时针方向转动工作台手动进给方头，工作台做横向向右的手动进给移动；如果沿逆时针方向转动工作台手动进给方头，则工作台做横向向左的手动进给移动。

2）垂向手动进给。如图 5-6 所示，沿顺时针方向转动工作台横向或垂向进给转换手柄至垂向进给位置，将进给运动换向手柄扳至空档位置，沿顺时针方向转动工作台手动进给方头，工作台做垂向向上的手动进给移动；如果沿逆时针方向转动工作台手动进给方头，则工作台做垂向向下的手动进给移动。

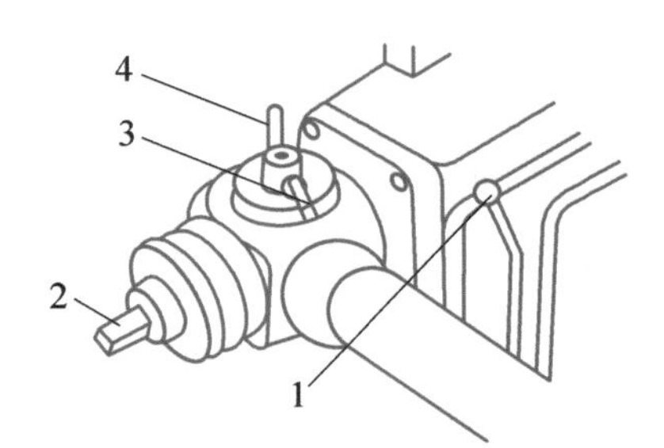

图 5-6 工作台手动、自动和快速进给调整机构

1—工作台快速移动手柄 2—工作台手动进给方头 3—进给运动换向手柄 4—工作台横向或垂向进给转换手柄

（8）工作台自动进给操作

1）横向自动进给。如图 5-6 所示，沿逆时针方向转动工作台横向或垂向进给转换手柄至横向进给位置，沿顺时针方向扳动进给运动换向手柄至自动进给位置，起动刨床，工作台做横向向右自动进给移动，向外拉出工作台快速移动手柄，工作台做横向向右快速进给移动；如果沿逆时针方向扳动进给运动换向手柄至自动进给位置，工作台做横向向左自动进给移动，向外拉出工作台快速移动手柄，工作台做横向向左快速进给移动。

2）垂向自动进给。如图 5-6 所示，沿顺时针方向转动工作台横向或垂向进给转换手柄至垂向进给位置，沿顺时针方向扳动进给运动换向手柄至自动进给位置，起动刨床，工作台做垂向向上自动进给移动，向外拉出工作台快速移动手柄，工作台做垂向向上快速进给移动；如果沿逆时针方向扳动进给运动换向手柄至自动进给位置，工作台做垂向向下自动进给移动，向外拉出工作台快速移动手柄，工作台做垂向向下快速进给移动。

（9）刨床起动与停止操作 起动前检查刨床滑枕行程长度是否合适，滑枕的起始位置是否合适，滑枕移动速度是否处于低速状态，进给运动换向手柄是否处于空档位置，工作台横向或垂向进给转换手柄是否处于横向或垂向位置，急停按钮是否处于按下状态。确认后，接通总电源，按下刨床电器按钮盒上的绿色按钮，向外拉动操纵手柄，起动刨床，滑枕停至合适位置后，将操纵手柄向里推，刨床停止运动。

三、刨削的基本运动

1. 主运动

刨削时的主运动是指工件或刨刀的往复直线运动。对于牛头刨床来说，主运动是由滑枕带动刨刀的往复直线运动。

2. 进给运动

刨削时使金属连续投入切削的运动称为进给运动。牛头刨床的进给运动是指工件随工作台的间歇移动，即滑枕每往复一次，工作台送进一个距离（进给量）。

四、刨削用量的基本概念

在刨削过程中所选用的切削用量称为刨削用量。刨削用量是度量主运动和进给运动大小的参数，包括刨削速度 v_c、进给量 f 和背吃刀量（刨削深度）a_p，如图 5-7 所示。

1. 刨削速度 v_c

刨削速度 v_c 是指进行切削加工时，刀具切削刃上的某一点相对于待加工表面在主运动方向上的瞬时速度，在牛头刨床上是指滑枕（刀具）移动的速度，单位为 m/min。其值可按下式计算

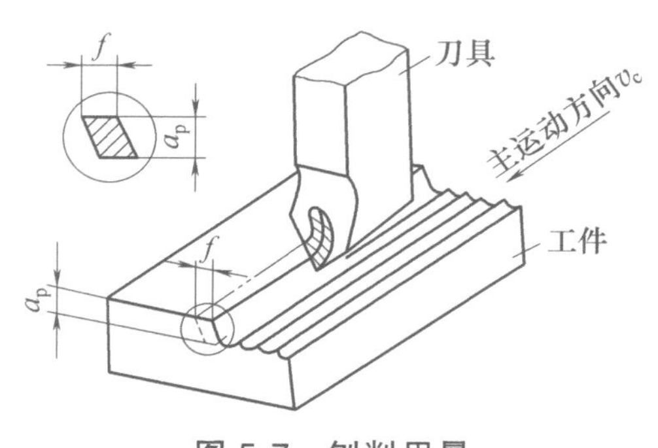

图 5-7　刨削用量

$$v_c = \frac{2Ln}{1000}$$

式中　L——滑枕行程长度（mm）；

n——滑枕每分钟的往复次数（往复次数/min）。

【例 5-1】　在 B6050 型牛头刨床上刨削铸铁，工件长度为 90mm，滑枕行程长度为 110mm，若选用的刨削速度 v_c 为 16 m/min，试求滑枕每分钟的往复次数 n。

解：将 $L=110\text{mm}$，$v_c=16\text{m/min}$ 代入下式

$$n=\frac{1000v_c}{2L}=\frac{1000\times16}{2\times110}(\text{往复次数/min})\approx72.73\,(\text{往复次数/min})$$

根据刨床滑枕每分钟往复次数表上的数值，72.73 往复次数/min 与 80 往复次数/min 接近，故应将滑枕每分钟往复次数调整为 80 往复次数/min。

2. 进给量 f

进给量 f 是指刨刀或工件每往复行程一次，刨刀和工件在进给运动方向上的相对位移，单位为 mm/往复行程。

$$f=\frac{k}{3}$$

式中　k——刨刀每往复行程一次棘轮被拨过的齿数。

3. 背吃刀量 a_p

背吃刀量 a_p 是指工件已加工表面和待加工表面之间的垂直距离，即刨刀在一次工作行程中所切除的金属层的深度，单位为 mm。

任务实施

一、任务分析

要正确使用刨床，必须对刨床的结构和各部件的功能有一定的认识。通过了解刨床常用部件的基本功能、调整和操作方法后，现场说出其名称和用途，并正确调

整和操作刨床。

二、任务准备

B6050 型等牛头刨床及使用说明书、刨工常用工具、量具、刀具、夹具和工件。

三、认识刨床主要部件及功用和刨床的调整操作

1. 认识刨床的主要部件及功用

进入实习车间刨工实训区域，现场叙述刨床传动路线和主要部件的名称及功用。

2. 刨床的调整操作

（1）工作台高低的调整　调整工作台位置，使工件装夹后最高处与滑枕导轨底面之间的距离为 50mm。

（2）刀架的调整及刻度转盘的识读

1）调整拍板座，使其偏转 10°；调整刀架，使其偏转 30°。

2）要将刀架向上移动 2mm，刀架手柄应往哪个方向移动，并转过几格？

3）转动刀架手柄，使刀架向上移动 5mm，向下移动 5mm。

（3）滑枕行程长度的调整　根据被加工工件装夹在工作台上的前后长度，试调滑枕行程长度，将滑枕行程长度调至比工件长度长 20mm 左右。

（4）滑枕起始位置的调整　根据被加工工件装夹在工作台上的前后位置，试调整滑枕的起始位置，将滑枕的起始位置调至比工件起始位置靠前 10mm 左右。

（5）滑枕行程速度的调整　调整滑枕移动速度至 24 往复次数/min、64 往复次数/min 和 126 往复次数/min。

（6）进给量大小的调整　调整工作台横向进给量至 0.125mm/往复行程、2mm/往复行程。

（7）工作台手动进给操作

1）通过切换工作台横向或垂向进给转换手柄，以及将进给运动换向手柄扳至空档位置后，分别沿顺时针方向和逆时针方向转动工作台手动进给方头，使工作台做横向或垂向的手动进给移动。注意在移动过程中，要保持移动速度均匀。

2）转动工作台手动进给方头，使工作台横向向左进给 10mm。

3）转动工作台手动进给方头，使工作台垂向向上进给 10mm。

（8）工作台自动进给操作

1）检查各进给方向的紧固螺钉、紧固手柄是否松开。

2）检查各进给方向自动进给停止挡铁是否牢固地安装在限位柱范围内。

3）检查工作台在各进给方向是否处于中间位置。

4）起动刨床。

5）使工作台分别做横向和垂向的自动进给，检查进给油窗是否甩油；向外拉出工作台快速移动手柄，使工作台分别做横向和垂向的快速进给。

6）使工作台停止自动进给，再使滑枕停止移动。

7）练习完毕后，认真擦拭机床，并使工作台在进给方向处于中间位置、各手柄

回到规定位置。

（9）刨床起动与停止操作

1）按要求进行起动前的检查。

2）接通刨床电源总开关。

3）按下起动按钮。

4）向外拉动操纵手柄，起动刨床。

5）滑枕停至合适位置后，将操纵手柄向里推，使刨床停止运动。

6）关闭刨床电源总开关。

任务评价

根据表5-3所列内容对任务完成情况进行评价。

表5-3　认识刨床评分标准

序号	实训名称	实训内容及要求	配分	评分标准	实施状况	自评	师评
1	刨床主要部件名称及功用叙述	说出牛头刨床的主要部件名称及功用	25	按叙述情况酌情扣分			
2	工作台高低的调整	调整工作台位置，使工件装夹后最高处与滑枕导轨底面之间的距离为50mm	5	错误不得分			
3	刀架的调整	调整拍板座和刀架，分别使其偏转10°和30°	5	错误不得分			
4	刻度转盘的识读及操作	按要求进行刻度转盘的识读及应用操作	5	按操作情况酌情扣分			
5	滑枕行程长度的调整	将滑枕行程长度调至比工件长度长20mm左右	5	错误不得分			
6	滑枕起始位置的调整	将滑枕的起始位置调至比工件起始位置靠前10mm左右	5	错误不得分			
7	滑枕移动速度的调整	调整滑枕移动速度至24往复次数/min、64往复次数/min和126往复次数/min	6	错误不得分			
8	进给量大小的调整	调整工作台横向进给量至0.125mm/往复行程、2mm/往复行程	4	错误不得分			
9	工作台手动进给操作	按要求进行工作台横向和垂向手动进给	5	不按要求操作不得分			
10	工作台自动进给操作	按操作步骤进行工作台横向和垂向自动进给	5	不按步骤操作不得分			
11	工作台快速进给操作	按操作步骤进行工作台横向和垂向快速进给	5	不按步骤操作不得分			
12	刨床起动与停止操作	按顺序起动、停止刨床	5	不按顺序操作不得分			

（续）

序号	实训名称	实训内容及要求	配分	评分标准	实施状况	自评	师评
13	安全文明生产	安全装备齐全	10	违反不得分			
14		规范操作	10	违反操作规范酌情扣分			
合计配分			100	合计得分			

实践经验

1）工作台的快速移动必须在滑枕停止运动时进行。

2）工作台在横向或垂向快速移动时，不能直接快速移动到极限位置，应在距极限位置一定距离时停止快速移动，改用手动，以防止发生撞击现象和丝杠螺母脱开的事故。

3）工作台垂向移动时一定要将工作台下面的支承柱紧固螺钉松开。

任务二　认知刨工安全文明生产

任务引入

刨工安全文明生产是刨削加工的首要条件。在零件的刨削加工过程中，为保证安全生产和杜绝各类事故的发生，操作者必须遵守刨工安全操作规程和文明生产规范。通过本任务的学习，学生可掌握刨工安全文明生产的相关规定，并能在实践中做到安全文明生产。

任务目标

1. 了解刨床操作注意事项。
2. 牢记刨工安全操作规程和文明生产规范。
3. 树立正确、规范的刨床安全操作意识。

知识准备

一、刨床操作注意事项

1）严格遵守安全操作规程，操作时按步骤进行。

2）在刨削行程范围内，刨床前后不得站人，不准将头、手伸到刨床前观察、触碰工件和刀具。

3）工作中如果发现滑枕升温过高、换向冲击声或行程振荡声异常、突然停车等不良状况，应立即切断电源，退出刀具，进行检查、调整和修理。

4）练习完毕认真擦拭刨床，并使滑枕、刀架回到规定位置。

刨工安全
操作规程

二、刨工安全操作规程

刨工安全操作规程见表 5-4。

表 5-4　刨工安全操作规程

序号	安全操作规程	图示
1	操作前应穿好工作服和工作鞋，女生要戴好工作帽，将长发或辫子塞入工作帽内，不准戴手套操作刨床	 
2	操作刨床前，应检查变速手柄，保证操作灵活、档位分明、定位可靠	
3	工作台和滑枕的调整不能超过极限位置，以防设备发生故障	

（续）

序号	安全操作规程	图示
4	刀架必须牢固地安装在滑枕前部，不得有晃动现象，紧固螺栓、螺母必须齐全、完好	
5	工作台必须牢固地固定在横梁上，横梁应紧密地压在床身导轨上，不得有松动现象	
6	工件装夹要牢固，增加机用平口钳夹固力应用增力套管，不得用锤子敲打扳手	
7	调整滑枕行程时刀具不能接触工件，采用手动方式摇动滑枕进行全行程试验，刨床前后不能站人，调整后，随时取下曲柄摇手	
8	开机后，应使刨床低速运行 1～2min，使润滑油渗到各个需要润滑的部位，待刨床运转正常后才能进行刨削操作	

（续）

序号	安全操作规程	图示
9	刨削过程中，操作者站位要正确，不得站在切屑飞出的方向观察加工情况，不得站在工作台的前面，防止工件落下伤人	
10	刨削过程中，头、手不要伸到刨床前，不得用棉纱擦拭工件和刨床转动部位；不准戴手套操作刨床、测量工件和更换刀具	
11	装卸工件和刀具、变换滑枕移动速度和进给量、调整滑枕行程长度和测量工件等，必须在停车状态下进行	
12	操作刨床时，不允许操作者离开岗位，不准做与操作无关的事情	
13	刨削工件时，不准用手触摸工件表面，也不准用嘴吹切屑，应使用专用工具或刷子，以免把手割伤或被碎末迷眼	

（续）

序号	安全操作规程	图示
14	操作中突然断电或发生事故时，应立即停车并切断电源，申请检修	
15	多人共同使用一台刨床时，只能一人操作，并注意其他人的安全	

三、刨工文明生产规范

刨工文明
生产规范

刨工文明生产规范见表5-5。

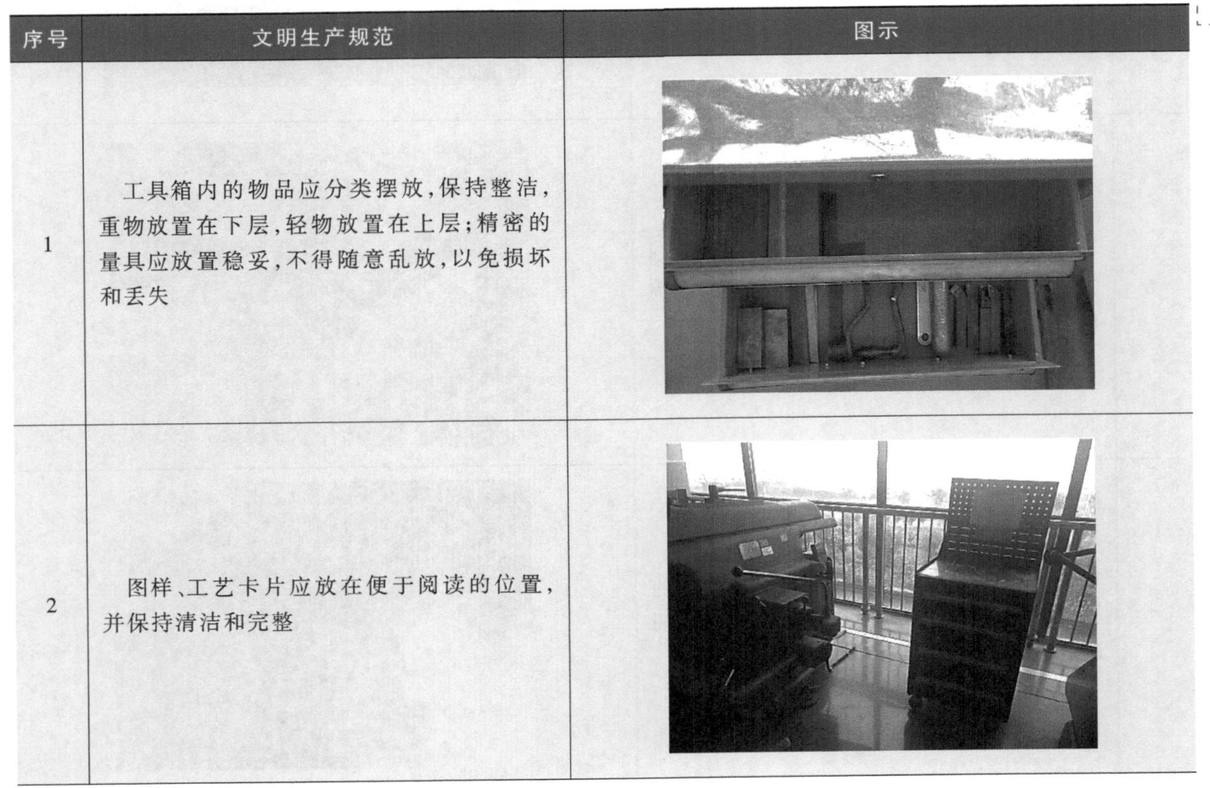

表5-5　刨工文明生产规范

序号	文明生产规范	图示
1	工具箱内的物品应分类摆放，保持整洁，重物放置在下层，轻物放置在上层；精密的量具应放置稳妥，不得随意乱放，以免损坏和丢失	
2	图样、工艺卡片应放在便于阅读的位置，并保持清洁和完整	

（续）

序号	文明生产规范	图示
3	正确使用和爱护工具和量具，用完后应擦净、涂油，放入盒内，借用的及时归还	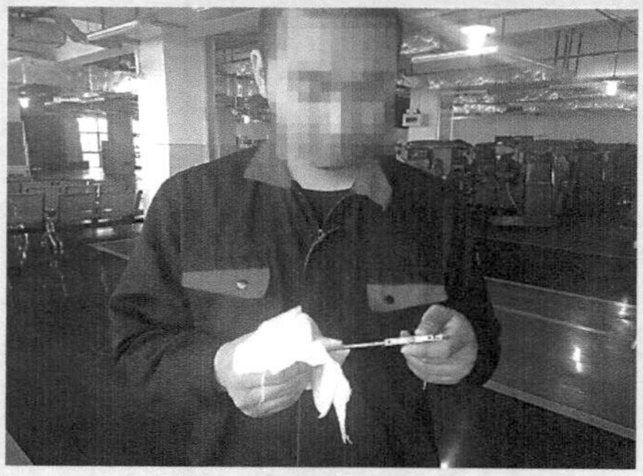
4	严禁在工作台、机用平口钳和横梁导轨上敲击和找正工件，也不准在工作台上堆放工具、量具和工件	
5	毛坯、半成品和成品应分类摆放，并按次序整齐排列	 毛坯 成品
6	刨刀磨损后应及时刃磨或更换，用钝刃刨刀切削工件会增加刨床的负荷，严重时会损坏刨床	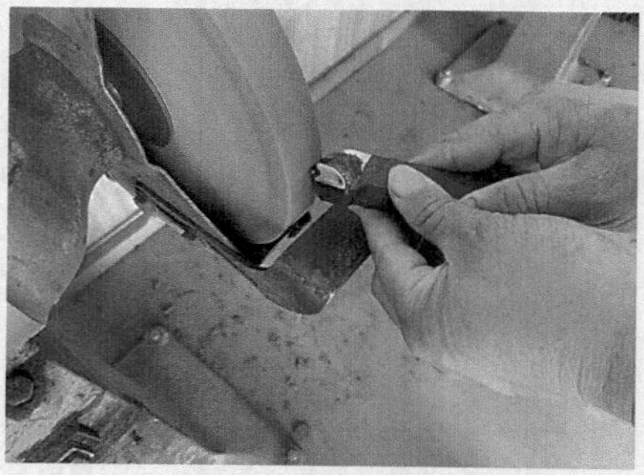
7	实训结束后，应清除刨床上及周围场地的切屑；擦净刨床后，应在规定的部位加注润滑油	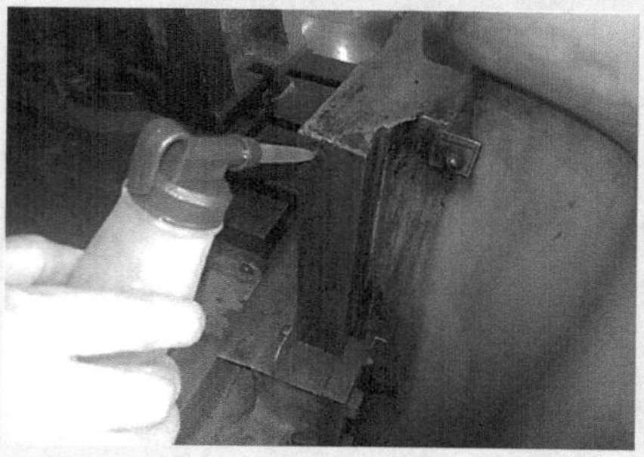

（续）

序号	文明生产规范	图示
8	完成刨床的保养后，应将工作台移到刨床的中间位置，并紧固工作台前端下面的支承柱，将滑枕停在床身的中间位置，将刨床的手柄置于空档位置，并关闭电源	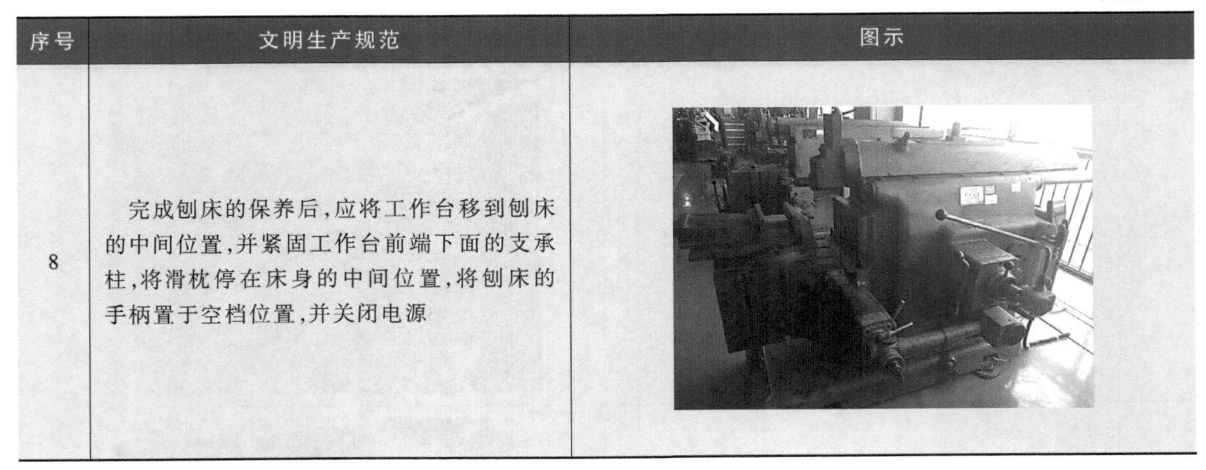

任务实施

一、任务分析

刨工安全文明生产是在刨床上加工零件的重要前提，安全文明生产存在于刨削加工的各个环节，操作者必须牢记安全文明生产的各项规定并严格遵守，以消除安全隐患，避免事故的发生。

二、任务准备

刨工安全文明生产规章制度手册、安全防护装备、B6050 型牛头刨床、工具、量具、刀具以及辅助工具等。

三、刨工安全文明生产实施过程

在操作过程的每一个环节都要严格遵守刨工安全文明生产规范的要求，具体内容见表 5-6。

表 5-6　刨工安全文明生产实施过程

序号	内容	图示
1	检查刨床各部分机构是否完好，包括刀架、工作台安装是否牢固、手柄位置是否正确、变速和进给系统是否正常等	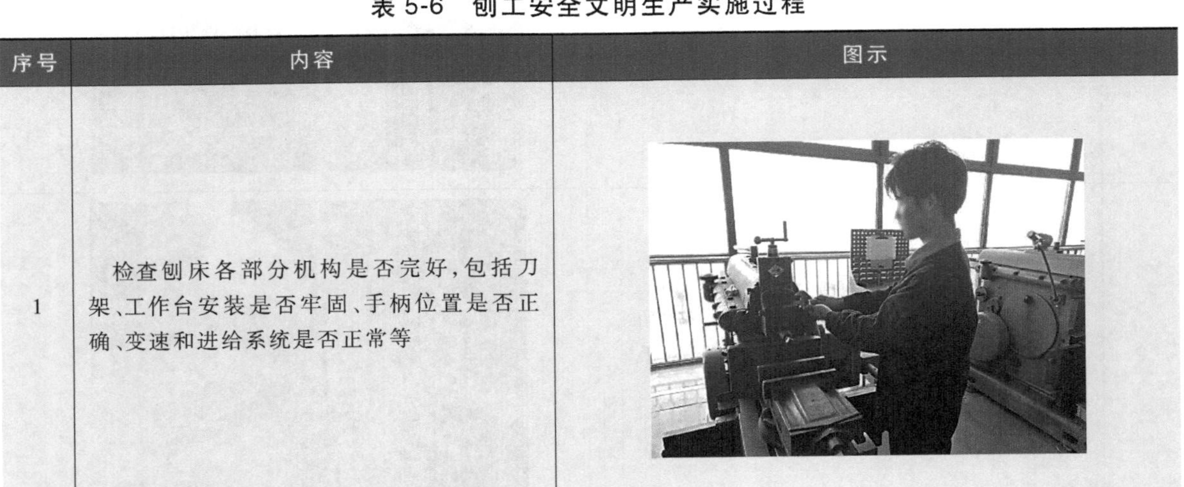

（续）

序号	内容	图示
2	停车变换滑枕移动速度和进给量	
3	工具、量具和刀具的摆放应稳妥、整齐、合理	
4	实训结束后，关闭电源，清理工作现场	 
5	按规定加注润滑油，使工作台处于刨床的中间位置，滑枕处于床身的中间位置，各手柄应调至空档位置，关闭电源	

任务评价

根据表 5-7 所列内容对任务完成情况进行评价。

表 5-7　认知刨工安全文明生产评分标准

序号	实训名称	实训内容及要求	配分	评分标准	实施状况	自评	师评
1	刨工安全文明生产规范实施	设备检查	10	按检查情况酌情扣分			
2		停车变换滑枕移动速度和进给量	20	违反不得分			
3		正确摆放工具、量具和刀具	20	错误不得分			
4		关闭电源	20	违反不得分			
5		清扫工作场地	10	按清扫情况酌情扣分			
6		刨床各部件复位	20	违反不得分			
合计配分			100	合计得分			

实践经验

在保障人身和设备安全的前提下，为保证加工过程顺利进行，需要我们熟记刨工安全文明生产规范并在实践中严格遵守，学习企业刨工安全文明生产规范，养成安全文明生产的习惯。

任务三　刨削六面体工件

任务引入

平面是构成各种机械零件的基本表面之一，如刨床的工作台面、机用平口钳的钳口表面、机床导轨表面、安装基准面等，都是大小不等的平面。图 5-8 所示为六个表面均为平面的六面体工件，本任务通过正确安装工件与平面加工刀具、识读平面加工工序卡片、刨削与检测平面等实践环节，要求学生学会平面的刨削加工技术。

图 5-8　六面体工件

任务目标

1. 了解刨刀常用的材料、种类及应用。

2. 掌握平面刨刀的安装方法。

3. 了解刨削用量的选择原则。

4. 熟悉平面的加工工序，明确加工步骤及加工需要的刀具、刨削用量等。

5. 能使用刀口形直尺检测平面的平面度，判断零件是否合格，并简单分析平面的加工质量。

知识准备

一、刨刀的材料

刨削时，刨刀的切削部分是在较大的切削力、较高的切削温度、剧烈的摩擦和冲击条件下工作的，因此合理选择刀头部分的材料，是顺利完成切削加工的关键。对刨刀来说，常用的刀头材料是高速钢和硬质合金。高速钢刨刀一般用于低速加工，而硬质合金刨刀多用于高速刨削的场合。

二、刨刀的种类及应用

刨刀的种类很多，在刨床上刨削工件应根据工件材料和加工要求选择刨刀。刨刀的种类及应用见表 5-8。

表 5-8 刨刀的种类及应用

刨刀的种类	图示	应用
硬质合金直杆平面刨刀(尖头刨刀)		用于粗刨水平面
硬质合金直杆平面刨刀(圆头刨刀)		用于精刨水平面
硬质合金直杆平面刨刀(平头刨刀)		
硬质合金直杆偏刀		分为左偏刀和右偏刀,用于刨削垂直面、台阶面和外斜面
硬质合金直杆切刀		用于刨削直槽和切断工件

三、平面刨刀的安装

安装平面刨刀时，必须按以下要求进行安装。

1）将刨刀装在夹刀座内，安装时，刀架和拍板座应在中间垂直位置，如图 5-9 所示。

2）刨刀不能伸出过长，以免加工时发生振动和折断。直杆平面刨刀的伸出长度一般为刀杆厚度的 1.5 倍，如图 5-10 所示。

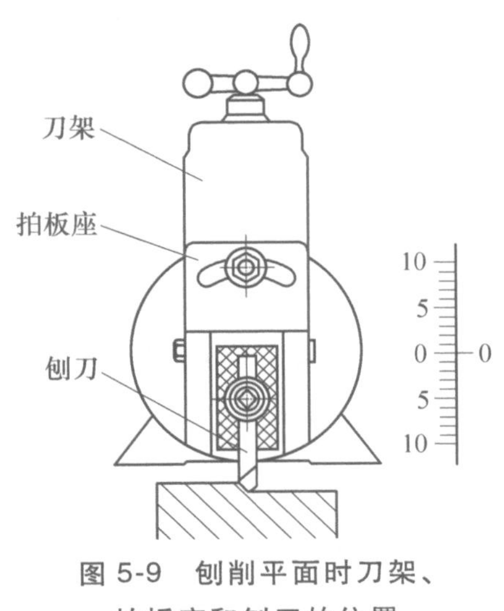

图 5-9　刨削平面时刀架、拍板座和刨刀的位置

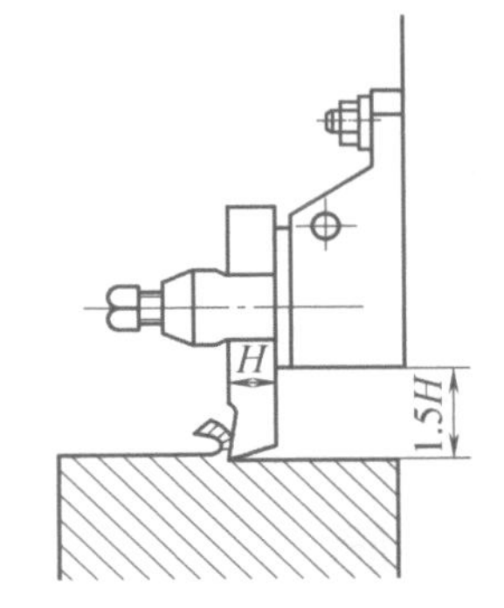

图 5-10　直杆平面刨刀的伸出长度

H—刀杆厚度

3）在装卸刨刀时，左手扶住刨刀，右手使用扳手。扳手放置的位置要合适，用力的方向必须由上而下或倾斜向下用力扳转螺钉，使刨刀夹紧或松开。用力方向不得由下而上，以免拍板翘起而碰伤或夹伤手指，如图 5-11 所示。

4）安装带有修光刃或平头宽刃的精刨刀时，要用透光法找正修光刃或宽刃的水平位置，再夹紧刨刀。刨刀夹紧后，须再复查切削刃的水平位置，如图 5-12 所示。

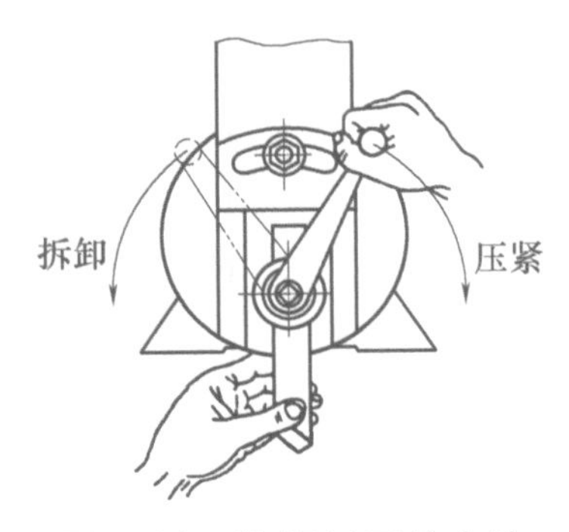

图 5-11　装卸刨刀的方法

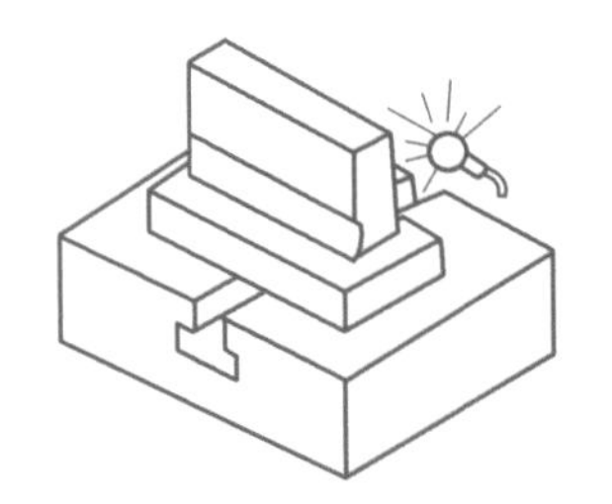

图 5-12　精刨刀的对刀方法

四、刨削用量的选择

选择刨削用量的顺序一般是先确定最大的背吃刀量，然后选择较大的进给量，最后确定合理的切削速度。

1. 背吃刀量 a_p 的选择

粗刨时，一般加工余量较多，对工件的表面质量要求不高，在机床动力，机床、刀具、工件等的刚度和强度许可的情况下，应选择较大的背吃刀量，以用较少的粗加工次数切除加工余量，一般取 a_p<8mm，并留有一定的精刨余量。一般在牛头刨床上加工工件时留 0.2~0.5mm 的精加工余量。

2. 进给量 f 的选择

粗刨平面时，由于工件表面质量要求不高，在机床、工件、刀具的强度和刚度足够的情况下，进给量应选择得大一些，以减少加工时间，一般取 f= 0.3~1.5mm/往复行程。通常采用试刨的方法逐渐增大进给量，以充分发挥机床功率。

精刨时，进给量应取得小一些，一般取 0.1~0.3mm/往复行程。若采用宽刃平头刨刀精刨平面时，则进给量一般为主切削刃宽度的 2/3。

3. 切削速度 v_c 的选择

粗刨时，由于选择的背吃刀量 a_p 和进给量 f 较大，切削力也较大，所以切削速度 v_c 取值应略小一些，一般取 v_c = 15~30m/min；精刨时，为了使切削过程平稳，应尽可能将切削速度 v_c 的值选得小一些，一般取 v_c = 4~12m/min。

任务实施

一、任务描述

本任务是刨削六面体。要求会识读图 5-13 所示的六面体工件零件图，读懂六面体工件加工工序卡片，学会刨削六面体工件。

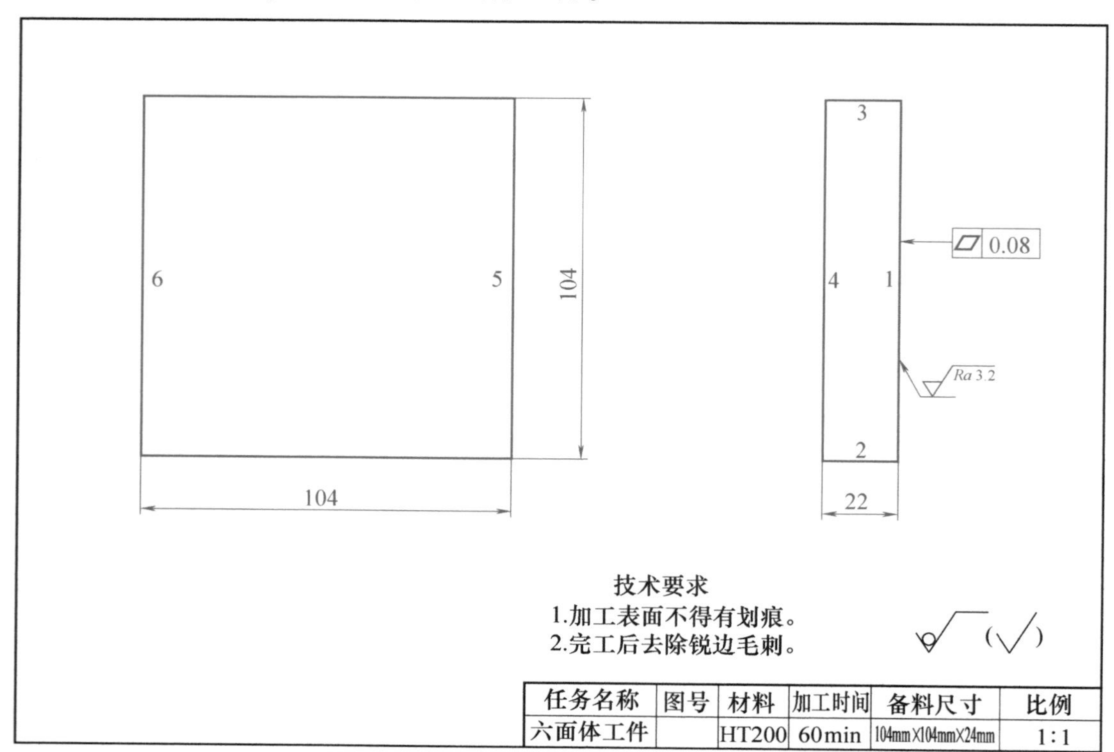

图 5-13 六面体工件零件图

二、零件图识读

本任务为刨削六面体工件，请仔细识读图 5-13 所示六面体工件零件图并填写表 5-9。

表 5-9　零件图信息

识读内容	读到的信息
零件名称	
零件材料	
零件形状	
零件图中重要的尺寸或几何公差	
表面粗糙度值	
技术要求	

三、工艺分析

本任务为刨削六面体工件，主要加工要素是六面体工件的一个大平面（基准面）。根据图样形状、尺寸和几何公差要求，工件应采用机用平口钳装夹。由于加工的平面具有平面度要求，所以要合理选择刀具和切削用量，调整刨床拍板、滑枕以及刀架侧面镶条与导轨等配合部分的间隙，消除装夹产生的弹性变形等，以保证平面度要求。六面体工件的加工方案是先粗刨基准面 1，再精刨基准面 1。

四、加工准备

1. 设备

B6050 型牛头刨床。

2. 工件

材料：HT200，备料尺寸：104mm×104mm×24mm，数量：1 件/人。

3. 工具、量具、刀具和夹具

1）工具：20mm×20mm 平口钳扳手、20mm×20mm 牛头刨床摇手、10 寸活扳手、17～19mm 双头内六角花形扳手、10mm×35mm×150mm 平行垫铁、护口片、400mm×600mm 平台、500g 圆头锤、ϕ20mm ×150mm 铜棒、增力套管、0～10mm 百分表（包括表座、表杆等配件）、刷子、棉布等。

2）量具：游标卡尺（0～150mm）、125mm（0 级）刀口形直尺、0.02～1.0mm 塞尺。

3）刀具：60°硬质合金尖头刨刀、10mm 硬质合金平头刨刀、6in 扁锉。

4）夹具：钳口宽度为 160mm 的机用平口钳。

五、识读六面体工件加工工序卡片

六面体工件加工工序卡片见表 5-10。

表 5-10　六面体工件加工工序卡片

刨工加工工序卡片				零件名称	零件图号	材料牌号
				六面体工件		HT200
工序号	工序内容	加工场地	设备名称	设备型号	夹具名称	
1	刨削	金属切削车间	牛头刨床	B6050	回转型机用平口钳	
工步号	工步内容	刀具号	刀具移动速度/(往复次数/min)	进给量/(mm/往复行程)	背吃刀量/mm	进给次数
1	安装并找正机用平口钳	—	—	—	—	—
2	检查毛坯尺寸，在两钳口放置护口片，夹持 104mm×104mm×24mm 毛坯平面 2 和 3，以平面 2 作为定位基准，与机用平口钳固定钳口贴紧，平面 4 与平行垫铁贴紧，余量层高出机用平口钳钳口上平面 5～10mm，找正并夹紧	—	—	—	—	—
3	选择并安装刨刀	T1	—	—	—	—
4	粗刨基准面 1，留 0.5mm 精刨余量	T1	80	0.625	1.5	1
5	选择并安装刨刀	T2	—	—	—	—
6	精刨基准面 1，保证 0.08mm 平面度和 22mm 厚度尺寸至合格	T2	37	2	0.5	1
7	去除锐边毛刺	T3	—	—	—	—
编制	审核		批准		共　页	第　页

六面体工件加工刀具卡片见表 5-11。

表 5-11　六面体工件加工刀具卡片

序号	刀具号	刀具名称	刀具种类	刀具规格	刀具材料
1	T1	尖头刨刀	平面刨刀	$\kappa_r = 60°$	K 类硬质合金
2	T2	平头刨刀	平面刨刀	$w = 10mm$	K 类硬质合金
3	T3	锉刀	扁锉	6in	碳素工具钢
编制		审核	批准	共　页	第　页

刨削平面

六、六面体工件加工过程

六面体工件加工过程见表 5-12。

表 5-12　六面体工件加工过程

步骤	加工内容	加工图示	说明
1	夹持毛坯平面 2 和 3，粗刨基准面 1		依次安装机用平口钳、工件和刨刀，并将工作台高度、滑枕行程长度、起始位置调整至合适的位置，滑枕每分钟往复次数和工作台横向进给量调整至相应数值，在机用平口钳钳口上垫护口片，夹持毛坯平面 2 和 3，以平面 2 作为粗基准，靠向机用平口钳固定钳口，余量层高出机用平口钳钳口上平面 5～10mm，夹紧后，用 60°尖头刨刀粗刨基准面 1，留 0.5mm 精刨余量
2	夹持毛坯平面 2 和 3，精刨基准面 1		调整滑枕每分钟往复次数和工作台横向进给量，用 10mm 平头刨刀精刨基准面 1，保证 0.08mm 平面度和 22mm 厚度尺寸至合格
3	去除锐边毛刺		用 6in 扁锉去除锐边毛刺

任务评价

根据表 5-13 对任务完成情况进行评价。

表 5-13　刨削六面体工件评分标准

序号	检测名称	检测内容及要求	配分	评分标准	检测结果	自评	师评
1	厚度	22mm	10	超差不得分			
2	平面度	0.08mm	50	超差不得分			
3	表面粗糙度值	$Ra3.2\mu m$	20	降级不得分			
4	毛刺	去除锐边毛刺		每发现一处扣 1 分			

（续）

序号	检测名称	检测内容及要求	配分	评分标准	检测结果	自评	师评
5	安全文明生产	安全装备齐全	5	违反不得分			
6		规范摆放与使用工具、量具、刀具	5	不按规定摆放、不正确使用，酌情扣分			
7		安全、文明操作	5	违反安全文明操作规程，酌情扣分			
8		设备保养与场地清洁	5	操作后没有做好设备与工具、量具、刀具的清理、整理、保洁工作，不正确处置废弃物品，酌情扣分			
合计配分			100	合计得分			

实践经验

1）刨削平面时，为了防止平面上有小沟纹或微小台阶（图 5-14a），背吃刀量调整好后，必须将图 5-15 所示的刀架紧固螺钉 2 旋紧，调整拍板间隙调节螺母 3 以及滑枕压板调节螺钉 5，使配合间隙适度；在精刨时不允许中途停车。

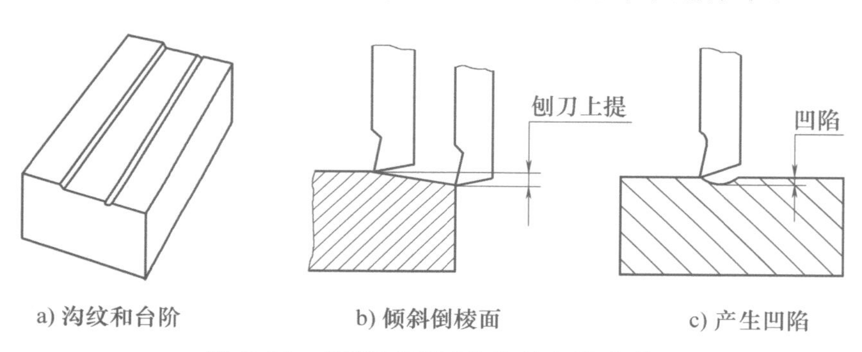

a) 沟纹和台阶　b) 倾斜倒棱面　c) 产生凹陷

图 5-14　刨削平面时产生的各种废品

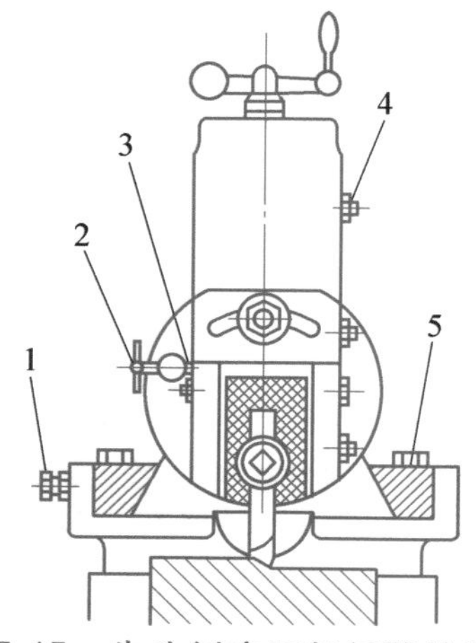

图 5-15　牛头刨床刀架间隙的调整

1—滑枕间隙调节螺钉　2—刀架紧固螺钉　3—拍板间隙调节螺母　4—镶条调节螺钉　5—压板调节螺钉

在牛头刨床上校正机用平口钳

2）刨削平面时，为了防止工件后端（开始切入的一端）形成倾斜倒棱面（图5-14b），应调整各配合部分的间隙；刨削时必须旋紧刀架紧固螺钉；在余量较多的情况下，可分多次刨削；合理选择刨刀，如果机床的刚度较差，那么刨刀的主偏角和前角也不能太小。

3）刨削平面时，刨削时注意机床运转时的声响，如果听到“咯吱”的声音，说明刨床大齿轮曲柄丝杠一端的螺母已松动，丝杠轴向发生窜动，滑枕在切削过程中有瞬时停止不前的现象，使刨刀下沉而刨深，从而在平面上形成凹陷，如图5-14c所示。此时，应立即停车，打开床身盖板，将螺母旋紧，如图5-16所示。

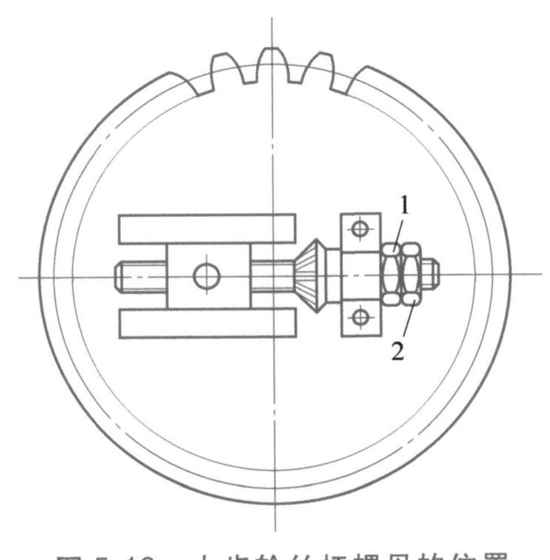

图5-16 大齿轮丝杠螺母的位置

1、2—螺母

拓展任务

刨削六面体工件平行平面和相邻垂直平面

项目六　磨削加工

项目描述

在机械零件的加工制造过程中，磨削加工是金属切削加工的主要组成部分，是提高零件精度和表面质量的主要工艺方法。熟悉磨床的结构和性能，安全、熟练地操作磨床，对保证零件加工质量和提高加工效率至关重要。根据磨工基础部分的特点，将本项目分为认识磨床、认知磨工安全文明生产和磨削光轴三个任务，学习内容包括磨床的结构与主要部件的功能、外圆磨床的基本操作、磨工安全文明生产规范和光轴零件加工工艺的识读，以及加工和检测的方法。

项目目标

1. 能说出 M1432C 型万能外圆磨床主要部件的名称和功能。
2. 能规范、熟练地操作 M1432C 型万能外圆磨床。
3. 能规范执行磨工安全文明操作规程和文明生产规范。
4. 能做好磨削加工前的各项准备工作。
5. 能正确选择与安装砂轮。
6. 能在外圆磨床上正确安装轴类零件。
7. 能识读光轴磨削加工工序卡片。
8. 能独立操作外圆磨床进行光轴的磨削加工。
9. 能对加工的光轴进行质量检测和分析。

素养目标

通过认识磨床、熟悉磨床、高质量地完成磨削加工任务，提升磨工基本操作技能。

任务一　认识磨床

任务引入

磨床是适应工件精密加工、利用磨具（砂轮）对工件表面进行磨削加工的一种机床。磨床能加工经过淬火硬化的高硬度零件，加工精度高，在现代机械制造业中得到了广泛应用。学习本任务是对磨床的组成和各部分的作用、磨床的操作等内容有一个初步的认识，为后续任务的学习做好充分准备。

任务目标

1. 了解磨削加工的基本内容。
2. 了解磨削加工的特点。
3. 掌握 M1432C 型万能外圆磨床的组成和主要部件的功能。
4. 掌握 M1432C 型万能外圆磨床的基本操作方法。
5. 了解磨削的基本运动和磨削用量。

知识准备

一、磨削加工的基本内容

磨削加工的应用范围很广，基本内容见表 6-1。

表 6-1 磨削加工的基本内容

序号	磨削内容	图示	说明
1	磨外圆		工件沿逆时针方向做旋转运动和纵向往复进给运动，平形砂轮沿逆时针方向做旋转运动和周期性横向进给运动
2	磨内圆		工件沿逆时针方向或顺时针方向做旋转运动，平形砂轮沿顺时针方向或逆时针方向做旋转运动和纵向进给运动
3	磨平面		工件做纵向往复直线运动，平形砂轮沿顺时针方向做旋转运动和间歇的横向进给、垂向进给运动
4	磨花键		工件做纵向往复直线运动，修整后的平形砂轮沿顺时针方向做旋转运动和垂向进给运动

（续）

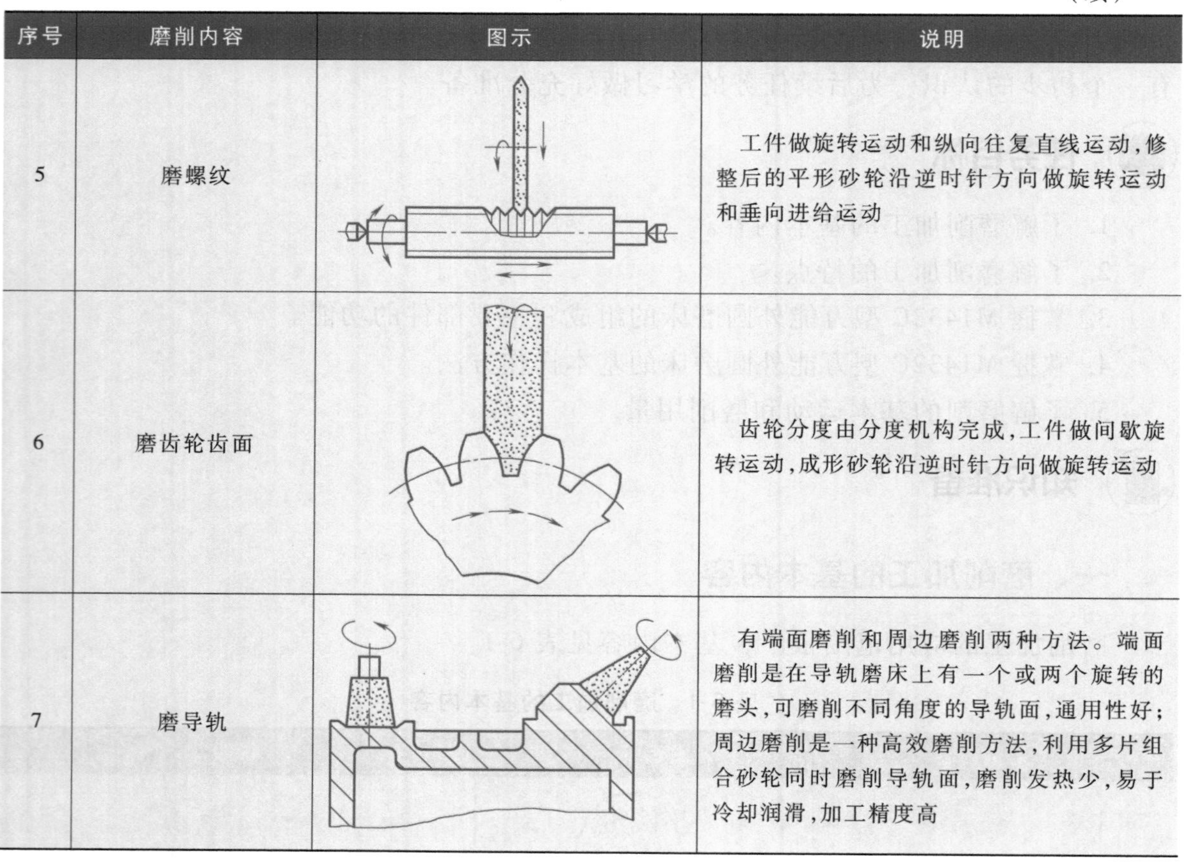

序号	磨削内容	图示	说明
5	磨螺纹		工件做旋转运动和纵向往复直线运动，修整后的平形砂轮沿逆时针方向做旋转运动和垂向进给运动
6	磨齿轮齿面		齿轮分度由分度机构完成，工件做间歇旋转运动，成形砂轮沿逆时针方向做旋转运动
7	磨导轨		有端面磨削和周边磨削两种方法。端面磨削是在导轨磨床上有一个或两个旋转的磨头，可磨削不同角度的导轨面，通用性好；周边磨削是一种高效磨削方法，利用多片组合砂轮同时磨削导轨面，磨削发热少，易于冷却润滑，加工精度高

二、磨削加工的特点

磨削加工是利用磨料切除材料的加工方法，与车削加工、铣削加工和刨削加工相比有以下特点。

1）砂轮表面有大量的磨粒，其形状、大小和分布为不规则的随机状态，磨粒端面圆弧半径较大，切削时呈负前角。

2）由于每颗磨粒切除的切屑厚度很薄，一般只有几微米，所以加工表面可以获得很高的精度和小的表面粗糙度值。磨削加工的尺寸公差等级为IT6~IT7，表面粗糙度值可达 $Ra0.16 \sim 0.63\mu m$，精密磨削精度更高。因此，磨削加工常用于精加工工序。

3）磨削的效率高。一般磨削速度为35m/s左右，是普通切削加工速度的20倍以上，可获得较高的金属切除率。

4）砂轮磨粒硬度高，热稳定性好，不但可以磨削钢、铸铁等材料，还可以磨削各种硬度高的材料，如淬火钢、硬质合金和玻璃等，这些材料用一般的车削、铣削和刨削等方法较难加工。

5）磨粒具有一定的脆性，在磨削力的作用下会破裂，从而更新其切削刃，称为砂轮的自锐性。

6）磨削不但可用于精加工，还能用于粗加工。

三、万能外圆磨床主要组成部分的名称和功能

磨床主要由床身、工作台和砂轮架等部件组成，不同组系的磨床各有其结构特点。以常用的万能外圆磨床为例，除上述主要部件外，还有头架、尾座、内圆磨具和液压系统等，如图 6-1 所示。M1432C 型万能外圆磨床主要部件的名称和功能见表 6-2。

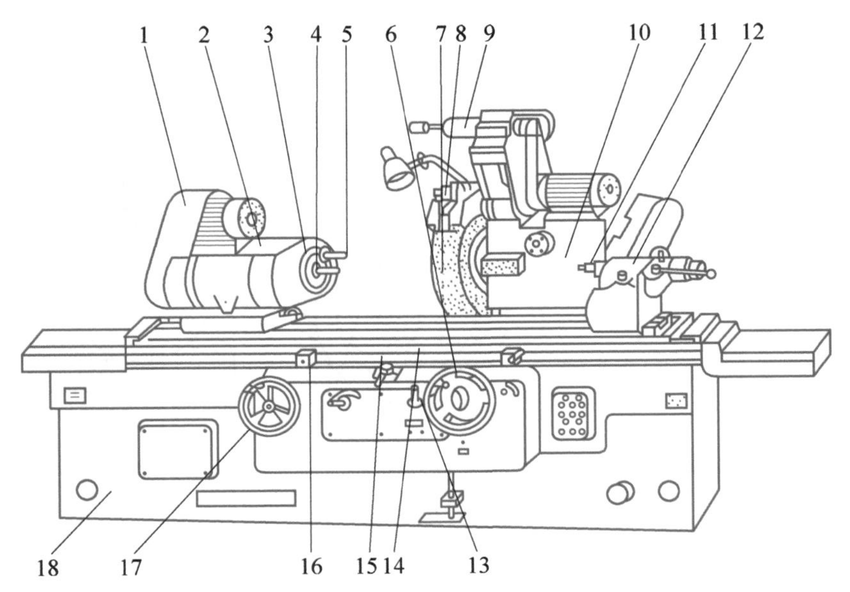

图 6-1　M1432C 型万能外圆磨床

1—变速机构　2—头架　3—拨盘　4、11—顶尖　5—拨杆　6—砂轮架横向进给手轮　7—砂轮　8—切削液喷嘴　9—内圆磨具　10—砂轮架　12—尾座　13—砂轮架快速进给手柄　14—上工作台　15—下工作台　16—挡铁　17—工作台手轮　18—床身

表 6-2　M1432C 型万能外圆磨床主要部件的名称和功能

部件名称	功能
头架	头架 2 内有主轴和变速机构 1。在主轴的前端可安装顶尖 4,用于支承工件。调节变速机构,可以使拨盘 3 获得几种不同的转速。拨盘通过拨杆 5 带动工件做圆周运动
尾座	顶尖 11 用以支承工件的另一端,尾座 12 的后端装有弹簧,可调节顶尖对工件的预紧力
工作台	由上工作台 14 和下工作台 15 组成,上工作台安装在下工作台上,上工作台可相对下工作台回转一定的角度,以便磨削圆锥面;下工作台在液压传动下或转动工作台手轮 17 可沿着床身导轨做纵向进给运动,工作台行程的大小和位置由挡铁 16 控制
砂轮架和横向进给手轮	砂轮架 10 安装在床身的横向导轨上。操纵砂轮架横向进给手轮 6,可实现砂轮架的横向进给运动,以控制工件的磨削尺寸。砂轮架还可由快速进给手柄 13 控制,实现行程为 50mm 的快速进退运动。砂轮 7 安装在砂轮架的主轴端部,由电动机带动做高速旋转运动。砂轮上方的切削液喷嘴 8 用来浇注切削液
内圆磨具	用于磨削工件的内圆柱面,在其主轴端部可安装内圆磨削砂轮。内圆磨削砂轮装在可回转的支架上,使用时可向下反转至工作位置
床身	是一个箱形铸件,用以支承安装在其上面的各个部件,其纵向导轨上安装有工作台,横向导轨上安装有砂轮架。床身上还安装有横向进给机构和纵向进给机构等部件

四、万能外圆磨床的基本操作

操作万能外圆磨床要严格按照顺序和要求进行，练习中要正确操作各按钮、手柄、手轮等，保证操作安全。

五、磨削的基本运动

在磨削过程中，为了切除工件表面多余的金属，必须使工件和磨具做相对运动。图 6-2 所示为外圆磨削、内圆磨削和平面磨削的基本运动。

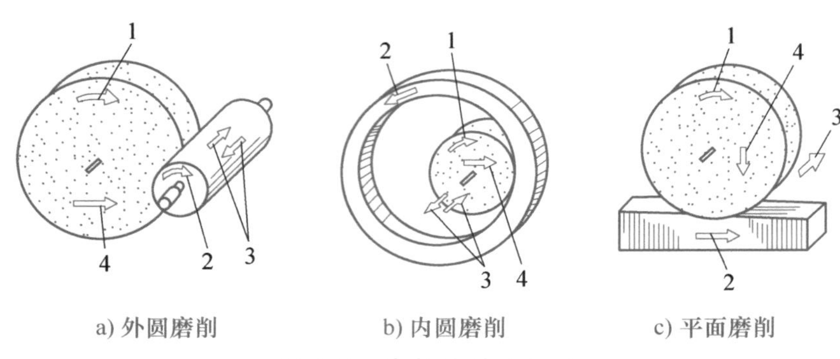

图 6-2 磨削的基本运动

1—主运动 2、3、4—进给运动

1. 磨削运动的分类

磨削运动分为主运动和进给运动两种。

（1）主运动　直接切除工件上的金属使之变为切屑，形成新表面的运动称为主运动。例如图 6-2 所示砂轮的旋转运动，是磨削的主运动。主运动速度高，要消耗大部分的机床动力。

（2）进给运动　使新的材料不断地投入磨削，以逐渐切出整个工件表面的运动称为进给运动。例如图 6-2 所示 2、3、4 均为进给运动。根据磨削方式的不同，其运动方式有所区别。

2. 不同磨削方式的进给运动

1）如图 6-2a 所示，外圆磨削的进给运动是工件的圆周进给运动 2、工件的纵向进给运动 3 和砂轮的横向进给运动 4。

2）内圆磨削（图 6-2b）的进给运动与外圆磨削相同。

3）如图 6-2c 所示，平面磨削的进给运动是工件的纵向（往复）进给运动 2、砂轮或工件的横向进给运动 3 和砂轮的垂直进给运动 4。

磨削运动均由磨床的传动获得。磨床上的砂轮传动部件，如砂轮架、磨头等，用以完成磨削的主运动。磨床的进给机构或液压传动系统则完成磨削的进给运动。

六、磨削用量

磨削用量是磨削过程中磨削速度和进给量的总称。以磨削外圆为例，其磨削用量包括砂轮圆周速度、工件圆周速度、工件纵向进给量和砂轮横向进给量，如图 6-3 所示。

1. 砂轮圆周速度

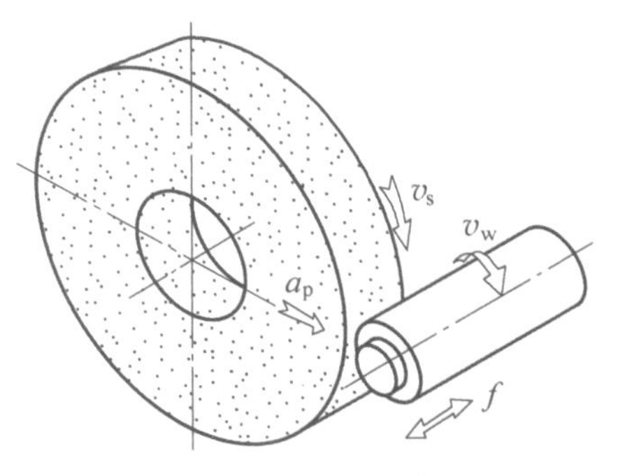

图 6-3　磨削外圆的磨削用量

砂轮外圆柱面上任意一点在单位时间内所经过的路程，称为砂轮圆周速度，用 v_s 表示，单位为 m/s。砂轮圆周速度可按下列公式进行计算

$$v_s=\frac{\pi D_s n}{1000\times60}$$

式中　v_s——砂轮圆周速度（m/s）；

D_s——砂轮直径（mm）；

n——砂轮转速（r/min）。

【例 6-1】　已知砂轮直径为 400mm，砂轮转速为 1670r/min，试求砂轮圆周速度。

解：由上式可得

$$v_s=\frac{\pi D_s n}{1000\times60}=\frac{3.14\times400\times1670}{1000\times60}\text{m/s}\approx35\text{m/s}$$

砂轮圆周速度又称磨削速度，磨削外圆和磨削平面的砂轮圆周速度为 30~35m/s；磨削内圆的砂轮圆周速度较低，一般为 18~30m/s。

砂轮圆周速度对磨削质量和生产率有直接的影响。当砂轮直径减小到一定值时，砂轮圆周速度相应降低，砂轮的磨削性能明显变差，此时应更换砂轮或提高砂轮转速。

2. 工件圆周速度

工件被磨削表面上的任意一点在单位时间内所经过的路程，称为工件圆周速度，用 v_w 表示。其值比砂轮的圆周速度小得多，故单位取 m/min。其计算公式为

$$v_w=\frac{\pi D_w n_w}{1000}$$

式中　v_w——工件圆周速度（m/min）；

D_w——工件外圆直径（mm）；

n_w——工件转速（r/min）。

工件圆周速度一般为 10~30m/min，实际生产中按加工精度选择工件圆周速度。加工精度较高的工件通常取低值；反之，取高值。

3. 工件纵向进给量

工件每转一周相对于砂轮在纵向移动的距离，称为工件纵向进给量，如图 6-4 所示，用 f 表示，单位为 mm/r。工件纵向进给量受砂轮宽度的影响，其计算公式为

$$f=(0.2\sim0.8)B$$

式中　f——工件纵向进给量（mm/r）；

B——砂轮宽度（mm）。

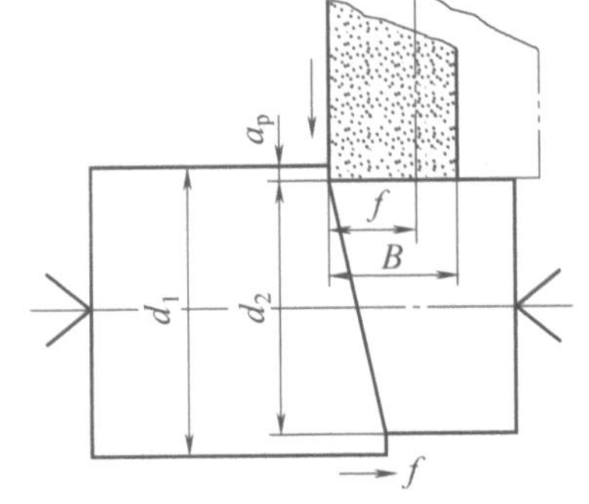

图 6-4　工件纵向进给量和砂轮横向进给量

通常，工件纵向进给量按加工精度和粗、精磨的要求选取，粗磨时取大值，精磨时取小值。实际操作时，可按工件纵向进给量来调整磨床工作台纵向速度。工作台纵向速度与工件纵向进给量之间有如下关系

$$v_{纵}=\frac{fn_{w}}{1000}$$

式中　$v_{纵}$——工作台纵向速度（m/min）；

　　　n_{w}——工件转速（r/min）。

【例 6-2】　已知砂轮宽度 $B=40mm$，选择纵向进给量 $f=0.4B$，工件转速 $n_{w}=224r/min$，试求工作台纵向速度。

解：由上式可得

$$v_{纵}=\frac{fn_{w}}{1000}=\frac{0.4\times40\times224}{1000}m/min\approx3.6m/min$$

4. 砂轮横向进给量

工作台每次行程终了时，砂轮横向移动的距离，称为砂轮横向进给量（又称背吃刀量），如图 6-4 所示，用 a_{p} 表示，单位为 mm。砂轮横向进给量可按下式计算

$$a_{p}=\frac{d_{1}-d_{2}}{2}$$

式中　a_{p}——砂轮横向进给量（mm）；

　　　d_{1}——进给前工件直径（mm）；

　　　d_{2}——进给后工件直径（mm）。

磨削外圆时的砂轮横向进给量很小，一般取 0.005～0.05mm，精磨时选小值，粗磨时选大值。

任务实施

一、任务分析

要正确使用磨床，必须对磨床的结构和各部件的功能有一定的认识。通过了解磨床常用部件、操作方法后，现场说出其名称和功能，并正确操作磨床。

二、任务准备

M1432C 型万能外圆磨床及使用说明书、磨工常用工具、量具、刀具、夹具和工件。

三、认识磨床的主要部件及功能和磨床的操作

进入实习车间磨削加工实训区域，现场叙述磨床主要部件的名称及功能。

1. 外圆磨床的基本操作

（1）外圆磨床各电器按钮的操作

1）起动砂轮，使砂轮点动和高速旋转。

2）起动头架主轴，调整头架主轴转速至 50r/min、160r/min 。

3）起动冷却泵。将冷却泵电动机开停联动选择旋钮置于停止位置，起动头架，旋转旋钮起动冷却泵。

4）起动液压泵。按下液压泵起动按钮，起动液压泵。

5）停止各部件运动。按下总停按钮，停止所有运动。

（2）工作台纵向往复运动及砂轮架快速进退操作

1）工作台手动操作。沿顺时针方向转动工作台手轮，工作台向右低速移动；沿逆时针方向转动工作台手轮，工作台向左低速移动。

2）工作台液压传动操作。调节并紧固挡铁；按下液压泵起动按钮，起动液压泵；开启放气阀旋钮，排出磨床油管内的空气；沿顺时针方向转动开停阀手柄至起动位置；沿顺时针方向转动调速阀旋钮至最高速度；在工作台纵向往复移动 2~3 次后，关闭放气阀；重新调节调速阀旋钮，使工作台按所需速度移动；微调挡铁；调节停留阀旋钮，使工作台在右边或左边换向时停留一段时间；沿逆时针方向转动开停阀手柄至停止位置，使工作台停止运动。

3）砂轮架的液压快速进退操作。起动液压泵后，沿顺时针方向转动砂轮架快速进退手柄，砂轮架快速后退；沿逆时针方向转动砂轮架快速进退手柄，砂轮架快速前进。

（3）砂轮架横向进给及尾座的液压操作

1）砂轮架横向进给。沿顺时针方向转动砂轮架横向进给手轮，砂轮架前进；沿逆时针方向转动砂轮架横向手轮，砂轮架后退。

2）砂轮架横向位置的调整。推进捏手砂轮架横向粗进给，砂轮架移动 4mm；拉出捏手砂轮架横向细进给，砂轮架移动 1mm。

3）横向进给手轮刻度盘对“0”位。转动横向进给手轮刻度盘进行对“0”位操作。

4）尾座的液压操作。脚踏操纵板，尾座套筒带动顶尖退回；当脚离开操纵板时，尾座套筒带动顶尖伸出。

（4）头架的调整

1）调整零位和纵向位置。调整头架零位和相对于尾座的纵向位置。

2）锁紧主轴。旋紧紧固螺钉锁紧主轴。

3）顶尖的装拆。安装时，应擦净主轴锥孔和顶尖表面，然后用力将顶尖推入主轴锥孔中。拆卸时，一手握住顶尖，一手将铁棒插入主轴后端孔中，用力冲击顶尖尾部，即可将顶尖卸下。

4）调整拨杆。旋松拨杆锁紧螺钉，调整拨杆的圆周位置。

（5）尾座的调整　擦净工作台台面并涂润滑油，旋松尾座锁紧螺钉，移动尾座，调整尾座的纵向位置；旋转尾座捏手，微调顶尖顶紧力；扳动尾座手柄，将套筒退回。

（6）工作台及挡铁的调整

1）工作台的调整。松开工作台锁紧螺钉，转动螺杆，使上工作台相对下工作台沿顺时针方向回转1°和沿逆时针方向回转2°。

2）挡铁的调整。调整挡铁的位置，将工作台的行程调至500mm。

（7）冷却系统的调整　调整切削液喷嘴位置和开口量，使切削液直接浇注在砂轮和工件接触部位。

任务评价

根据表6-3所列内容对任务完成情况进行评价。

表6-3　认识磨床评分标准

序号	实训名称	实训内容及要求	配分	评分标准	实施状况	自评	师评
1	磨床主要部件名称及功能说明	说出磨床的主要部件名称及功能	25	按叙述情况酌情扣分			
2	外圆磨床各电器按钮的操作	按要求进行砂轮、头架主轴、冷却泵、液压泵和切断各部件运动的操作	10	按操作情况酌情扣分			
3	外圆磨床工作台纵向往复运动及砂轮架快速进退操作	按要求进行工作台手动操作、工作台液压传动操作和砂轮架的快速进退操作	10	按操作情况酌情扣分			
4	外圆磨床砂轮架横向进给及尾座的液压操作	按要求进行砂轮架横向进给、砂轮架横向位置的调整、横向进给手轮刻度盘对“0”位和尾座的液压操作	10	按操作情况酌情扣分			
5	外圆磨床头架的调整	按要求进行零位和纵向位置的调整、主轴锁紧、顶尖的装拆、拨杆调整等操作	5	按操作情况酌情扣分			
6	外圆磨床尾座的调整	按要求进行尾座的调整操作	5	不按要求操作不得分			
7	外圆磨床工作台及挡铁的调整	调整上工作台相对下工作台沿顺时针方向回转1°和沿逆时针方向回转2°，将工作台的行程调至500mm	10	错误不得分			
8	外圆磨床冷却系统的调整	调整切削液喷嘴位置和开口量，使切削液直接浇注在砂轮和工件的接触部位	5	错误不得分			
9	安全文明生产	安全装备齐全	10	违反不得分			
10		规范操作	10	违反操作规范酌情扣分			
合计配分			100	合计得分			

实践经验

1）操作外圆磨床电器按钮时，要熟悉各按钮的位置；进行砂轮点动时手指要自然用力，起动后需经过 2min 空运转才能进行磨削。

2）操作外圆磨床工作台时，要仔细调整并紧固挡铁，防止砂轮与头架、尾座等部件发生撞击。

3）要习惯在砂轮架快速退出后、头架主轴停止旋转时操纵尾座，装卸工件。

4）尾座的顶紧力要调整适当，可以用手转动两顶尖间的轴，手感松紧适宜即可。

5）在天冷时，调整切削液可先用少量温水将乳化油溶化，再进行配制。

任务二 认知磨工安全文明生产

任务引入

磨工安全文明生产是磨削加工的首要条件。在零件的磨削加工过程中，为保证安全生产和杜绝各类事故的发生，操作者必须遵守磨工安全操作规程和文明生产规范。通过本任务的学习，学生可掌握磨工安全文明生产的相关规定，并能在实践中做到安全文明生产。

任务目标

1. 了解磨床操作注意事项。
2. 牢记磨工安全操作规程和文明生产规范。
3. 树立正确、规范的磨床安全操作意识。

知识准备

一、磨床操作注意事项

1）严格遵守安全操作规程，操作时按步骤进行。

2）起动磨床前，应检查各部位的润滑、机械传动是否正常，开关、按钮是否灵敏可靠，砂轮是否完好无损。

3）在平面磨床上磨削高而窄的工件时，应在工件的两侧放置挡块或使用专用夹具装夹，以防止工件松动，引发事故。

4）发现设备故障，应配合维修人员检修，发生事故应保持现场，立即报告实训教师。

5）练习完毕后应将磨床工作台处于中间位置，切断电源，擦净机床，清理场地。

二、磨工安全操作规程

磨工安全操作规程见表 6-4。

磨工安全
操作规程

表 6-4　磨工安全操作规程

序号	安全操作规程	图示
1	操作前应穿好工作服和工作鞋，女生要戴好工作帽，将长发或辫子塞入工作帽内，不准戴手套操作磨床	 
2	应根据工件材料、硬度以及磨削要求选择合适的砂轮进行磨削，新砂轮要用木锤或铜棒轻敲检查是否有裂纹，不能使用有裂纹的砂轮进行加工	
3	安装砂轮时，在砂轮与法兰盘之间要垫衬纸，砂轮装好后要做静平衡试验	
4	应校核新砂轮的最高线速度是否符合磨床的使用要求，防止发生砂轮破裂事故	

（续）

序号	安全操作规程	图示
5	起动磨床前，应检查砂轮、卡盘、挡铁、砂轮罩壳等是否紧固，磨床的机械、液压、润滑、冷却、电磁吸盘等系统是否正常，防护装置是否齐全。起动砂轮时，操作者不应正对砂轮站立	
6	砂轮应经过 2min 空运转试验，砂轮运转正常后才能开始磨削	
7	干磨的磨床在修正砂轮时要戴口罩并开启吸尘器	
8	测量工件尺寸时，要将砂轮退离工件	
9	外圆磨床纵向挡铁的位置要调整得当，防止砂轮与顶尖、卡盘、轴肩等部位发生碰撞。当所磨削凹槽的宽度与砂轮的宽度之差小于 30mm 时，禁止采用自动纵向进给方式	

（续）

序号	安全操作规程	图示
10	使用卡盘装夹工件时，要将工件夹紧，以防脱落。卡盘钥匙用后应立即取下	
11	使用万能外圆磨床的内圆磨具时，其支架应紧固，砂轮快速进退机构的联锁装置必须可靠	
12	在头架、工作台和导轨上不得放置工具、量具及其他杂物。机床上所有防护装置不得擅自拆除，应保持良好状态	
13	禁止用一般砂轮磨削工件上较宽的端面；禁止在无心磨床上磨削弯曲和没有校直的工件	
14	更换砂轮后，应将已换下的砂轮水平放置。使用切削液的磨床，使用结束后应让砂轮空转1~2min脱水，防止切削液渗透到砂轮内，因不平衡而引发事故	

（续）

序号	安全操作规程	图示
15	使用油性切削液的磨床，在操作时应关好防护罩并开启吸油雾装置，以防油雾飞溅	
16	注意安全用电，不得随意打开电气箱。操作时如果发现电气故障，应立即请电工维修	
17	开车对刀时，砂轮应慢慢靠向工件，防止砂轮与工件相互冲击	
18	操作时必须集中精力，不得擅自离开磨床。多人共同使用一台磨床时，只能一人操作，并注意其他人的安全	

三、磨工文明生产规范

磨工文明生产规范见表 6-5。

磨工文明
生产规范

表 6-5 磨工文明生产规范

序号	文明生产规范	图示
1	毛坯、工件、工具、量具、砂轮、辅具等,按规定位置分类摆放和贮存,做到整齐、清洁,不需要的物品,不摆放在现场;用得到的物品,随手可取。操作过程中要保持实训场地整洁	
2	爱护零件图样和工艺文件,并将其放置在便于阅读的位置,保持文件整洁、完好	
3	正确使用和爱护工具、量具、夹具和辅具,并做好日常维护保养工作	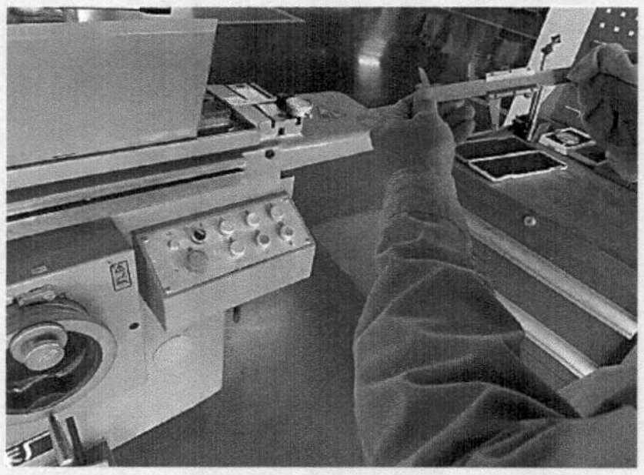
4	磨削完毕的工件应放置在规定位置,防止碰伤、拉毛工件或使工件生锈	

（续）

序号	文明生产规范	图示
5	成批生产的工件要进行首件检验	
6	要正确操作磨床，不得敲击磨床的零部件，应定期对磨床进行保养	
7	实训结束后，应清理磨床及工作场地，在指定部位加注润滑油，将各部件恢复至原来位置，关闭电源，做好相关记录	

任务实施

一、任务分析

磨工安全文明生产是在磨床上加工零件的重要前提，安全文明生产存在于磨削加工的各个环节，操作者必须牢记安全文明生产各项规定并严格遵守，以消除安全隐患，避免事故的发生。

二、任务准备

磨工安全文明生产规章制度手册、安全防护装备、M1432C 型磨床、工具、量具、刀具以及辅具等。

三、磨工安全文明生产实施过程

在操作过程的每个环节都要严格遵守磨工安全文明生产规范的要求，具体内容见表 6-6。

表 6-6 磨工安全文明生产实施过程

序号	内容	图示
1	检查砂轮、卡盘、挡铁、砂轮罩壳等是否紧固，磨床的机械、液压、润滑、冷却、电磁吸盘等系统是否正常，防护装置是否齐全	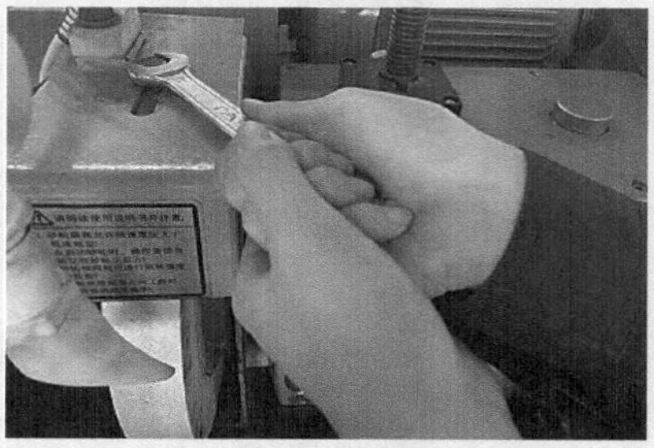
2	砂轮退离工件后才能测量工件尺寸	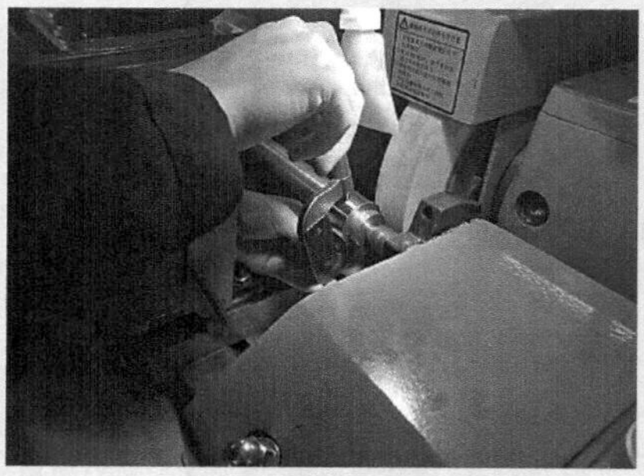
3	正确放置工具、量具和砂轮	 
4	安全用电，不得随意打开电气箱	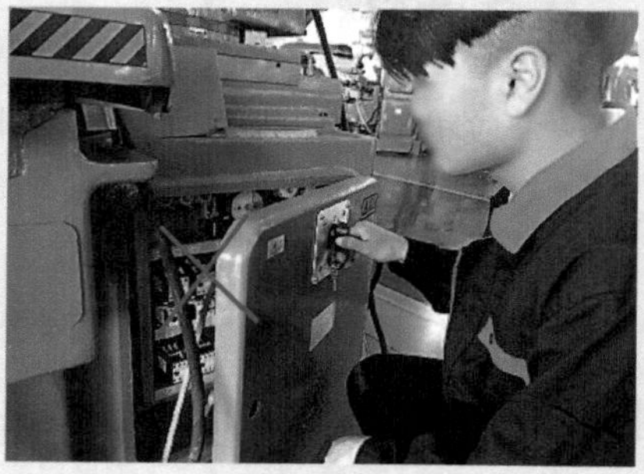

（续）

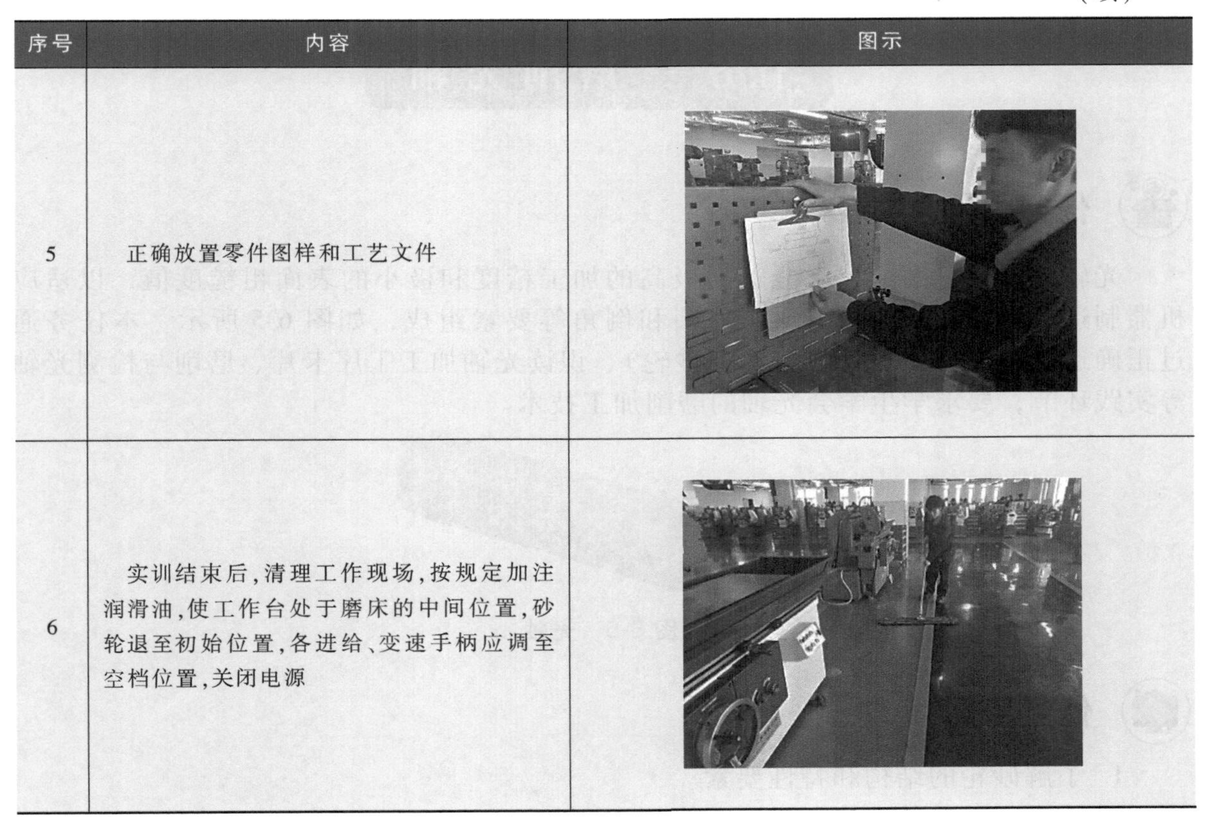

序号	内容	图示
5	正确放置零件图样和工艺文件	
6	实训结束后，清理工作现场，按规定加注润滑油，使工作台处于磨床的中间位置，砂轮退至初始位置，各进给、变速手柄应调至空档位置，关闭电源	

任务评价

根据表 6-7 所列内容对任务完成情况进行评价。

表 6-7　认知磨工安全文明生产评分标准

序号	实训名称	实训内容及要求	配分	评分标准	实施状况	自评	师评
1	磨工安全文明生产规范实施	检查设备	10	按检查情况酌情扣分			
2		停车，砂轮退离后测量工件尺寸	20	违反不得分			
3		正确放置工具、量具和砂轮	20	错误不得分			
4		不得随意打开电气箱	20	违反不得分			
5		清扫工作场地	10	按清扫情况酌情扣分			
6		磨床各部件复位，关闭电源	20	违反不得分			
合计配分			100	合计得分			

实践经验

在保障人身和设备安全的前提下，为保证加工过程的顺利进行，需要我们熟记磨工安全文明生产规范并在实践中严格遵守，学习企业磨工安全文明生产规范，养成安全文明生产的习惯。

任务三　磨削光轴

任务引入

光轴外圆通过磨削加工能达到极高的加工精度和极小的表面粗糙度值，以适应机器制造的需要。光轴由端面、外圆和倒角等要素组成，如图 6-5 所示。本任务通过正确选择与安装外圆磨削刀具（砂轮）、识读光轴加工工序卡片、磨削与检测光轴等实践环节，要求学生学会光轴的磨削加工技术。

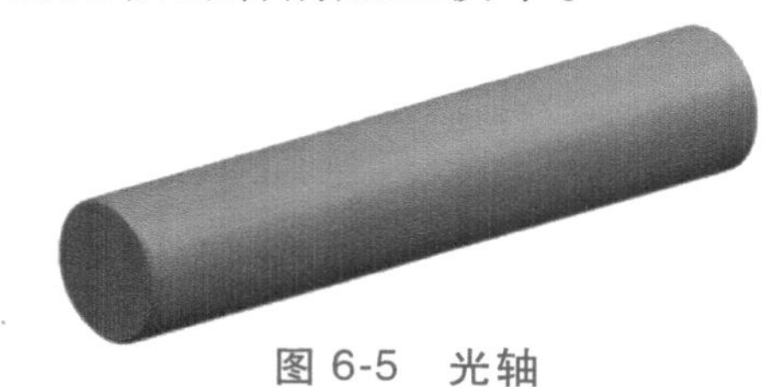

图 6-5　光轴

任务目标

1. 了解砂轮的结构和特性要素。
2. 能进行砂轮的安装、平衡及修整。
3. 掌握磨削外圆时工件的装夹方法。
4. 掌握磨削外圆时磨床工作台的调整方法。
5. 能合理选择磨削用量。
6. 掌握磨削外圆的方法。
7. 熟悉光轴的加工工序，明确加工步骤及加工所需要的刀具、磨削用量等。
8. 能使用外径千分尺、三点法检测光轴，判断零件是否合格，并简单分析光轴质量。

知识准备

一、砂轮的结构

砂轮是由磨料和结合剂以适当的比例混合，经压制、干燥、烧结、整形、静平衡、硬度测定、最高工作速度试验等一系列工序制成的。

砂轮的结构如图 6-6 所示，它由磨粒、结合剂和孔隙（气孔）三个要素组成。

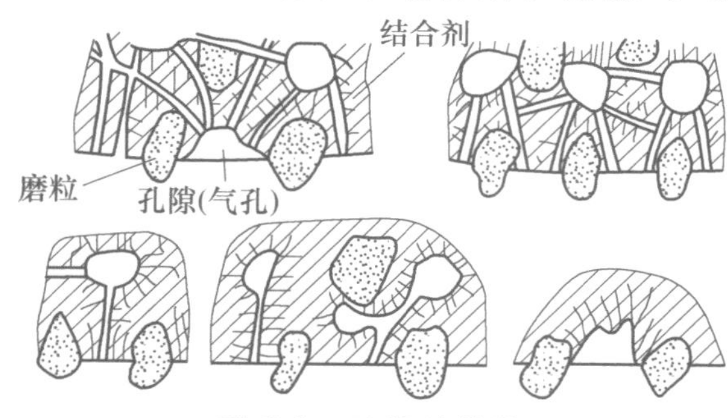

图 6-6　砂轮的结构

二、砂轮的特性要素

砂轮的特性主要由以下七个要素衡量：磨料、粒度、结合剂、硬度、组织、形状和尺寸、最高工作速度。

1. 磨料

磨粒的材料称为磨料，是砂轮的主要成分。磨料分为天然磨料和人造磨料两大类。由于天然磨料含杂质多且价格昂贵，所以很少被采用。目前用于制造砂轮的磨料主要为人造磨料。常用磨料的种类、特点及应用见表 6-8。

表 6-8 常用磨料的种类、特点及应用

系列	磨料名称(代号)	特点	应用
刚玉类	棕刚玉(A)	含杂质多，呈棕褐色；硬度高，韧性较好，能承受较大的磨削压力；价格便宜，应用较广泛	磨削碳钢、合金钢、青铜等
	白刚玉(WA)	氧化铝的质量分数极高，呈白色，比棕刚玉硬而脆，磨粒相当锋利，不易磨钝，自锐性强	精磨各种淬火钢、高碳钢、高速钢及容易变形的工件等
碳化物类	绿碳化硅(GC)	碳化硅的纯度极高，呈绿色，且有美丽的金属光泽，硬而脆，刃口锋利	磨削高硬度材料，如硬质合金、光学玻璃等
	黑碳化硅(C)	含杂质较多，呈黑色，有金属光泽	磨削抗拉强度较低的材料，如铸铁、黄铜、青铜及非金属材料等
超硬类	人造金刚石(D)	无色透明或呈淡黄、淡绿色，硬度高，刃口锋利	加工高硬度材料，如硬质合金和光学玻璃等
	立方氮化硼(CBN)	呈棕黑色，硬度略低于金刚石，耐磨性好，热化学性能稳定，产生的磨削热也少	磨削高硬度、高韧性的难加工材料，如钼、钒、钴含量较高的合金钢和不锈钢等，其磨削特种钢材的性能比金刚石还好

2. 粒度

粒度是指磨料颗粒的大小。粒度分为粗磨粒和微粉两组。

（1）粗磨粒　用机械筛分法检验，粒度号为 F4 ~ F220。对于颗粒尺寸大于 50μm 的磨粒，用机械筛选法来区分的较大的颗粒（制砂轮用），以每英寸（1in = 25.4mm）筛网长度上筛孔的数目表示。F46 粒度表示磨粒刚好能通过 46 格/in 的筛网。

（2）微粉　用沉降法或电阻法检验，包括一般工业用途的 F 系列微粉（24 个粒度号，即 F230 ~ F2000）和精密研磨用的 J 系列（33 个粒度号，即 J240 ~ J8000）微粉两个系列，其颗粒尺寸不大于 64μm。当包装 F 系列微粉或 J 系列微粉时，应将磨粒标记如 F240（J500）印在每个最小的包装袋上。

普通磨料粒度的选择原则如下：

1）加工精度要求高时，选用较细粒度的磨具。因粒度细，同时参加切削的磨粒数多，工件表面上残留的切痕较小，表面质量较高。

2）当磨具和工件接触面积较大，或磨削深度较大时，应选用粗粒度磨具。因为粗粒度磨具和工件间的摩擦小，产生的热量也较少。

3）粗磨时磨具粒度应比精磨时粗，可提高生产率。

4）切断和磨削沟槽，应选用粗粒度、组织疏松、硬度较高的砂轮。

5）磨削软金属或韧性金属时，砂轮表面易被切屑堵塞，应选用粗粒度的砂轮。磨削硬度高的材料，应选较细粒度的砂轮。

6）成形磨削时，为了较好地保持砂轮形状，宜选用较细粒度的砂轮。

7）高速磨削时，为了提高磨削效率，砂轮粒度要比普通磨削时偏细 1～2 个粒度号。因粒度细，单位工作面积上的磨粒多，每颗磨粒受力相应减小，不易钝化。

常用砂轮粒度号及其适用范围见表 6-9。

表 6-9　常用砂轮粒度号及其适用范围

<table>
<tr><th>类别</th><th>粒度号</th><th>基本颗粒尺寸</th><th colspan="2">适用范围</th></tr>
<tr><td rowspan="5">粗磨粒</td><td>F14～F16</td><td>粗粒 2.00～1.00mm</td><td colspan="2">荒磨、粗磨、打磨毛刺等</td></tr>
<tr><td>F20～F36</td><td>粗中粒 1.00mm～400μm</td><td colspan="2">修磨钢坯、打磨铸件毛坯、切断钢坯、磨电瓷瓶及耐火材料等</td></tr>
<tr><td>F40～F54</td><td>中粒 400～250μm</td><td colspan="2">一般磨削，加工表面粗糙度值可达 Ra0.8μm</td></tr>
<tr><td>F60～F80</td><td>细粒 250～160μm</td><td colspan="2">半精磨、精磨和成形磨削，加工表面粗糙度值可达 Ra0.8～0.1μm</td></tr>
<tr><td>F90～F220</td><td>微粒 160～50μm</td><td colspan="2">精磨、精密磨、超精磨、成形磨、刀具刃磨、珩磨</td></tr>
<tr><td rowspan="2">微粉</td><td>F230～F400</td><td>50～14μm</td><td>精磨、精密磨、超精磨、珩磨、小螺距螺纹磨、超精加工等</td><td rowspan="2">加工表面粗糙度值可达 Ra0.05～0.1μm</td></tr>
<tr><td>F500～F1200</td><td>14～2.5μm</td><td>精磨、精细磨、超精磨、镜面磨、超精加工、制造研磨剂等</td></tr>
</table>

3. 结合剂

结合剂是将磨粒黏固成砂轮的材料。结合剂的种类和性质会影响砂轮的硬度和强度。结合剂的种类、性能和适用范围见表 6-10。

表 6-10　结合剂的种类、性能和适用范围

结合剂	代号	性能	适用范围
陶瓷	V	耐热，耐蚀，气孔率大，易保持廓形，弹性差	适用于各类磨削加工
树脂	B	强度较 V 高，弹性好，耐热性差	适用于高速磨削、切断、开槽等
橡胶	R	强度较 B 高，更富有弹性，气孔率小，耐热性差	适用于切断、开槽及制作无心磨的导轮
青铜	Q	强度最高，导电性好，磨耗少，自锐性差	适用于金刚石砂轮

4. 硬度

砂轮的硬度是指结合剂黏结磨粒的牢固程度，也表示磨粒在磨削力的作用下从砂轮表面脱落的难易程度。磨粒不易脱落的砂轮称为硬砂轮；反之，称为软砂轮。

需要注意的是，不要把砂轮的硬度与磨粒自身的硬度混同起来，砂轮硬度影响砂轮的自锐性。

砂轮的硬度对磨削生产率和磨削表面质量都有很大的影响。如果砂轮太硬，磨粒磨钝后仍不能脱落，磨削效率很低，工件表面质量差并可能烧伤；如果砂轮太软，磨粒还未磨钝已从砂轮上脱落，砂轮损耗大，形状不易保持，影响工件质量。砂轮的硬度合适，磨粒磨钝后因磨削力增大而自行脱落，使新的锋利的磨粒露出，砂轮具有自锐性，则磨削效率高，工件表面质量好，砂轮的损耗也小。

影响磨具硬度的主要因素是结合剂的数量，结合剂的数量多，磨具的硬度就高；另外，在磨具制造过程中，成形密度、烧成温度和时间都会影响磨具硬度。磨具硬度等级见表 6-11。

表 6-11　磨具硬度等级

硬度等级				软硬级别
A	B	C	D	超软
E	F	G	—	很软
H	—	J	K	软
L	M	N	—	中
P	Q	R	S	硬
T	—	—	—	很硬
—	Y	—	—	超硬

5. 组织

砂轮的组织是表示砂轮内部结构松紧程度的参数，与磨粒、结合剂、气孔三者的体积比例有关。砂轮组织号是以磨粒占砂轮体积的百分比来划分的，共有 15 个代号。以 0 号为基准（磨粒率为 62%），之后磨粒率每减少 2%，组织号增加一号，以此类推，见表 6-12。

表 6-12　砂轮组织的代号

组织号	0	1	2	3	4	5	6	7	8	9	10	11	12	13	14
磨粒率(%)	62	60	58	56	54	52	50	48	46	44	42	40	38	36	34
疏松程度	紧密				中等			疏松					大气孔		
适用范围	重负荷、成形、精密磨削，间断自由磨削或加工硬脆材料				外圆、内圆、无心磨及工具磨、淬火钢工件及刀具刃磨等			粗磨及磨削韧性大、硬度低的工件，适合磨削薄壁、细长工件，砂轮与工件接触面积大的情况，以及平面磨削等					有色金属及塑料、橡胶等非金属以及热敏性大的合金		

6. 形状和尺寸

砂轮有许多种形状和尺寸，磨削时可按机床规格及加工要求选择。表 6-13 列出了常用砂轮形状的型号、名称、示意图、形状尺寸标记及用途，可供磨削时参考。

表 6-13　常用砂轮形状的型号、名称、示意图、形状尺寸标记及用途

型号	名称	示意图	形状尺寸标记	用途
1	平形砂轮	D T H	1 型 圆周型面 $D\times T\times H$	用于外圆磨削、内圆磨削、平面磨削、无心磨削、刀具刃磨、螺纹磨削
2	(黏结或夹紧用) 筒形砂轮	D W (W≤0.17D) T	2 型 $D\times T\times W$	用于立式平面磨床
3	单斜边砂轮	D U T H J	3 型 $D/J\times T\times H$	45°角单斜面砂轮多用于磨削各种锯齿
4	双斜边砂轮	∠1:16 D T U H J	4 型 $D\times T/U\times H$	用于磨削齿轮齿面和单线螺纹
5	单面凹砂轮	P R F T H D	5 型 圆周型面 $D\times T\times H\text{-}P\times F$	多用于内圆磨削，外径较大者用于外圆磨削
6	杯形砂轮	W T E H D	6 型 $D\times T\times H\text{-}W\times E$	用于刃磨铣刀、铰刀、拉刀等
7	双面凹一号砂轮	D P F T G H	7 型 圆周型面 $D\times T\times H\text{-}P\times F/G$	主要用于外圆磨削和刃磨刀具

三、砂轮的安装、平衡及修整

1. 砂轮的安装

砂轮的安装是一项很重要的工作，一般陶瓷砂轮呈脆性，如安装不当或砂轮失去平衡，会影响加工质量和机床精度，严重的可使砂轮破裂而造成事故。

（1）砂轮在法兰盘上的安装　平形砂轮一般用法兰盘安装，如图 6-7 所示，法兰盘主要由法兰盘底座、法兰盘、衬垫、内六角螺钉组成。

1）砂轮安装的基本要求。

① 砂轮的安装基面无明显缺陷。

② 砂轮的轴线相对于法兰盘轴线不能有明显的歪斜或偏心。

③ 一般用厚纸作为衬垫，以保证在压紧法兰盘时压力能均匀地分布在整个砂轮端面上。

2）砂轮的安装步骤。安装前，首先要仔细检查砂轮是否有裂纹。方法是将砂轮吊起，用木锤轻敲，听其声音，无裂纹的砂轮声音清脆，有裂纹的砂轮声音嘶哑。有裂纹的砂轮应禁止使用。

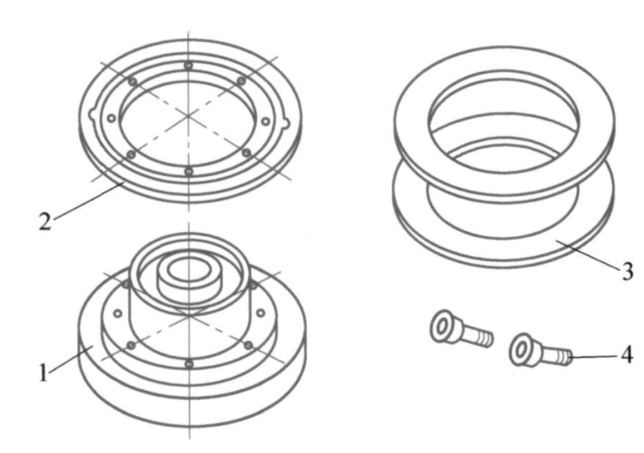

图 6-7　砂轮法兰盘

1—法兰盘底座　2—法兰盘

3—衬垫　4—内六角螺钉

砂轮的安装步骤如下：

① 清理并擦净法兰盘底座、法兰盘和砂轮内孔，在法兰盘底座上垫上衬垫，并将法兰盘底座垂直放置，如图 6-8 所示。

② 将砂轮安装在法兰盘底座上，保证砂轮内孔与法兰盘底座轴颈之间有 0.1~0.2mm 的安装间隙，如图 6-9 所示。当砂轮内孔与法兰盘底座定心轴颈之间的配合间隙较大时，在法兰盘底座轴颈圆周上垫一层纸片，以减小配合间隙，防止砂轮偏心，如图 6-10 所示。

③ 放入衬垫和法兰盘，如图 6-11 所示。对准法兰盘螺纹孔位置，放入螺钉，用内六角扳手按对角线顺序逐个拧紧螺钉。

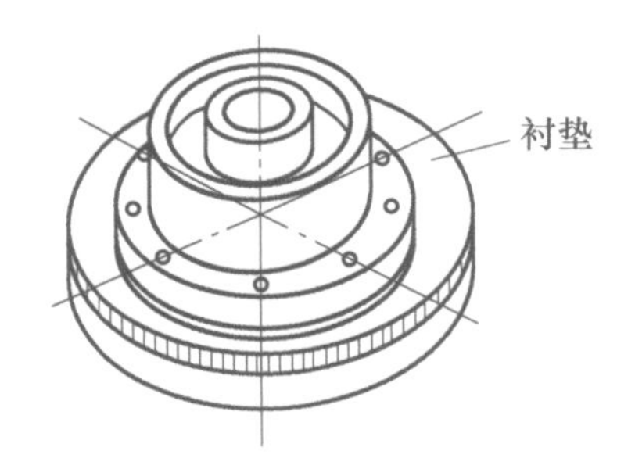

图 6-8　将法兰盘底座垂直放置

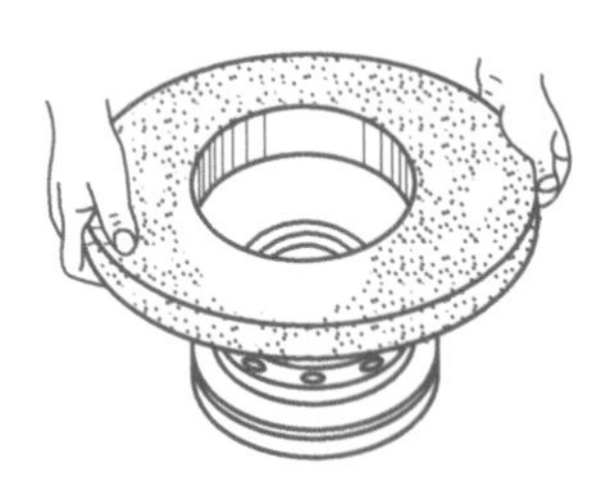

图 6-9　装入砂轮

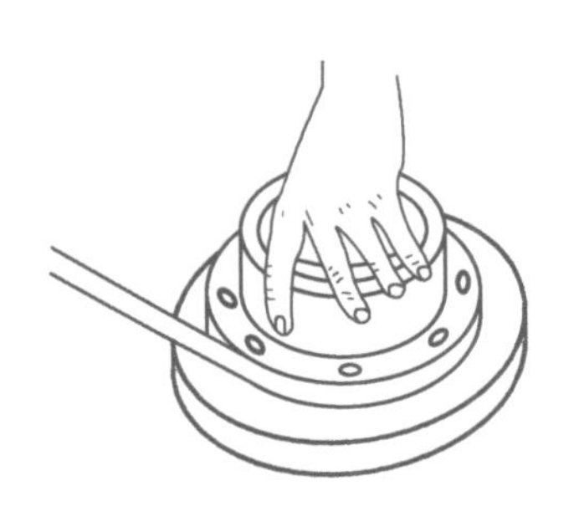

图 6-10　减小配合间隙

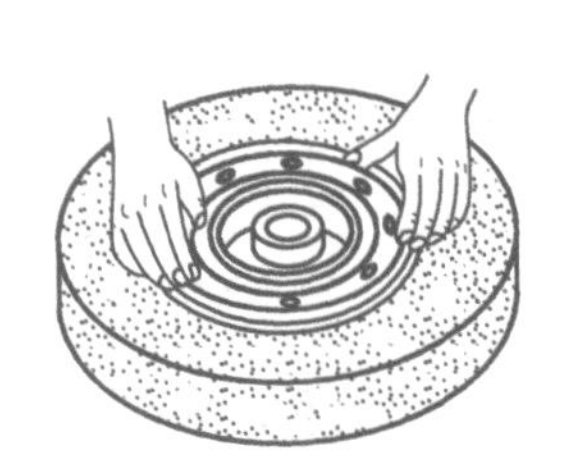

图 6-11　放入衬垫和法兰盘

（2）砂轮在主轴上的安装　具体步骤如下：

1）打开砂轮罩壳盖，如图 6-12 所示。

2）清理罩壳盖内壁。

3）擦净砂轮主轴外圆锥面及法兰盘内圆锥孔表面。

4）将砂轮套在主轴锥体上，并使法兰盘内圆锥孔与砂轮主轴外圆锥面配合，如图 6-13 所示。

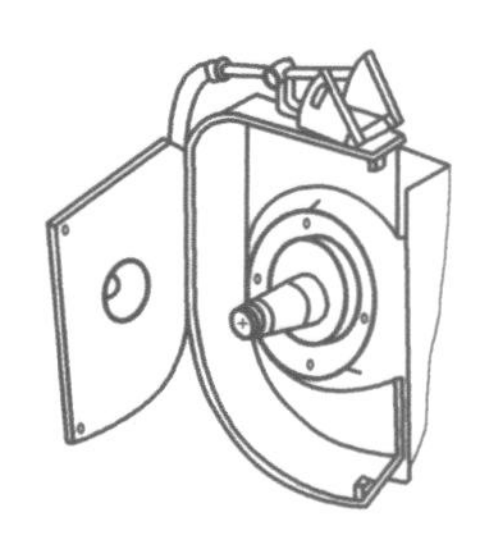

图 6-12　打开砂轮罩壳盖

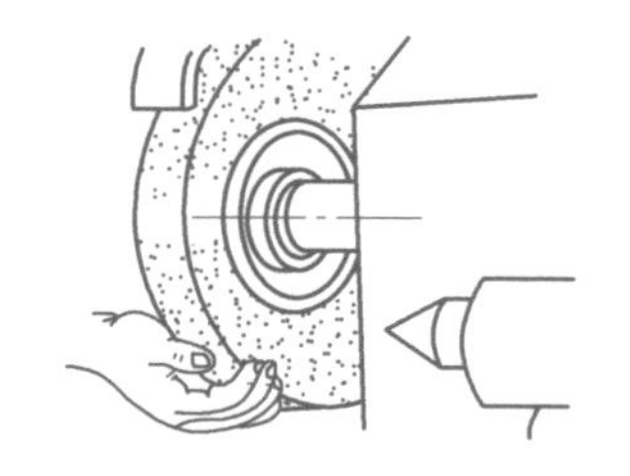

图 6-13　将砂轮套在主轴锥体上

5）装上垫圈，拧上左旋螺母，并用套筒扳手沿逆时针方向拧紧螺母。

6）合上砂轮罩壳。

砂轮的静平衡

2. 砂轮的平衡

砂轮的平衡程度是磨削的主要性能指标之一。砂轮不平衡是指砂轮的重心与旋转中心不重合。不平衡的砂轮在高速旋转时，将产生迫使砂轮偏离轴心的离心力，引起机床的振动，使被加工工件表面产生多角形振痕或烧伤，甚至会造成砂轮碎裂。一般直径大于 125mm 的砂轮都需要进行平衡。砂轮的平衡方法有静平衡、动平衡和自动平衡三种。动平衡要用动平衡仪调整，自动平衡要用砂轮自动平衡装置调整。砂轮静平衡的步骤如下：

1）调整静平衡架导轨至水平位置。如图 6-14a 所示，调整前，先擦净平衡架 1

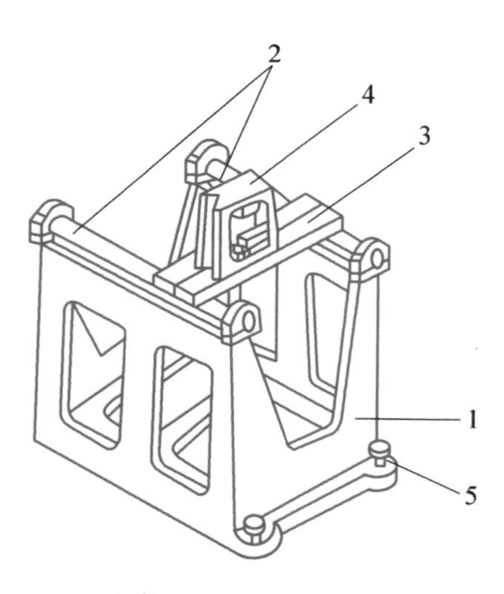

a) 调整静平衡架横向水平位置

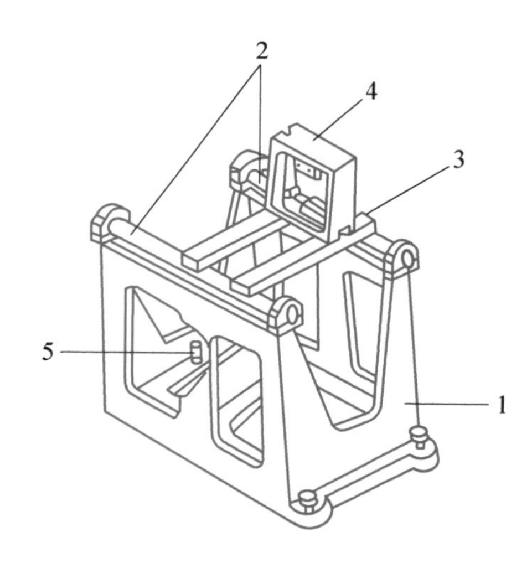

b) 调整静平衡架纵向水平位置

图 6-14　调整静平衡架导轨至水平位置

1—平衡架　2—圆柱导轨　3—平行垫铁　4—水平仪　5—螺钉

上的圆柱导轨 2 的表面，然后在圆柱导轨上放两块等高的平行垫铁 3，并将水平仪 4 垂直于圆柱导轨放在平行垫铁上，检查气泡所处的位置，如果气泡向高处方向移动，应在气泡的相反处调整平衡架的螺钉 5，使水平仪气泡处于中间位置，则圆柱导轨在横向处于水平位置；如图 6-14b 所示，将水平仪转 90°放置，通过调整螺钉 5，用同样的方法使水平仪气泡处于中间位置，则圆柱导轨在纵向也处于水平位置。

2）反复调整平衡架，使水平仪在横向和纵向的气泡偏移量均在一格之内。

3）安装平衡心轴。擦净平衡心轴和法兰盘内圆锥孔，将平衡心轴装入法兰盘内圆锥孔中，放上垫片并用螺母固定，如图 6-15 所示。

图 6-15　安装平衡心轴

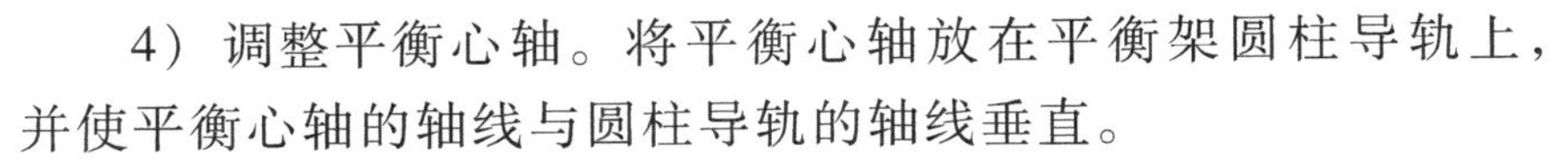

4）调整平衡心轴。将平衡心轴放在平衡架圆柱导轨上，并使平衡心轴的轴线与圆柱导轨的轴线垂直。

5）找不平衡位置。用手轻轻推动砂轮，让砂轮法兰盘连同平衡心轴在圆柱导轨上自由缓慢滚动，当砂轮静止时，砂轮不平衡量必在其下方，可在砂轮的上方做一记号 *A*，如图 6-16a 所示。

6）装平衡块。在记号 *A* 的相应位置装上第一块平衡块 1，并在对称两侧装上另外两块平衡块 2 和 3，如图 6-16b、c 所示。

7）调整平衡块。检查砂轮是否平衡，如果仍不平衡，可同时移动两侧对称的平衡块，向砂轮轻的一边移动，直至平衡为止。

8）平衡检查。用手轻轻拨动砂轮，使砂轮缓慢滚动，如果在任何位置都能使砂轮静止，则说明砂轮静平衡已做好。

9）拧紧平衡块的紧固螺钉。做好静平衡后须将平衡块上的紧固螺钉拧紧，以免影响平衡质量。

一般情况下，新安装的砂轮须做两次静平衡，即砂轮经修整后须做第二次静平衡。

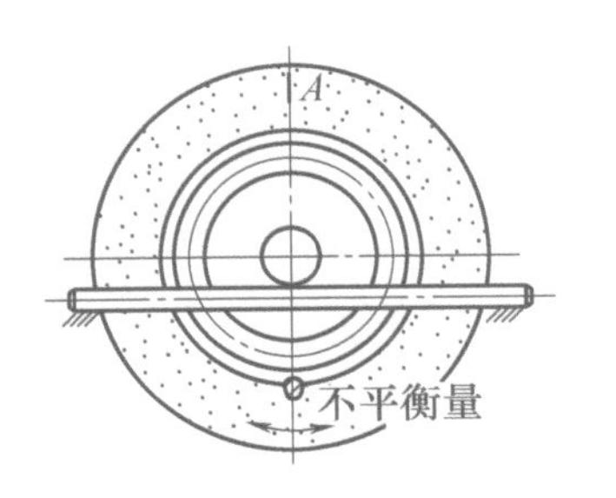

a) 找到砂轮不平衡量的位置

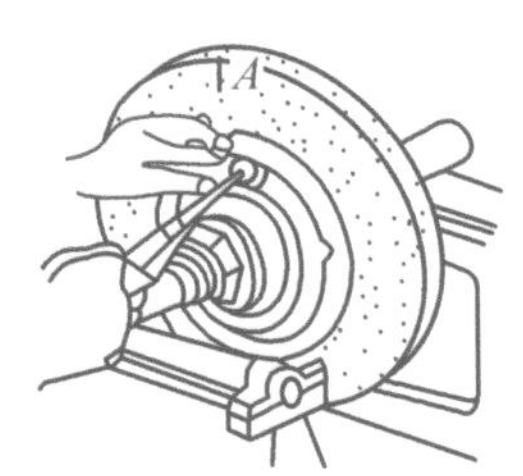

b) 装平衡块

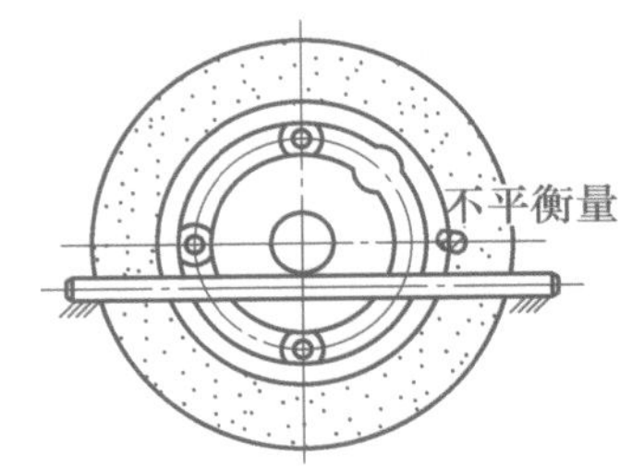

c) 砂轮达到静平衡

图 6-16　砂轮静平衡的方法

3. 砂轮的修整

砂轮的修整是用砂轮修整工具将砂轮不适用的表层修去，以消除砂轮外形误差，恢复砂轮的切削性能和正确的几何形状的过程。砂轮的修整一般有两种情况：一是

新安装的砂轮须做整形修整，以消除砂轮外形误差对砂轮平衡的影响；二是修整使用过的砂轮已磨钝的表层，以恢复砂轮的切削性能和正确的几何形状。

修整砂轮常用单颗粒金刚石笔车削法。单颗粒金刚石笔是将大颗粒的金刚石镶焊在特制刀杆尖端制成的，金刚石笔顶角常磨成 70°~80°（图 6-17a）。修整砂轮时，将金刚石笔刀杆固定在砂轮修整器上，金刚石笔的安装角度是笔的轴线向下倾斜 10°~15°，安装高度要低于砂轮中心 1~2mm（图 6-17b），修整器随工作台做横向和纵向移动，砂轮做旋转运动，金刚石笔将砂轮薄薄的切去一层（厚度约为 0.08mm）。粗修整砂轮时，背吃刀量取 0.01~0.03mm，工作台纵向速度取 0.4m/min；精修整砂轮时，背吃刀量取 0.005~0.01mm，工作台纵向速度取 0.05~0.2m/min。

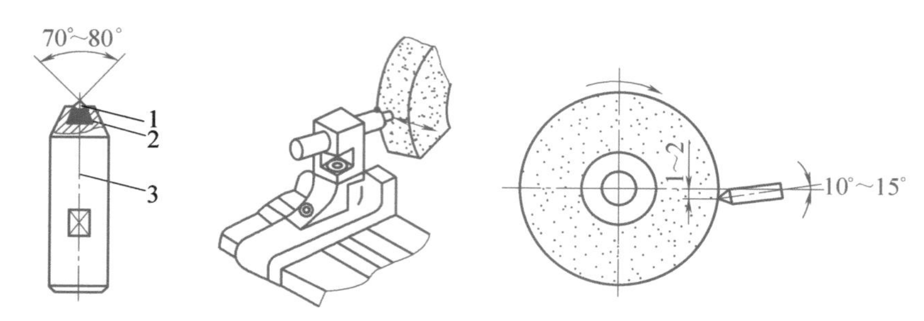

a) 单颗粒金刚石笔　　b) 将金刚石笔安装在砂轮修整器上修整砂轮外圆

图 6-17　采用单颗粒金刚石笔车削法修整砂轮

1—金刚石　2—钎料　3—笔杆

四、磨削外圆时工件的装夹

工件的装夹包括定位和夹紧两部分。工件定位是否正确，夹紧是否牢固，直接影响工件的加工精度和操作时的安全。磨削外圆时，工件常用两顶尖装夹，如图 6-18 所示。这种方法的特点是装夹方便、定位精度高。装夹时，工件两端中心孔的锥面支承在前、后两顶尖的锥面上，形成工件的旋转轴线，工件通过鸡心夹头和拨杆带动随头架主轴旋转。

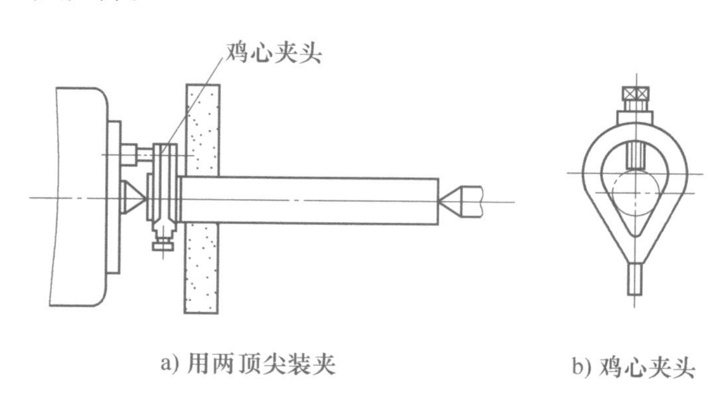

a) 用两顶尖装夹　　b) 鸡心夹头

图 6-18　工件的装夹

五、磨床工作台的调整

在磨削外圆时，为了保证被磨零件不产生圆柱度误差，必须把磨床工作台调整到正确的位置，即工件的回转轴线（$x—x$）与工作台纵向运动方向（$F—F$）平行，如图 6-19 所示。若磨削时工件的回转轴线与工作台纵向运动方向不平行，则会产生圆柱度误差。

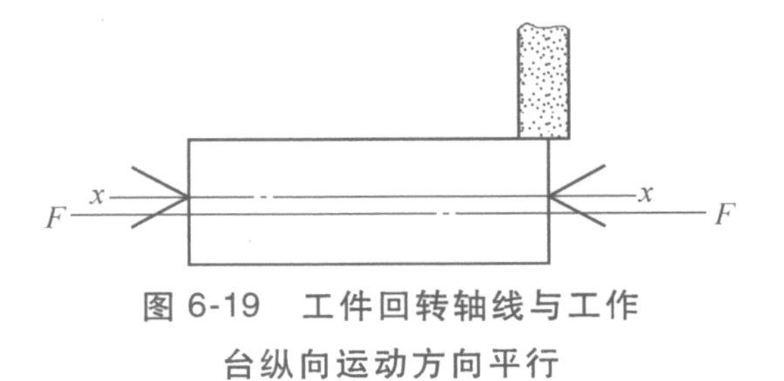

图 6-19　工件回转轴线与工作台纵向运动方向平行

常用的磨床工作台调整方法有目测法找正、对刀找正和用标准样棒找正。

六、外圆磨削用量的选择

磨削外圆时，磨削用量选得合适与否，对工件表面质量、加工精度、生产率和工艺成本均有影响。

1. 砂轮圆周速度 v_s 的选择

砂轮圆周速度增大时，磨削生产率明显提高，同时，由于每颗磨粒切下的磨屑厚度减小，使工件表面粗糙度值减小，磨粒的负荷降低。磨削外圆时，一般取砂轮圆周速度 $v_s=35\text{m/s}$，高速磨削时取 $v_s=45\text{m/s}$。

2. 工件圆周速度 v_w 的选择

工件圆周速度增大时，砂轮在单位时间内切除的金属量增加，从而可提高磨削生产率。但是随着工件圆周速度的提高，单个磨粒的磨屑厚度增大，工件表面的塑性变形也相应增大，使表面粗糙度值增大。一般工件圆周速度 v_w 应与砂轮圆周速度 v_s 保持适当的比例关系。磨削外圆时，一般取工件圆周速度 $v_w=13\sim20\text{m/min}$。

3. 砂轮横向进给量 a_p 的选择

砂轮横向进给量（背吃刀量）增大时，生产率提高，工件表面粗糙度值增大，砂轮容易变钝。一般情况下取 $a_p=0.01\sim0.03\text{mm}$，精磨时 $a_p<0.01\text{mm}$。

4. 工件纵向进给量 f 的选择

工件纵向进给量对加工的影响与砂轮横向进给量相同。粗磨时 $f=(0.4\sim0.8)B$（B 为砂轮宽度），精磨时 $f=(0.2\sim0.4)B$。在实践加工中工件纵向进给量 f 大小的控制一般都是通过调节工作台的运动速度来实现的。

七、外圆磨削方法

常用外圆磨削方法有纵向磨削法、切入磨削法、分段磨削法和深度磨削法四种。磨削时，可根据工件形状、尺寸、磨削余量和加工要求选择合适的方法。

1. 纵向磨削法

纵向磨削法简称纵向法，是最常用的外圆磨削方法之一，用于单件、小批生产及工件精磨。磨削时，工作台做纵向往复进给运动，砂轮做周期性横向进给运动，工件的磨削余量要在多次往复行程中磨去。若工件每纵向往复运动一次，砂轮做一次横向进给运动，磨去一部分余量，称为单进给；若工件在每往、返行程时，砂轮各做一次横向进给运动，则称为双进给。最终的表面质量和几何精度由“光磨”保证。砂轮超越工件两端的长度一般取（1/3～1/2）B，如图 6-20 a 所示。这个长度不宜过大，否则工件两端直径会被磨小。当磨削轴肩旁外圆时，要调整挡铁位置，控制好工作台行程。当砂轮磨削至轴肩一边时，要使工作台停留片刻，以防出现凸缘或锥度，如图 6-20b 所示。最终的光磨是为了减小工件表面粗糙度值，提高工件表面质量，对尺寸的影响甚小。光磨的方法是在砂轮不做横向进给的情况下，工作台做纵向移动。

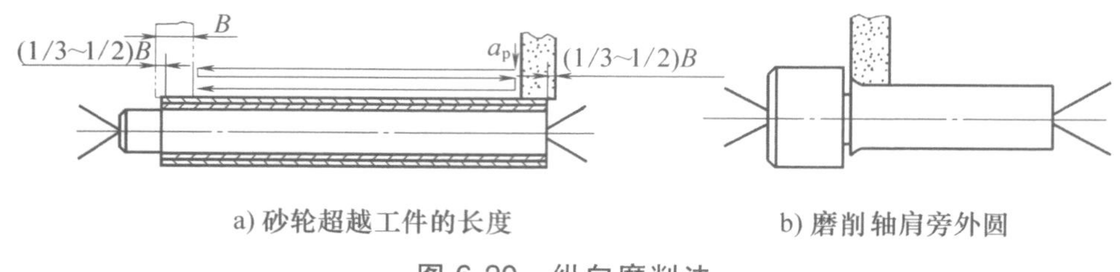

图 6-20　纵向磨削法

2. 切入磨削法

切入磨削法又称横向磨削法。砂轮切入磨削时无纵向进给运动，被磨削工件外圆长度应小于砂轮宽度，磨削时砂轮做连续或间断的横向进给运动，直到磨去全部余量为止，如图 6-21 所示。粗磨时可选用较快的切入速度，精磨时切入速度则较慢，以防止工件烧伤和发热变形。切入磨削法用于精度不高的工件或不能用纵向进给的场合，如台阶轴颈的磨削等。

3. 分段磨削法

分段磨削法又称综合磨削法。它是切入磨削法与纵向磨削法的综合应用，即先用切入磨削法将工件分段进行粗磨，留 0.02~0.04mm 的余量，然后用纵向磨削法精磨至所要求的尺寸，如图 6-22 所示。这种磨削方法既有切入磨削法生产率高的优点，又有纵向磨削法加工精度高的优点。分段磨削时，相邻两段间应有 5~10mm 的重叠。这种磨削方法适用于磨削余量大和刚度较高的工件，且工件的长度要适当。考虑到磨削效率，应采用较宽的砂轮，以减少分段数，当加工表面的长度为砂轮宽度的 2~3 倍时为最佳。

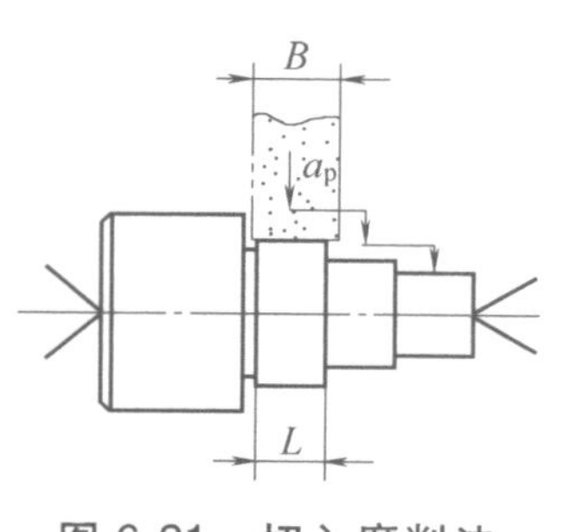

图 6-21　切入磨削法

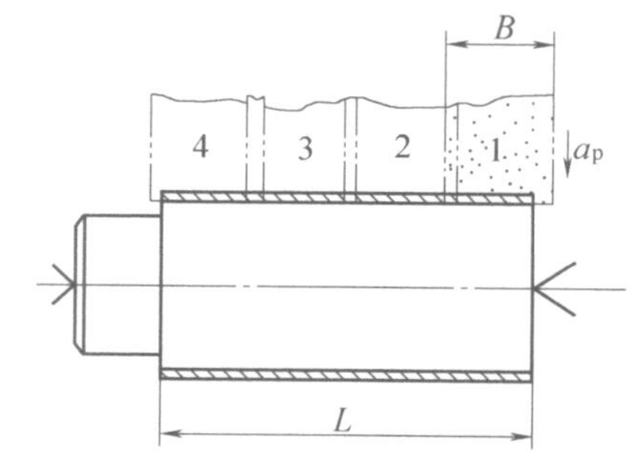

图 6-22　分段磨削法

4. 深度磨削法

深度磨削法又称阶梯磨法。该磨削法能采用较大的背吃刀量在一次纵向进给中磨去工件全部余量，磨削基本时间缩短，生产率高，适用于大批量生产，如磨削刚度较高的短轴，且允许砂轮超越加工面两端较大距离。采用该磨削法有以下注意事项。

1）由于背吃刀量大，磨削时砂轮一端尖角处受力集中，可将砂轮修整成台阶形，如图 6-23 所示，这样砂轮台阶面的前导部分主要起切削作用，后部起精磨作用。台阶砂轮的台阶数及台阶深度按工件长度、磨削余量确定。当工件长度为 80～100mm，磨削余量为 0.3～0.4mm 时，可采用双台阶砂轮，如图 6-23a 所示，砂轮的主要尺寸：台阶深度 $a=0.05$mm，台阶宽度 $K=(0.3\sim0.4)B$；当工件长度为 100～150mm，磨削余量大于 0.5mm 时，则采用五台阶砂轮，如图 6-23b 所示，砂轮的主要尺寸：台阶深度 $a_1=a_2=a_3=a_4=0.05$mm，台阶宽度 $K_1=K_2=K_3=K_4=0.15B$。

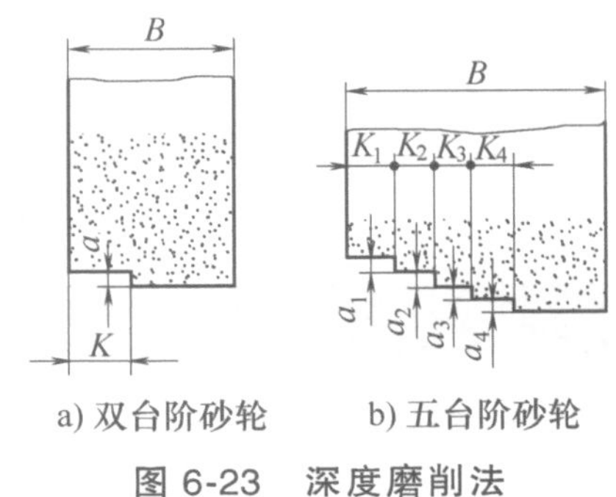

图 6-23　深度磨削法

2）磨床应具有较高的刚度和较大的功率。

3）磨削时选用较小的纵向进给量，砂轮纵向进给方向应指向头架并锁紧尾座套筒，以防止工件脱落。

任务实施

一、任务描述

本任务是在万能外圆磨床上磨削光轴。要求会识读图 6-24 所示的光轴零件图，读懂光轴加工工序卡片，学会磨削光轴外圆。

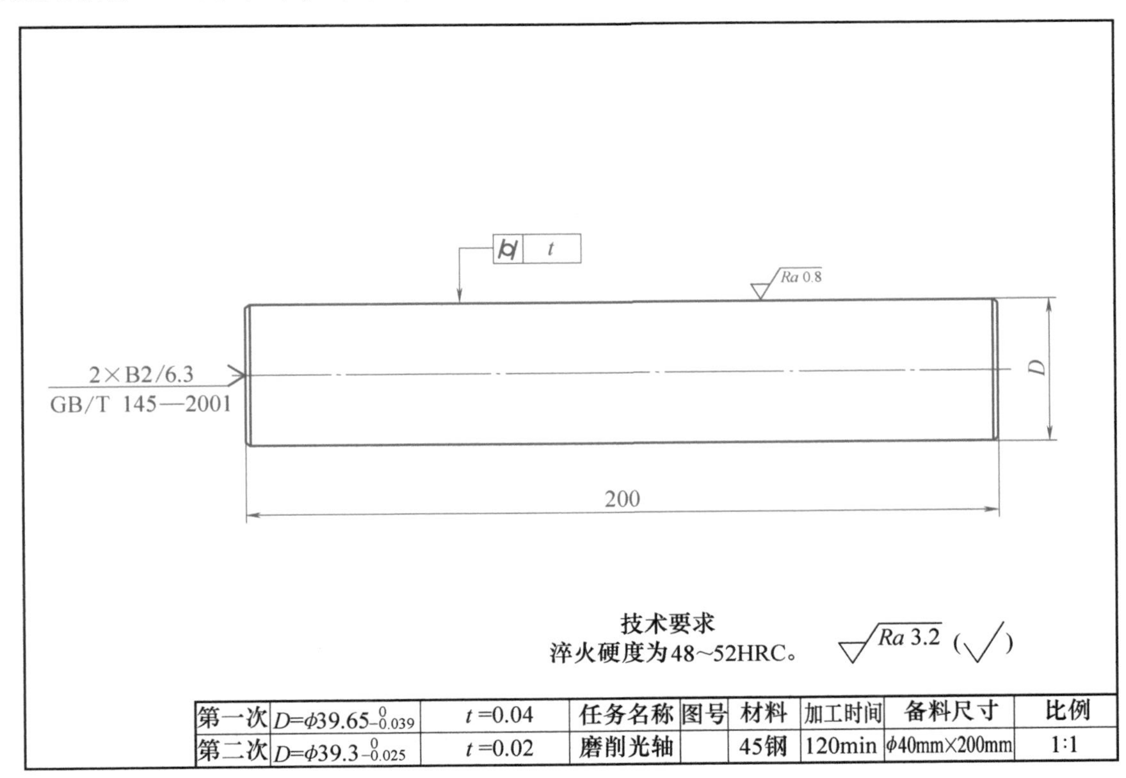

第一次	$D=\phi39.65^{0}_{-0.039}$	$t=0.04$	任务名称	图号	材料	加工时间	备料尺寸	比例
第二次	$D=\phi39.3^{0}_{-0.025}$	$t=0.02$	磨削光轴		45钢	120min	φ40mm×200mm	1:1

图 6-24　光轴零件图

二、零件图识读

本任务为磨削光轴，请仔细识读图 6-24 所示光轴零件图并填写表 6-14。

表 6-14　零件图信息

识读内容	读到的信息
零件名称	
零件材料	
零件形状	
零件图中重要的尺寸或几何公差	
表面粗糙度值	
技术要求	

三、工艺分析

通过识读光轴零件图，得出该零件主要加工要素是光轴外圆柱面。根据图样和加工要求，工件应采用两顶尖装夹。由于工件是细长件，磨削余量较少，所以主要采用纵向磨削法磨削。另外，磨削中会产生接刀，光轴要分三次装夹，因此要进行接刀磨削，可通过调整工作台行程挡铁位置来控制砂轮的接刀位置，接刀长度应尽量短一些。磨削前先找正工作台位置，通过试磨检查工件圆柱度是否在规定范围内。粗、精磨接刀均采用切入磨削法磨削。光轴的磨削加工方案是首先进行磨削前的各项准备，包括检查毛坯尺寸及径向圆跳动误差、检查中心孔、找正工件的回转轴线与工作台纵向运动方向平行、粗修整砂轮、安装工件和调整工作台行程挡铁位置；然后试磨，检查工件圆柱度是否在规定范围内，粗磨外圆，调头装夹，粗磨接刀；最后精修整砂轮，精磨外圆，调头装夹，精磨接刀。

四、加工准备

1. 设备

M1432C 型万能外圆磨床。

2. 工件

材料：45 钢，备料尺寸：ϕ40mm×200mm，数量：1 件/人。

3. 工具、量具、刀具和夹具

1）工具：10 寸活扳手、1.5～10mm 内六角扳手套装、ϕ40mm×200mm 样棒、磁性表座及表杆等配件、砂轮修整器、单颗粒金刚石笔、润滑脂、0.2mm 纯铜片、万向微调表座及表杆等配件、400mm×600mm 平台、150mm×150mm×80mm V 形架、2.5 寸毛刷、350ml 高压透明全损耗系统用油壶及 30 号全损耗系统用油、棉布等。

2）量具：0～150mm 游标卡尺、25～50mm 外径千分尺、0～10mm 百分表。

3）刀具：平形砂轮 GB/T 2485 1 B-400×50×203-WA/F60 M6 V-35m/s。

4）夹具：拨盘和拨杆、ϕ42mm 鸡心夹头、莫氏 4 号硬质合金前顶尖和后顶尖。

五、识读光轴加工工序卡片

光轴加工工序卡片见表 6-15。

表 6-15 光轴加工工序卡片

磨工加工工序卡片				零件名称	零件图号		材料牌号
				光轴			45 钢
工序号	工序内容	加工场地	设备名称	设备型号	夹具名称		
1	磨削	金属切削车间	万能外圆磨床	M1432C	拨盘和拨杆、ϕ42mm 鸡心夹头、莫氏 4 号硬质合金前顶尖和后顶尖		
工步号	工步内容		刀具号	转速/(r/min)	工件纵向进给量/(mm/r)	背吃刀量/mm	进给次数
1	检查毛坯尺寸及径向圆跳动误差						
2	检查中心孔						
3	找正工件的回转轴线与工作台纵向运动方向平行						
4	粗修整砂轮						
5	安装工件						
6	调整工作台行程挡铁位置						
7	检查工件旋转是否正常			砂轮 1670、工件 160			
8	试磨，外径磨至 ϕ39.85mm，长度磨至换向处，检查并找正工件圆柱度误差在 0.02mm 范围内		T1	砂轮 1670、工件 160	0.6B	0.075	3
9	粗磨 ϕ39.65mm 外圆，留 0.05mm 精磨余量		T1	砂轮 1670、工件 160	0.6B	0.075	3
10	将工件调头装夹						
11	粗磨接刀处外圆，留 0.05mm 精磨余量		T1	砂轮 1670、工件 160		0.15	6
12	精修整砂轮						
13	精磨 ϕ39.65mm 外圆，保证 ϕ39.65mm 外径尺寸至合格，圆柱度误差不大于 0.04mm，表面粗糙度值为 $Ra \leqslant 0.8\mu m$		T1	砂轮 1670、工件 112	0.2B	0.025	5
14	将工件调头装夹						
15	精磨接刀处外圆，保证 ϕ39.65mm 外径尺寸至合格，圆柱度误差不大于 0.04mm，表面粗糙度值为 $Ra \leqslant 0.8\mu m$		T1	砂轮 1670、工件 112		0.025	5
16	参考 ϕ39.65mm 外圆磨削工步磨削 ϕ39.3mm 外圆，圆柱度误差不大于 0.02mm						
编制		审核		批准		共 页	第 页

光轴加工刀具卡片见表6-16。

表6-16 光轴加工刀具卡片

序号	刀具号	刀具名称	刀具种类	刀具规格	刀具材料
1	T1	平形砂轮	白刚玉砂轮	平形砂轮 GB/T 2485 1 B-400×50×203-WA/F60 M6 V-35m/s	刚玉类磨料
编制	审核		批准	共 页	第 页

磨削光轴

六、光轴加工过程

光轴（ϕ39.65mm）加工过程见表6-17。

表6-17 光轴加工过程

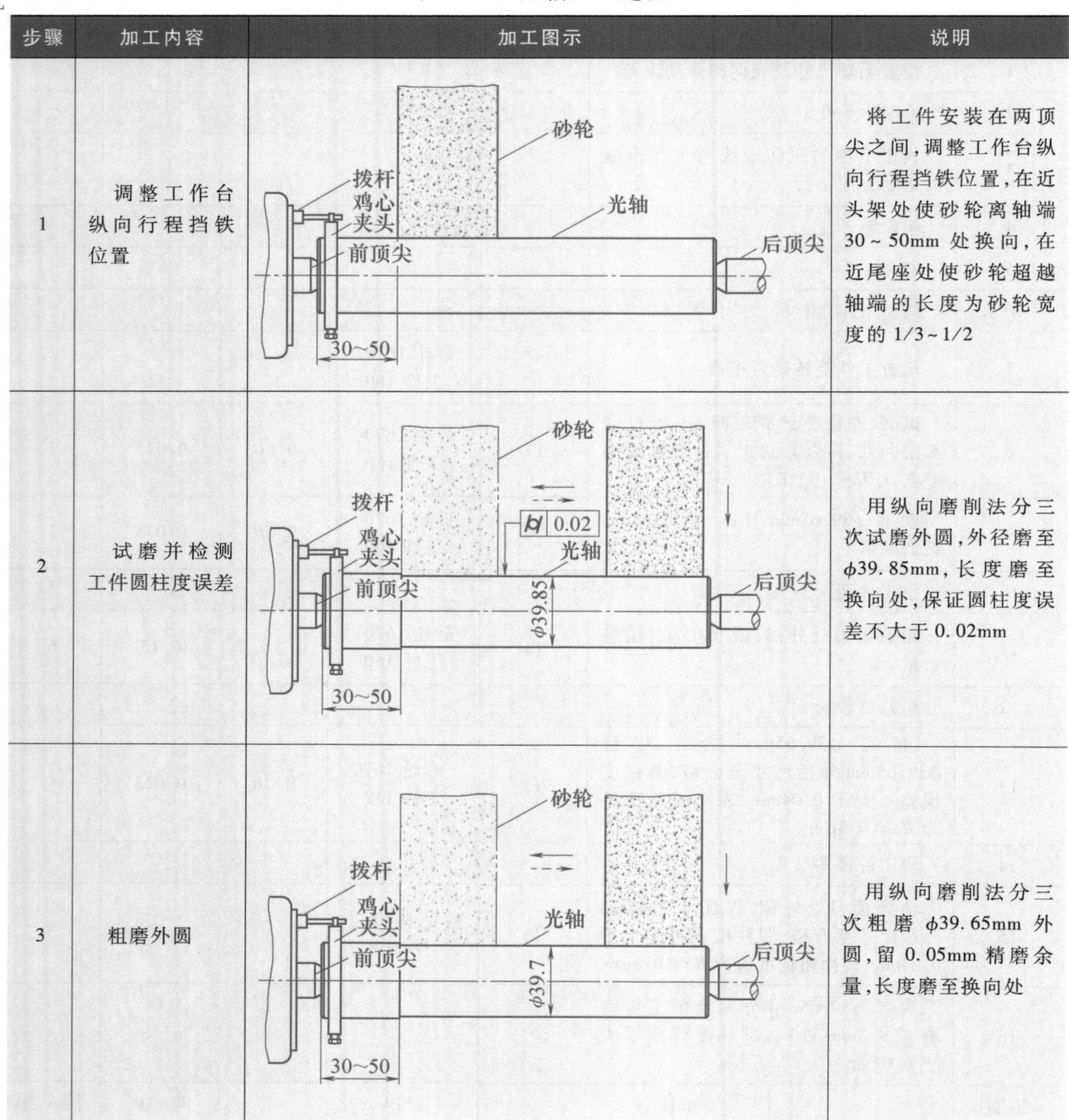

步骤	加工内容	加工图示	说明
1	调整工作台纵向行程挡铁位置		将工件安装在两顶尖之间，调整工作台纵向行程挡铁位置，在近头架处使砂轮离轴端30～50mm处换向，在近尾座处使砂轮超越轴端的长度为砂轮宽度的1/3～1/2
2	试磨并检测工件圆柱度误差		用纵向磨削法分三次试磨外圆，外径磨至ϕ39.85mm，长度磨至换向处，保证圆柱度误差不大于0.02mm
3	粗磨外圆		用纵向磨削法分三次粗磨ϕ39.65mm外圆，留0.05mm精磨余量，长度磨至换向处

（续）

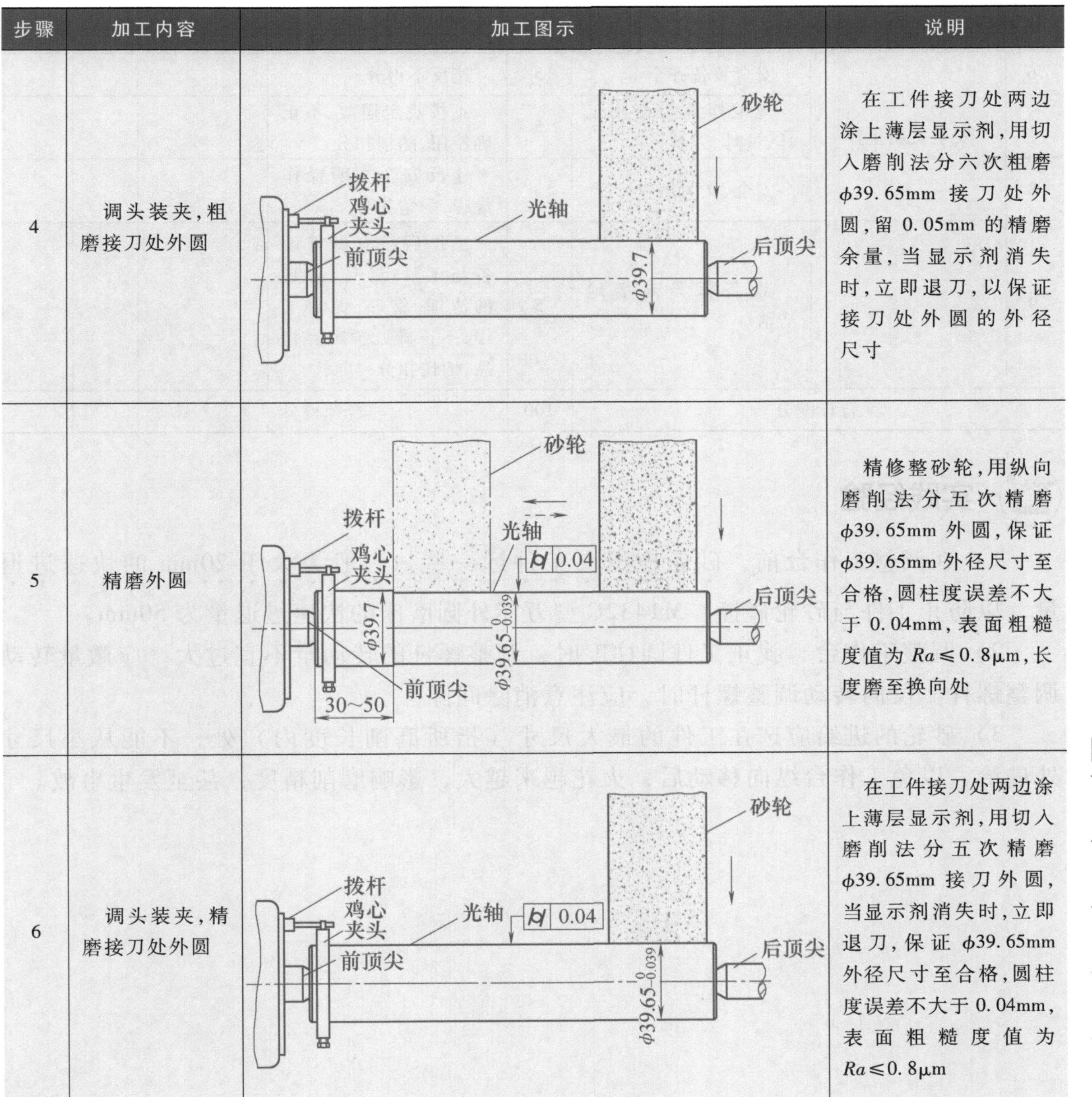

步骤	加工内容	加工图示	说明
4	调头装夹，粗磨接刀处外圆		在工件接刀处两边涂上薄层显示剂，用切入磨削法分六次粗磨 ϕ39.65mm 接刀处外圆，留 0.05mm 的精磨余量，当显示剂消失时，立即退刀，以保证接刀处外圆的外径尺寸
5	精磨外圆		精修整砂轮，用纵向磨削法分五次精磨 ϕ39.65mm 外圆，保证 ϕ39.65mm 外径尺寸至合格，圆柱度误差不大于 0.04mm，表面粗糙度值为 $Ra \leqslant 0.8\mu m$，长度磨至换向处
6	调头装夹，精磨接刀处外圆		在工件接刀处两边涂上薄层显示剂，用切入磨削法分五次精磨 ϕ39.65mm 接刀外圆，当显示剂消失时，立即退刀，保证 ϕ39.65mm 外径尺寸至合格，圆柱度误差不大于 0.04mm，表面粗糙度值为 $Ra \leqslant 0.8\mu m$

任务评价

根据表 6-18 所列内容对任务完成情况进行评价。

表 6-18　磨削光轴评分标准

序号	检测名称	检测内容及要求	配分	评分标准	检测结果	自评	师评
1	外径	$\phi 39.65_{-0.039}^{0}$mm	30	超差不得分			
2		$\phi 39.3_{-0.025}^{0}$mm	30	超差不得分			
3	圆柱度	0.04mm	8	超差不得分			
4		0.02mm	8	超差不得分			
5	表面粗糙度值	$Ra0.8\mu m$	2×2	降级不得分			

（续）

序号	检测名称	检测内容及要求	配分	评分标准	检测结果	自评	师评
6	安全文明生产	安全装备齐全	5	违反不得分			
7		规范摆放与使用工具、量具、刀具	5	不按规定摆放、不正确使用，酌情扣分			
8		安全、文明操作	5	违反安全文明操作规程，酌情扣分			
9		设备保养与场地清洁	5	操作后没有做好设备与工具、量具、刀具的清理、整理、保洁工作，不正确处置废弃物品，酌情扣分			
合计配分			100	合计得分			

实践经验

1）在调整工作台前，砂轮应退离工件远一些，一般为大于20mm的快速进退量，以防止工件与砂轮碰撞。M1432C型万能外圆磨床的快速进退量为50mm。

2）调整工作台、找正工件圆柱度时，调整螺杆的转动量不宜过大，应微量转动调整螺杆。反向转动调整螺杆时，应注意消除间隙。

3）砂轮的进给应选在工件的最大尺寸（指所磨削长度内）处，不能从小尺寸处进给，以免工作台纵向移动后，火花越来越大，影响磨削精度，甚至发生事故。

参考文献

[1] 蒋增福. 车工工艺与技能训练 [M]. 北京：高等教育出版社，2003.
[2] 张敬骥. 普通车削技术训练 [M]. 北京：高等教育出版社，2015.
[3] 王公安. 车工工艺与技能 [M]. 北京：中国劳动社会保障出版社，2010.
[4] 王爱国. 车工技能项目训练 [M]. 北京：机械工业出版社，2022.
[5] 胡家富. 铣工：初级 [M]. 北京：机械工业出版社，2022.
[6] 张培君. 铣工生产实习 [M]. 北京：中国劳动社会保障出版社，2004.
[7] 薛源顺. 磨工：初级 [M]. 2版. 北京：机械工业出版社，2012.
[8] 李文渊. 磨工工艺与技能训练 [M]. 北京：中国劳动社会保障出版社，2014.